国家职业技能等级认定培训教材

平版印刷员

（技师　高级技师）

陈　虹　赵志强◎编著

PINGBAN

YINSHUAYUAN

文化发展出版社
Cultural Development Press

内容提要

本书是根据 2019 年新版国家职业技能标准《印刷操作员》（职业编码：6-08-01-02）的要求，专门针对一级、二级平版印刷员（高级技师和技师）编写的国家职业技能等级认定培训教材。

全书包括两个部分，共十六章，分别针对一级、二级平版印刷员（高级技师和技师）应该了解和需要掌握的印前准备、设备调节及运行质量检测、印刷操作、指导培训、技术质量管理等职业功能模块所涉及的理论知识，以全新的组织结构与学习内容有机结合，进行了较为详细的论述和讲解。

本书结构合理、重点突出、内容新颖、阐述详尽、图文并茂、实用性强，适合作为平版印刷员（一级、二级）职业技能培训的理论培训教材，并可用于印刷工程与包装工程的本、专科专业学习的教学参考，也可作为从事印刷、包装的工程技术人员、操作人员的印刷专业理论学习参考资料。

图书在版编目（CIP）数据

平版印刷员 ：技师　高级技师 / 陈虹，赵志强编著.— 北京 ：文化发展出版社，2021.8
（国家职业技能等级认定培训教材 ）
ISBN 978-7-5142-3549-4

Ⅰ．①平… Ⅱ．①陈… ②赵… Ⅲ．①平版印刷－职业技能－鉴定－教材 Ⅳ．①TS82

中国版本图书馆CIP数据核字(2021)第143582号

平版印刷员（技师　高级技师）

编　　著：陈　虹　赵志强

责任编辑：魏　欣　　　　责任校对：岳智勇
责任印制：邓辉明　　　　责任设计：侯　铮
出版发行：文化发展出版社（北京市翠微路 2 号 邮编：100036）
网　　址：www.wenhuafazhan.com
经　　销：各地新华书店
印　　刷：北京捷迅佳彩印刷有限公司

开　　本：787mm×1092mm　　1/16
字　　数：350千字
印　　张：15.875
彩　　插：2
版　　次：2021年10月第1版
印　　次：2021年10月第1次印刷
定　　价：59.00元
ＩＳＢＮ：978-7-5142-3549-4

◆ 如发现任何质量问题请与我社发行部联系。发行部电话：010-88275710

前 言
PREFACE

本书是根据 2019 年新版国家职业技能标准《印刷操作员》（职业编码：6-08-01-02）的要求，针对一级、二级平版印刷员（高级技师和技师）编写的职业技能等级认定培训教材。

随着我国经济实力的提升和人民对美好生活的向往，国家对印刷行业未来的发展目标早已不满足仅仅成为世界印刷大国，更重要的是向世界印刷强国挺进。随着科学技术的迅猛发展，近年来，印刷材料、工艺、设备不断推陈出新，水平得到迅速提升，特别是国家对印刷业环保的要求和印刷企业清洁生产的目标，以及印刷行业逐步向智能化方向发展的前景规划，都要求印刷行业在人员素质、专业技术水平上发生脱胎换骨的变化，以适应中国印刷发展的新时代。

平版印刷以其技术发展迅速、市场适应能力强、环保痛点少、印刷质量好等诸多优势，广泛应用于出版物印刷、包装印刷和商业印刷中，成为我国印刷行业中设备台（套）数较多，使用极其广泛的印刷工艺方式。要获得高质量的印刷产品，不仅依赖于先进的印刷设备、环保的印刷材料和精细的生产管理等相关因素，更重要地取决于掌握先进印刷技术、善于工艺优化和具有较高技能水平的人员。

印刷行业一级、二级平版印刷员也称为平版印刷工种中的高级技师和技师，他们代表着印刷企业中职业技能水平的最高层级。高级技师和技师不仅需要掌握印刷所有流程的关键技术，还要能够承担起对三级至五级印刷操作员（高级工、中级工、初级工）的技术指导和技能培训，而且还应该具备一定的设备、技术、材料等的管理能力，并能够了解印刷企业的各项认证工作，有能力参与企业未来发展规划的制定。

本书是针对一级、二级平版印刷员编写的理论培训教材，全书分为两个部分。

第一部分平版印刷员（二级/技师）包括印刷材料检测与选用（纸张检测与选用、油墨的检测与选用、特殊印刷油墨及特点、橡皮布检测与选用）；印前处理技术（印前图文输入技术、印前图文处理技术、印前图文输出技术）；印刷设备维护与维修（胶印机的拆装及调试、胶印机的维修、胶印机故障诊断系统）；印刷质量检测与印刷故障（印刷测控条、印刷质量检测系统、胶印故障及分析）；印刷管理（印刷工艺管理、印刷材料管理、印刷设备管理、印刷质量管理）；印刷新技术（数字印刷技术、防伪印刷技术、印刷设备新技术）；印刷理论培训（培训方法、教学文件的编写、培训课程的准备）；绿色印刷（绿色印刷产业发展、绿色印刷技术、绿色印刷产业与认证）共 8 章内容。

第二部分平版印刷员（一级／高级技师）涵盖色彩理论（色彩学说起源、颜色表示系统、色彩管理原理与技术）；印刷设备购置与维修（印刷设备的选型、印刷设备的配置、印刷设备的布局、印刷设备购置、胶印机的验收、胶印机的大修）；印刷质量与评价（平版印刷品质量评价标准、平版印刷质量标准要点、印刷品质量检测规则、印刷质量故障解决方法、印刷品质量缺陷）；印刷管理（印刷生产管理、印刷物资与物流管理、印刷技术管理、印刷成本管理）；印刷技术发展（印刷新技术、印刷新系统、印刷环保新技术、印刷智能化发展）；印刷产品设计与创新（印刷品设计、印刷工艺设计、印刷图像设计要求）；印刷理论培训（作业指导书的编写规则、培训教材的编写、教学PPT 的制作理论）；印刷企业清洁生产（清洁生产理念与意义、印刷节能降耗、印刷减排增效、印刷环保认证）共 8 章相关内容。

本教材由北京印刷学院陈虹、赵志强两位老师编写。编者多年从事印刷工艺与设备的教学和科研工作，多年来担任中直机关、北京市印刷协会组织的职工印刷职业技能培训教师，并承担了大量印刷企业的技术培训工作。近年来，作为行业专家参加了大量印刷企业的清洁生产审核工作和印刷企业"一厂一策"的验收工作。

本教材可作为平版印刷员职业技能等级认定培训的理论培训教材，并可用于印刷工程与包装工程的本、专科专业学习的教学参考，也可作为从事印刷、包装的工程技术人员、操作人员的印刷专业理论学习参考资料。

本教材是在 2002 年由冯瑞乾教授策划并与陈虹老师合作编写的《平版印刷工》基础上，又在 2007 年由陈虹、荣华阳、赵志强再版编写的《平版印刷工》主体路线上，经过十多年使用之后，再次更新的一版教材。尽管根据印刷行业的新变化和新版国家职业技能标准的要求，对教材的结构、内容做了较大的更新，增补了许多新技术、新工艺和新知识，但是由于作者水平和实践经验的局限，书中的错误和不妥之处在所难免，敬请广大读者和业内专家予以指正。

陈　虹　赵志强

2021 年 6 月于北京

目 录
CONTENTS

第二部分　平版印刷员（一级 / 高级技师）

第一部分
平版印刷员
（二级/技师）

第一章
印刷材料检测与选用

第一节　纸张检测与选用

一、纸张的性能与指标

纸张的性能主要包括纸张的外观及物理性能、机械性能、光学性能和化学性能。了解纸张性能有助于掌握纸张的印刷适性。

1.纸张的外观及物理性能

纸张的外观及物理性能包括纸张的定量、厚度、紧度、偏斜度、尘埃度和外观质量等。

（1）定量

纸张的定量是指纸张或纸板每平方米的质量，也称为克重，单位为 g/m^2。可根据纸的规格和每令纸的张数换算为纸张的定量。

定量小于 $48g/m^2$ 的纸张称为薄纸，定量在 $49\sim150g/m^2$ 的纸张称为厚纸，定量达到 $250\sim500\ g/m^2$ 的纸张称为卡纸，定量大于 $600g/m^2$ 的纸张称为纸板。大多数纸张是按重量销售的。

定量是纸张最基本的一项物理指标，它的高低及均一性影响着纸张所有的物理、机械、光学和印刷性能。定量也是纸及纸板最基本的一项质量指标。

（2）厚度

纸张的厚度是指纸张两个表面之间的垂直距离（μm），纸张的厚度影响纸张的定量、不透明度和弹塑性。印刷要求纸张的厚度均匀一致，否则将影响印刷中压力的调整及使用，影响油墨向纸张转移的均匀程度。

（3）紧度

纸张的紧度是指纸张结构疏松或紧密的程度。紧度用单位体积的重量来表示，因此又称为密度（比重）。

纸张的紧度取决于造纸中所用的纤维的种类、打浆的程度、抄纸中脱水的状况、湿压及压光的程度等，不同的工艺处理生产出来的纸张紧度不同。

纸张的紧度影响纸张的机械强度和不透明度，纸张的紧度与抗张强度、表面强度、撕裂度等呈正相关关系。另外，纸张的紧度越高，不透明度也随之增高。纸张的紧度与吸墨性、平滑度也密切相关，一般来说，纸张的吸墨性与紧度成反比，平滑度与紧度成正比。

（4）偏斜度

纸张的偏斜度是指平板纸的长边（或短边）与其相对应的矩形长边（或短边）的偏差最大值，其结果以偏差的毫米数或偏差的百分数来表示。

平板纸印刷是以纸边作为定位基准保证套印准确的。纸张出现超过标准要求的偏斜度，意味着纸张长边与短边的垂直度未达到要求，可能造成印刷生产中的规矩定位和叼牙叼纸的偏差，直接影响到印刷运行和印刷质量。

（5）尘埃度

纸张的尘埃度是指纸张表面存在的与纸色不同的各色斑点，用每平方米面积内所有色斑的个数来表示。尘埃度所规定的色斑是指分散于纸面上的斑点，不包括比较密集出现的尘埃。

纸张的尘埃度是由造纸过程中洗涤、筛选和净化的程度所决定的。

（6）外观质量

纸张的外观质量是指纸张表面的直观质量，一般指纸张表面是否出现斑点、纤维束、绉纹、透光等现象，通常用手触摸、目视等方法检查。

2. 纸张的机械性能

纸张的机械性能中最主要的是强度指标，是指纸张受外力作用时，直至被破坏所能承受的最大外力，又称最终强度。纸张的机械性能主要包括纸张在拉、剪、顶、粘、折五种力的作用下的性能。

（1）抗张强度、断裂长与伸长率

抗张强度是指纸张到断裂时所能承受的最大拉力，又称为抗张力或拉力。以纸张单位横截面积所承受的力表示，单位为 kg/cm^2。

断裂长是指当纸张不能承受自身的重量而断裂时的长度，以 m 为单位，如新闻纸的断裂长为 2500m，是指新闻纸下垂到 2500m 时断裂。断裂长的值越高，表明纸张的抗张强度越大。

伸长率是指纸张在张力作用下，沿着力的方向在长度上有所增加。通常伸长率是用纸张受张力作用至断裂时的伸长量与纸张原长度的比，用百分比表示。

（2）撕裂度

撕裂度是指纸张抵抗剪力裂断作用的能力。纸张的撕裂度用预先有切口的纸张撕裂到一定长度时所需的力来表示，单位为 g。撕裂度的值越高，表明纸张抗撕裂的性能越强。

纸张的撕裂度取决于纤维的平均长度和纤维间的结合力，用棉、麻等长纤维原料制成的纸张，撕裂度高；用草类等短纤维原料制成的纸张，撕裂度低。纸张的撕裂度受到外界环境温度或纸张含水量变化的影响，而且与纤维的排列方向有关。一般地，纸张的纵向撕裂度低于横向。此外，纸张的撕裂度还与厚度和紧度有关，所以不同类型的纸张，撕裂度的大小均不等。

（3）耐折度

耐折度是指纸张在一定的张力之下，所能经受的往复折叠的能力。耐折度常用纸张在 180°的往复折叠操作下直到折裂的次数来表示。

纸张的耐折度是由纤维本身的强度、纤维的平均长度及纤维间的结合方式所决定的，棉、麻纤维长而柔韧，造纸后耐折度相对较高。如果造纸中打浆过度，纤维平均长度下降，则耐折度低。耐折度与纤维排列的方向有关，纸张纵向耐折度低于横向。

（4）施胶度

施胶度是指纸张抗水能力的强弱，表示纸张不吸水的程度，纸张在潮湿的空气中或接触水时，有较强的吸收水分的能力。不同种类的纸张因施胶度不同，吸水程度不一，施胶度低的吸水能力较强，抗水能力较差。

3. 纸张的光学性能

（1）白度

白度是指纸张受日光照射后全反射的能力，它表明了纸张对入射的白光中 R、G、B 三种原色光成分反射的程度。其全反射能力越强，纸张的白度越高。纸张的白度高低，会直接影响印刷品的反差和图像色彩的再现性。白度高的纸张能减少色偏，扩大三原色油墨的色域。纸张白度的测量方法是测量纸张定向光线下反射蓝光，再通过硒光电池转换为电流输出值。因此纸张白度也称为"亮度"。

（2）颜色

颜色是指纸张对入射光线吸收和反射的程度。若纸张没有对三原色光进行全反射，而有一定比例的吸收，则纸张的白度下降，同时表现出一定的颜色。纸张对三原色光吸收和反射的情况不同，比例不同，则表现出不同的颜色。

大多数纸张不会产生全反射现象。一般情况下，纸张能反射各种波长色光的95%，便称为白纸，所以纸张或多或少都带有一定的颜色。

（3）光泽度

光泽度是指纸张表面对入射光线按一定的角度集中反射的能力，它表明了纸张的光泽程度。当光线以一定的入射角射到纸张表面上后，若产生向各个方向上的反射，使入射光全部被散射，纸张则成为无光泽的表面。如果在与入射角相等的反射方向上集中反射光线，纸张的表面就产生光泽，大多数的纸张介于两者之间，具有不同的光泽度。

纸张的光泽度用镜面光泽度表示。镜面光泽度是指光线以一定的角度照射到黑色玻璃表面，以其在相应的角度上的反射光量作为 100%的标准光泽单位。纸张光泽度的百分率越高，表明镜面效应越好，其光泽度越大。光泽度表明纸面镜面反射能力与完全镜面反射能力的接近程度。纸张的光泽度与印刷品的光泽度有直接的关系。同时，纸张的光泽度与纸张的表观平滑度之间具有相关性。纸张的光泽度与纸张的着墨率有直接关系，光泽度高的纸张与光泽度低的纸张相比，在印刷相同的墨膜厚度时能获得更高的印刷密度。

（4）不透明度

不透明度是指纸张阻止入射光线透过的能力。它表明了纸张透光程度的大小，故又称为透明度，纸张的不透明度用百分率表示。不透明度值为 0 表示理想的完全透明的纸张，值为 100% 表示完全不透明的纸张。

纸张的不透明度是由纤维及填料的折射率决定的，造纸中使用的植物纤维的种类、长度及壁厚、填料的种类及加填比例的大小，决定了造纸后的不透明度。另外，纸张的不透明度还与纸张的定量、紧度及厚度有关。

4. 纸张的化学性能

（1）酸碱性

酸碱性是指纸张所具有的酸性或碱性的程度，用浸泡过纸张的水溶液的 pH 表示，又称为纸张的 pH。

纸张的酸性主要是由内部施胶时加到浆料中的明矾所引起的，同时与残留在浆内的有机酸及漂白残余物等因素有关。但由于碱性填料和颜料的作用，经过颜料涂料的纸张可能显示弱碱性。

纸张的生产工艺不同，其 pH 也不同。大多数非涂料纸的 pH 在 5.5 ～ 7.0，呈弱酸性；而涂料印刷纸的 pH 大多在 7.0 ～ 9.0。

不论是涂料纸还是非涂料纸，由于空气中的二氧化碳与纸张中的水分发生作用能够生成弱酸，所以纸张的 pH 会随着保存时间的延长而下降。

测量纸张酸碱性的方法有两种：一是按标准方法用蒸馏水抽提纸样，测定抽提液的 pH；二是测量纸张表面的 pH，用点测量法和颜色指示剂法。纸张表面的 pH 对实际印刷有重要的指导意义。

（2）含水量

含水量是指纸张中所含水分的重量与该纸张总重量之比，用百分比表示。

纸张的含水量随着空气相对湿度的变化而变化，直到含水量与一定温度下的相对湿度相适应为止。不同的纸张在不同的相对湿度下，所含的平衡水分量各不相同。在一定的温湿度下，纸张的含水量低于相应的平衡水分量时，纸张的这种现象称为吸湿。纸张的含水量高于相应的平衡水分量时，纸张向空气中释放出水分，直到平衡为止，这种现象称为解湿。平时所说的吊晾纸张就是对纸张进行调湿处理，使纸张的含水量与一定温度下的相对湿度相适应。否则，就会出现紧边或荷叶边（波浪形弯曲）现象。所谓紧边就是将纸垛存放在温度很高而相对湿度很低的环境中出现的一种现象，而荷叶边则是环境相对湿度很高，纸张本身含水量较小，出现的四周吸湿伸长，中间部分仍然保持原状的一种现象。

5. 纸张的印刷适性

（1）表面强度

表面强度是指纸张抵抗黏力对纸张表面剥离、分层作用的能力。表面强度表明了纸张表面纤维、填料和胶料三者结合的牢固程度。其结合力强，表面强度就高。纸张的表面强度在印刷中是指纸张在油墨黏力作用下，抗掉粉、抗拉毛的能力。表面强度是在一定黏度的油墨作用下，用纸张表面产生拉毛现象时的印刷速度来表示，单位为 cm/s 或 m/s；纸张产生拉毛时的速度越高，其表面强度则越好。

（2）伸缩性

伸缩性是指当纸张的含水量发生变化时，纸张外形尺寸也随之相应产生变化的性能。纸张的含水量增高时，其规格尺寸随之伸长和加宽；含水量下降时则相应收缩，纸张伸缩性的大小和产生变化的速率，随着纸张原料和制造工艺方法的不同而有所差别，所以，纸张的伸缩性是衡量纸张尺寸稳定性的一项指标。

纸张的伸缩性用伸缩率来表示，伸缩率是指纸张浸入一定温度的水中或不同温度下的伸长量以及风干后的收缩量与纸张原尺寸的比，用百分比表示。伸缩率实际上包括伸长率和收缩率两个方面，纸张伸缩率的百分比值越高，表明纸张的伸缩性越大。一般地，当正反两面伸缩率不同时，会引起纸张的卷曲。

（3）平滑度

平滑度是指纸张表面均匀平整、光滑的程度。平滑度也表明了纸张表面凹凸不平、粗糙的程度，因此又称粗糙度。

纸张的表面是高低不平的，一般的印刷纸张表面的高度差可达 25μm 以上，高级涂料纸的高度差在 3 ~ 5μm。纸张的平滑度用一定量的气流通过纸张表面进行泄漏所需要的时间来表示，单位为 s。

平滑度的测试是将试样置于环形玻璃砧上，上面均匀施加一定的压力，从玻璃砧的中孔通入一定量的空气，测定空气通过试样与玻璃砧接触面进行扩散所需的时间，来确定纸张的平滑度。泄漏一定体积的空气所用的时间越长，表明纸张的平滑度越高。一般地，把印刷压力作用下的纸张平滑度称为印刷平滑度。自由状态下纸张表面的平滑度称为表观平滑度，表观平滑度取决于纸张的外观纹理结构。印刷平滑度则是纸张表观平滑度和表面可压缩性的综合体现，对印刷品的质量有直接影响，是纸张最重要的印刷适性之一。印刷平滑度是在纸张上获得忠实于原稿的印刷品的首要条件，它决定了压印瞬间纸张表面与着墨的印版或橡皮布表面接触的程度，是影响油墨转移是否全面、图文是否清晰的重要因素。印刷平滑度影响纸张的油墨需要量，即达到一定的印刷密度，纸面所需的油墨量。纸张越粗糙，要达到一定的密度，版上所需的墨膜越厚，这将增加印品的不均匀性和透印性，影响网点质量，使网点有可能增大。另外，印刷平滑度影响纸张着墨的均匀性，平滑度差的纸张，实地印刷时，印刷密度不均匀。网目调印品的网点质量差，且有严重的网点丢失现象，尤其是亮调部分的小网点更易丢失，影响高调部分的层次再现。除此之外，印刷平滑度还影响印品的光泽度，印刷平滑度高有利于在纸面形成均匀平滑的墨膜，从而提高印品的光泽度。

（4）吸收性

吸收性是指纸张对油墨的接受性和对油墨中连结料的吸收程度，又称吸油性。纸张吸收性的大小是纸张与油墨双方决定的，它与油墨的渗透性等有密切关系。

纸张的吸收性用纸张吸收一定量溶液的时间来表示，单位为 s。纸张吸收溶液速度越快，时间越短，吸收性则越强。吸收性直接影响油墨对纸张的渗透和结膜情况，许多印刷故障都是由于纸张对油墨的吸收能力与采用的印刷条件（包括印刷压力、油墨品种、温湿度等）不相适应造成的。纸张对油墨的吸收能力过大，会导致印迹无光泽，甚至产生透印和粉化现象。纸张对油墨吸收能力太小，使油墨固着速度降低，易导致背面蹭脏。可见，纸张对油墨的吸收性也是影响印刷品质量的重要适性。

6. 纸张的主要性能检验指标示例

（1）某地区婚姻证件封皮用纸（高克重）质量检验报告，见表 1-1。

表 1-1 高克重封皮用纸质量检验报告（主要部分）

样品名称	婚姻证件封皮用纸				
检验项目	单位	（等）标准值	实测值	判定	检测方法
定量	g/m²	—	210	—	GB/T 451.2—2002
厚度	μm	—	247	—	GB/T 451.3—2002
抗张强度（纵向）	kN/m	—	8.10	—	GB/T 12914—2018
撕裂度（纵/横）	mN	—	$2.45 \times 10^3 / 2.34 \times 10^3$	—	GB/T 455—2002
平滑度（正面）	s	—	10	—	GB/T 456—2002
耐折度（纵/横）	次	—	1792/1558	—	GB/T 457—2008
光泽度（正面）	%	—	27	—	GB/T 8941—2013
表面吸水性（反面）	g/m²	—	20.7	—	GB/T 1540—2002
挺度（纵/横）	mN·m	—	6.12/2.96	—	GB/T 22364—2018
色度 L*		—	28.4		
色度 a*	—		31.0		GB/T 7975—2005
色度 b*		—	13.9		

（2）某纸张制品有限责任公司书皮纸（低克重）质量检验报告，见表 1-2。

表 1-2 低克重书皮纸质量检验报告（主要部分）

样品名称	书皮纸				
检验项目	单位	（等）标准值	实测值	结论	检测方法
定量	g/m²	—	85	合格	GB/T 451.2—2002
厚度	μm	—	167	合格	GB/T 451.3—2002
抗张强度（纵向）	kN/m	—	8.10	合格	GB/T 12914—2018
撕裂度（纵/横）	mN	—	$2.45 \times 10^3 / 2.34 \times 10^3$	合格	GB/T 455—2002
平滑度（正面）	s	—	10	合格	GB/T 456—2002
耐折度（纵/横）	次	—	1792/1558	合格	GB/T 457—2008
光泽度（正面）	%	—	27	合格	GB/T 8941—2003
表面吸水性（反面）	g/m²	—	20.7	合格	GB/T 1540—2002
挺度（纵/横）	mN·m	—	6.12/2.96	合格	GB/T 22364—2008
色度 L*			28.4		
色度 a*	—		31.0	合格	GB/T 7975—2005
色度 b*			13.9		

二、纸张的变形理论

纸张是由天然植物纤维交织而成。不仅其分子式和结构式含有许多羟基，是极性很强的亲水性物质，对水有强烈的吸附作用。同时纸张纤维之间有许多毛细孔，对水又有较强的毛细吸附作用。这种极性吸附和毛细吸附性，决定了纸张是吸水性极强的物质。不仅和水接触时发生吸水，还会从潮湿的空气里吸水，还有向干燥空气脱水的能力。

当纤维吸水发生膨胀时，纸张的直线尺寸和面积都会增加，机械强度降低；当纤维脱水时，纸张的直线尺寸和面积都会缩减，纤维僵硬发脆，纸张将发生变形。纸张的变形一般有敏弹性变形、滞弹性变形和塑性变形三种形式。

1. 敏弹性变形

在外力作用下，材料瞬时改变自己的形状和尺寸，当外力停止作用后，材料立即恢复到原来的形状和尺寸称为敏弹性变形。敏弹性变形是瞬时发生的可逆变形，其变形大小与胡克定律相符合，即变形与外力成正比。

纸张的敏弹性变形对印刷十分有利。当纸张进入压印区，在印刷压力的作用下被压缩有一定的变形，从而和印刷面产生良好的弹性接触，印版上的图文能够清晰地转移到纸张上。当纸张离开压印区后，能够迅速恢复到原来的形状和尺寸。

2. 滞弹性变形

在外力作用下，材料在一定的时间间隔内，改变自己的形状和尺寸，当外力停止作用后，物体逐渐地恢复到原来的形状和尺寸，称为滞弹性变形。滞弹性变形是在外力作用下慢慢地发生，而外力取消后又慢慢地消失的一种时间滞后的变形。

纸张的滞弹性变形恢复的时间，由实验测得约为30秒。单色平版印刷机，每色印刷的间隔时间较长，纸张因印刷压力产生的滞弹性变形能够得到完全恢复。而多色、高速平版印刷机，每色之间的压印时间间隔很短。如果按每小时10000张的印刷速度计算，两色之间的印刷间隔约为0.36秒，与滞弹性变形恢复的时间相比要短得多，因而对实际印刷没有多大影响，可以忽略不计。

3. 塑性变形

在外力作用下，材料在一定的时间间隔内，改变自己的形状和尺寸。当外力停止作用后，材料仍然保持由该外力引起的变形，称为塑性变形。

纸张的塑性变形，一般随纸张含水量的变化而变化。通常，纸张含有6%左右的水分，但随周围空气的温度和相对湿度的变化而变化。在一定温度和一定相对湿度的空气中，纸张会吸收水分或脱出水分，直到纸张中水分的蒸汽压和空气中的水蒸气压相平衡为止。若车间的相对湿度较高，纸张原有的含水量过低，纸张边缘便会吸水而伸长，中间部分若来不及吸湿，纸张便失去原来的平整度，纸边呈"波浪形"，俗称"荷叶边"；若车间的相对湿度较低，纸张原有的含水量较高，纸张边缘脱湿较快，将产生"紧边"。若纸张的含水量过少，纤维在纵横两个方向都会收缩；若纸张两面的含水量不同，纸张便朝着比较干的一面向上卷曲。

三、纸张的选用

印刷用纸的品种有20多种，但经常用的只有10多种。下面是出版物经常使用的印刷纸张。

1. 凸版印刷纸

凸版印刷纸简称凸版纸，是原国家轻工业部在20世纪50年代初根据中国木材资源贫乏、草类资源丰富的国情，组织造纸厂研制生产的、适用于凸版印刷书刊用纸的品种。定量为 $52g/m^2$、$60g/m^2$ 和 $70g/m^2$，有卷筒纸和平张纸之分。卷筒纸的宽度 787mm、880mm、850mm；平张纸的规格为 787mm×1092mm、850mm×1168mm 和 880mm×1230mm。

可用于制造凸版纸的草类资源较多，有芦苇、麦秸、稻草、竹、甘蔗渣等，其中以苇浆最好。考虑到读者在书上批注时对纸张不洇水的要求，又要使纸在印刷过程中有利于油墨的渗透，在打浆过程中添加适量的胶料和填料，以 80% 左右草浆再配以 20% 左右木浆，在长网机上抄造而成，也有用圆网机生产的。

2. 平版印刷纸

平版印刷纸又称双胶纸，简称平版纸，是平版印刷中应用较多的纸种，有卷筒纸也有平张纸，规格有 787mm、850mm、880mm 三种。定量有 $60g/m^2$、$70g/m^2$、$80g/m^2$、$90g/m^2$、$100g/m^2$、$120g/m^2$、$150g/m^2$、$180g/m^2$ 多种规格。定量 $120g/m^2$、$150g/m^2$、$180g/m^2$ 等的平版纸多用于图书插页、环衬、扉页等；定量为 $60g/m^2$、$80g/m^2$ 的平版纸多用于画报、图书正文或彩色插页。

还有一种单面平版纸，主要供印刷年画、招贴画使用，定量有 $40g/m^2$、$50g/m^2$、$60g/m^2$、$70g/m^2$、$80g/m^2$ 五种，平张包装规格为 787mm×1092mm、880mm×1230mm。平版纸是用漂白化学木浆搭配棉浆、竹浆、龙须草浆等，经表面施胶超级压光而成。

3. 铜版纸

铜版纸是我国印刷领域的俗称，正式名称应该是印刷涂料纸。在 20 世纪 40 年代以前，复制古典油画等高级绘画艺术品，主要用照相加网彩色铜版工艺（凸版印刷的一种）在这种纸张上印刷，铜版纸的名称就这样一直沿用下来。定量有 $100g/m^2$、$120g/m^2$、$150g/m^2$、$180g/m^2$、$200g/m^2$、$250g/m^2$，平张包装规格为 787mm×1092mm、880mm×1230mm。铜版纸是由原纸经涂布涂料加工而成的，原纸是用 100% 的漂白化学木浆或掺用部分漂白草浆抄造而成，所用涂料主要由硫酸钡、高岭土、钛白粉等白色颜料和干酪素、明胶等胶黏剂组成，用涂布机涂布在原纸上，经干燥和超级压光而成。铜版纸的涂布有单面和双面之分。铜版纸表面洁白，光滑平整，具有很高的光滑度和白度，适用于印刷彩色画册、精美图片、广告商标、彩色插图等高档印刷品。

4. 平印书刊纸

平印书刊纸是在 20 世纪 80 年代以后为适应平印书刊的需要，在凸版印刷纸的基础上经技术改造后产生的印刷用纸品种。定量有 $52g/m^2$、$60g/m^2$ 和 $70g/m^2$，主要是卷筒纸，尺寸规格与凸版纸基本相同。平印书刊纸以 80% 左右的苇浆配以 20% 左右化学木浆，打浆后再加入石蜡、松香胶和填料在长网机上抄造而成。为了提高纸的表面强度和抗水性，有的还要在纸机中对纸进行表面施胶。因此，平印书刊纸的抗张强度、表面平滑度、尘埃度和抗水性等物理性能都较凸版纸略有提高。在凸版印刷纸退出市场后，原来生产凸版纸的造纸厂大多转产平印书刊纸。

5. 盲文印刷纸

盲文印刷纸是专供压印盲文点字书籍的纸，定量为 $100 \sim 125g/m^2$。出厂为卷筒纸，宽度为 635mm。盲文纸是用未经漂白的硫酸盐木浆抄造而成，呈黄褐色，质地强韧，类似牛皮纸。

6. 新闻纸

新闻纸供报纸印刷用，又称白报纸，定量 $51g/m^2$。国外新闻纸有向低定量发展的趋势，国产新闻纸也有 $49g/m^2$ 和 $45g/m^2$。按品质标准分为 A、B、C、D 四个等级，其中 A、B 级适用于高速平印轮转机印刷。新闻纸为卷筒纸，规格有 781mm、787mm、1575mm 和 1562mm。新闻纸以机械木浆为主要原料，掺少量化学木浆，大多以长网机生产。

自 20 世纪 80 年代以后，为适应平印印报的发展趋势，对新闻纸的生产工艺进行改造，适当添加一些松香一类的胶料，以改善纸的印刷适性，这是胶印新闻纸。由于南、北方纸厂所用木材不同，纸的性能也各不相同。北方纸厂大都采用杨木，红、白松做木浆，纸质白而细腻，平滑度也好，但抗拉强度差一些；南方纸厂大多用马尾松做木浆，纸的白度差一些，质地粗糙，平滑度也差，但抗拉强度和表面强度要好一些。新闻纸会随存放时间长而发黄变脆，所以不宜用来印刷图书。

7. 地图纸

地图纸分特号、一号两种。特号定量有 $80g/m^2$、$100g/m^2$、$120g/m^2$，一号定量有 $80g/m^2$、$90g/m^2$、$100g/m^2$、$120g/m^2$、$150g/m^2$。地图纸全部为平张纸，规格有 787mm×1092mm、850mm×1168mm、920mm×1180mm 和 940mm×1180mm。地图纸以漂白化学木浆和漂白棉浆为原料，长纤维，重度施胶，长网机抄造，再经超级压光加工而成。它的加工与性能同平版纸相似，但表面性能、尺寸稳定性方面要求比平版纸更高。

8. 书皮纸

书皮纸分 A、B、C 三级，有米黄、天蓝、浅灰三种颜色，所以又称彩色书皮纸。定量为 $80g/m^2$、$100g/m^2$、$120g/m^2$。规格为平张纸 787mm×1092mm、880mm×1230mm。A 级书皮纸主要用漂白化学木浆配一定量的漂白化学草浆，B 级、C 级书皮纸则主要用漂白化学草浆，掺少量漂白化学木浆，浆中加适当填料，高施胶在长网机上抄造而成。书皮纸主要用于书刊的封面、插页，也用于精装书的环衬。高档的花纹书皮纸是在原纸表面涂布彩色涂料，上光后再在压花纹机上压制而成。

9. 白卡纸

白卡纸定量有 $200g/m^2$、$220g/m^2$、$250g/m^2$、$300g/m^2$、$400g/m^2$，平张包装，规格有 787mm×1092mm 和 880mm×1230mm。白卡纸以漂白木浆为原料，重施胶并加入硫酸钡等白色填料，在长网机上抄造，经压光或压纹加工而成。白卡纸外观洁白、厚实，既有高级纸的印刷适性，又有厚纸板的坚挺，适宜印制名片、请柬、证书、贺卡及包装装潢印刷。

10. 书写纸

书写纸是应用最为广泛的文化用纸品种之一。定量有 $45g/m^2$、$50g/m^2$、$60g/m^2$、$70g/m^2$、$80g/m^2$。规格为平张纸，787mm×1092mm、880mm×1230mm。书写纸用的原料种类较多，木浆、草浆都用，但对白度要求较高，A 级不低于 85%，C 级不低于 75%。不同地区、厂家由于使用的浆类原料不同，生产出的纸的品质、性能差异较大。经长网或圆网抄造后还要进行压光处理，以提高纸的平滑度。书写纸在抄造过程中施胶度很高，所以在用墨水书写时不会出现洇水现象。日常用的练习本、日记本、信笺、表格、稿纸、账簿等文化用品，大多用这种纸印刷而成。

11. 字典纸

字典纸属于低定量的书籍印刷高级用纸，供凸印机和平印机印刷小字号的字典、词书、工具书、袖珍图书之用。定量为 $25g/m^2$、$30g/m^2$、$35g/m^2$、$40g/m^2$。字典纸有卷筒纸和平张纸，卷筒纸宽度为 787mm 和 880mm；平张纸规格为 787mm×1092mm 和 880mm×1230mm。字典纸的原料是以漂白化学木浆为主，再配以漂白草浆，纸浆中还要加入适量填料和胶料，在长网机上抄造，干燥后还要经超级压光。所以这种纸不仅具有较高表面平滑度，白度较凸版纸和胶印书刊纸也要高。

12. 铸涂纸

铸涂纸是以不同定量的纸或卡纸为原纸，经铸涂加工而成的加工纸。定量有 $80g/m^2$、$100g/m^2$、$120g/m^2$、$150g/m^2$、$180g/m^2$、$200g/m^2$、$250g/m^2$、$280g/m^2$。一般为平张纸，规格有 787mm×1092mm、850mm×1168mm 和 880mm×1230mm。铸涂纸加工用原纸和涂料纸、铜版纸相似，但加工的方法不同。当原纸涂布涂料以后，在涂料尚未干固之时，让涂布面经过镜面一样的烘缸滚压，涂料在加热干燥的同时，便被滚压成镜面样的铸涂面。铸涂纸具有极高的光泽度、白度和平滑度。印刷彩色图画的网点清晰、色彩鲜艳，主要用于印刷明信片、贺卡、高档包装盒、图书封面等。

13. 特殊胶印纸张

（1）无光铜版纸

无光铜版纸与有光铜版纸相比，反光差、价格高，但挺括、较硬、变形小。无光铜版纸印刷的图文虽然不及有光铜版纸颜色鲜艳，但图文细腻、层次感较好，特别适合高档印刷品。无光铜版纸印刷时应注意：

- 由于无光铜版纸的弹性不高，所以印刷压力不宜过大。
- 无光铜版纸的白度高，吸墨性好，所以必须选用亮光型或树脂型油墨与纸张相配合，才能保证印刷品的亮度。
- 无光铜版纸印刷油墨相对较厚，所以一定要采取措施防止印刷品背面粘脏和干燥缓慢等弊病发生。
- 特别要注意油墨的黏性与黏度调整，以免引起掉粉、掉毛等故障。
- 由于无光铜版纸挺括、较硬，所以要注意输纸部分的调整。

（2）铝箔纸

铝箔纸俗称金（银）卡纸、金箔纸、金属箔纸。所谓箔，在金属材料方面是指经过特殊加工后的金属薄片，这种薄片的厚度在 0.2mm 以下的叫箔，由于制箔使用的金属材料不同，为显示其属性，在箔字前加上金、银、锡、镍、铝等以示区别。

铝箔纸的制作方法有两种，一是将铝箔和纸张粘轧在一起的复合方式，二是采用真空镀铝的方法在纸面镀上一层铝膜。然而无论用何种方式制得的铝箔纸，其表层都是铝箔，而纸仅是它的衬托物。

①铝箔纸的印刷适性

铝箔纸的印刷适性比较特殊，因为它是铝箔和纸张的复合物，其表层的铝箔或铝膜具有金属光泽强、质地坚韧、表面光滑的特性。铝箔纸的印刷适性具体表现在以下方面。

- 铝箔纸的表面强度很高，它能与高速印刷机的印刷速度相适应，同时也能承受油墨黏性产生的拉力，有利于提高生产效率，稳定印刷质量。
- 铝箔纸的平滑度高，有利于油墨的转移，印刷墨膜平伏、光洁，图文、网线清晰完整。
- 铝箔结构严密，没有空隙，其表层近似于镜面效果。因此，它不具备纸张那样的吸附性能，其油墨的附着只能依靠分子间的二次结合力，即油墨与铝箔纸表面的分子作用力。
- 铝箔纸在制造过程中表面存有残留的油脂，印前必须清除处理。
- 铝箔纸易卷曲。铝箔强度高、密度大、稳定性好，不易伸缩。而纸张强度低、密度相对较小、稳定性差，容易伸缩。铝箔与纸张的性能差别很大，这两种截然不同性质的材料复合在一起，其本身就潜藏着卷曲的因素。然而，这也仅是它的内在因素，在适合的条件下一般不会卷曲，但当环境温度和湿度发生较大变化时，就会诱发铝箔纸的卷曲。

②铝箔纸印刷要点

鉴于铝箔纸的印刷适性，其印刷难点主要是印品干燥性不良和粘脏。为此，铝箔纸在胶印中特别要注意：

- 控制环境温、湿度，尽量采用 UV 胶印完成印刷作业。
- 如果没有 UV 胶印设备，最好选择铝箔纸专用油墨或干燥机理是氧化结膜的油墨。
- 印刷油墨不宜过稠。由于铝箔纸表面光滑，吸附力差，所以要通过增加油墨的流动性来降低橡皮布与油墨之间的吸附力，使之能在适当的压力作用下顺利转印到铝箔纸上。
- 保持最小供液量。铝箔纸不易于吸收油墨，也不易于吸收润湿液，为此，可在印版不挂脏的情况下，尽量减少供液量。
- 采取防粘脏措施。一是适当增加油墨干燥剂的加放量；二是加放隔纸架，印张每50～100 张放一个隔纸架，使印张分层摆放，能有效防止粘脏；三是适当喷粉。

（3）宣纸

宣纸主要以印制国画为主，工艺包括制版、宣纸加工和印刷三部分。制版时，针对国画的特点，改以往制版工艺中颜色靠基本色表现、层次用相反色衬托，为颜色靠基本色表现、层次亦用基本色表现；同时主色调选用 45°网屏角度，辅色选用 15°、75°、0°、90°网屏角度。

宣纸的印前加工处理主要使宣纸符合胶印的要求，在印刷之前，对宣纸进行预喷水，预喷水量控制在 50～60mL/m²，然后采用加热加压方法使宣纸平伏，即在 110℃时，加压 4～6 kg /cm²，时间为 3～4min。印刷时，叠色版采取网点面积小的印版先印，专色版后印的方式，根据实际情况调节印压和版压，同时要改变油墨的流动度，坚持油墨"宁软勿硬"。

（4）硫酸纸

硫酸纸又称植物羊皮纸，是把植物纤维抄制的厚纸用硫酸处理后，使其改变原有性质的一种变性加工纸。硫酸纸呈半透明状，纸页的气孔少，纸质坚韧、紧密，而且可以对其施行上蜡、涂布、压花或起皱等加工工艺，外观上很容易和描图纸相混淆。

因为硫酸纸是半透明的纸张，所以在现代设计中，往往用作书籍的环衬或衬纸，这样可以更好地突出和烘托主题，又符合现代潮流。有时也用作书籍或画册的扉页。在硫酸纸上印金、印银或印刷图文，别具一格，一般用于高档画册较多。

印刷时要注意以下几点：

- 硫酸纸相对其他纸张，比较干燥，易产生静电，输纸时易出现空张、双张及多张，所以印刷车间的温、湿度要适宜，必要时，印刷前要晾纸，输纸速度控制在 3000 ~ 5000 张 / 时。
- 硫酸纸对油墨的吸附力差，所以印刷时要注意墨色、墨量的调节，观察墨色时，最好在硫酸纸下面垫几张白纸，这样可减少或避免色差，平滑度小于 100 的硫酸纸不适宜细网点印刷，且加网线数不宜过高。
- 硫酸纸较干燥，吸湿变形量大，不宜用单色胶印机套色印刷。最好安排在酒精润版的多色胶印机或无水胶印机一次完成。

（5）合成纸（聚合物纸和塑料纸）

合成纸是以合成树脂（如 PP、PE、PS 等）为主要原料，经过一定工艺把树脂熔融，通过挤压、延伸制成薄膜，然后进行纸化处理，赋予其天然植物纤维的白度、不透明度及印刷适性而得到的材料。一般合成纸分为两大类：一类是纤维合成纸，另一类是薄膜合成纸。

合成纸在外观上与一般天然植物纤维纸基本没有区别，薄膜合成纸已经进入高级印刷纸的市场，能够适应多种印刷机。现在市场上所用的合成纸大都是指薄膜合成纸。用合成纸印刷的书刊、广告、说明书等如果不标明，一般看不出它与普通纸有什么区别。合成纸有优良的印刷性能：

- 在印刷时不会发生"断纸"现象。
- 合成纸的表面呈现极小的凹凸状，对改善不透明性和印刷适性有很大帮助。
- 合成纸图像再现好，网点清晰，色调柔和，尺寸稳定，不易老化。值得注意的是，采用胶印印刷时，应采用专用的合成纸胶印油墨。

（6）压纹纸

压纹纸属于特种纸的范畴。在纸或纸板的表面形成凹凸图案的纸称为压纹纸。压纹纸的加工方法有两种。一是纸张生产时，以机械方式增加图案，成为压纹纸；二是平张原纸干透后，放进压纹机进一步加工。经过两个滚轴的对压，其中一个滚轴刻有压纹图案，纸张经过后便会压印成纹。由于压纹纸的纹理较深，因此通常仅压印纸张的一面。近年来，印刷用纸表面压纹越来越普遍。

胶版纸、铜版纸、白板纸、白卡纸等彩色染色纸张都可进行压纹，大大提高纸张的档次，国产压纹纸大部分是由胶版纸和白板纸压成的。压纹纸表面比较粗糙，有质感，表现力强，品种繁多。

压纹纸常用于书籍、杂志、画册、封面的装饰用纸，又称为压纹书皮纸，颜色有白、灰、绿、米黄、粉红等色。根据所用材料不同分为 A、B、C 三级，A 级用于印刷装帧较考究的书籍、杂志封面；B、C 级可作为一般杂志、本簿封皮用。当然，压纹书皮纸不仅限于印刷书籍封面。

压纹书皮纸大多纸色鲜艳、平整，具有较高的机械强度，耐磨、耐折且不易破损，具有良好的尺寸稳定性和耐久性，其定量一般为 120 ～ 230g/m²。

压纹书皮纸在印刷时应注意：

- 根据欲印制的印刷品的特征和所使用的印刷机型合理选择压纹书皮纸。
- 印刷过程中对油墨的适性认真调配，控制和减少润湿液的用量，防止掉粉、掉毛故障的发生。
- 印刷时可适当增大印刷压力，或使用流动性较大、润湿性较强的油墨，以便在一定程度上弥补因纸面不平而出现的印迹不实。
- 由于压纹书皮纸表面有花纹，对油墨的接受性差，相对而言，转移率和转移量都比较小，所以，印刷中必须经常观察墨色的变化并做出相应的调整。

第二节　油墨的检测与选用

一、油墨的性能与指标

1. 油墨的物理性能

（1）油墨的细度

油墨的细度表示油墨中颜料、填料颗粒大小及在连结料中分布的均匀度。油墨的细度与颜料的性质和颗粒大小有直接的关系。细度越好，油墨的性质越稳定，印出来的产品网点饱满有力。反之在印刷中易出现印版的耐印力低，堆墨、网点空虚、扩展及网点不光洁等弊病。

（2）油墨的浓度

油墨的浓度是颜料含量的指标，颜料一般占油墨总量的 20% 左右。在印刷时油墨浓度大，印刷品的色就浓。反之，印刷品的色就淡。油墨浓度大，在印刷中用墨量少，则墨层薄，相对干燥就快。尤其是印刷大面积实地时，油墨的浓度对印刷质量的影响尤为显著。因为使用高浓度油墨印刷时印品墨层薄，固着速度快，可以减少印品粘脏，各色的色平衡也容易调整。

油墨行业通过检测着色力来判断油墨浓度的大小。着色力决定于油墨中颜料对光线吸收与反射的能力，表明了油墨显示颜色能力的强弱。通常用白墨对油墨进行冲淡的方法来测定，所以又称作冲淡强度或冲淡浓度。

（3）油墨的黏度

油墨的黏度是指阻止流体物质流动的一种性质，是流体分子间相互作用而产生阻碍其分子间相对运动能力的量度，即流体流动的阻力。油墨的黏度与印刷过程中油墨的转移、纸张的性质及结构有重要的关系，油墨的黏度过大，流动性就低，印刷过程中油墨的转移不易均匀，并发生对纸张拉毛的现象，使得版面发花；黏度过小，流动性过大，油墨容易乳化、起脏，影响油墨干燥固化和印刷质量。

（4）油墨的黏性

油墨的黏性是印刷中一个重要指标，它是用油墨黏性仪测试。油墨黏性值的大小是指使黏性仪两个辊子之间油墨膜分离的力的大小。油墨的黏性过大、过小都会影响印刷的质量。当油墨黏性过大时容易造成传墨不良、转印性差、拉纸毛、套印性差等故障。若黏性过小，则容易造成传墨量过大、网点增大、油墨乳化、浮脏等故障。

在一定温度下，印刷机速度快时选择油墨的黏性不要太大，反之亦然。另外还要根据印刷顺序选择各色油墨的相对黏性大小。正常的条件下，是不需调整油墨黏性的，如需调整可根据其黏性、稠度情况选择助剂。一般黏性大，稠度合适时可用降黏不降稠的助剂进行调整。若黏性大，稠度也大时可用既降黏又降稠的助剂。

2. 油墨的化学性能

（1）油墨的乳化性

油墨乳化是印刷过程中油墨吸收润湿液的现象，缺点是印品表面图文色相偏淡。众所周知，在胶印印刷的过程，油墨的乳化现象是不可避免的。所谓乳化，是一种液体被分散到另一种与之不相溶液体中的现象，完全不乳化的油墨是没有的，但是绝对不乳化也是不可以的，没有适度的乳化就不能实现胶印良好的油墨转移过程，但油墨过度乳化给印刷带来的危害也是非常大的。印刷机在停机时，我们可看到墨辊的表面堆积着厚厚一层就如同网状的凹凸不平带毛刺的虚状油墨，这是我们用肉眼可以直接观察到的非常明显的油墨过度乳化现象。那么乳化过度的油墨会给印刷带来什么样的危害呢？

油墨过度乳化会造成印品表面图文色相偏淡，颜色不鲜艳，印品无光泽，网点发虚变形严重，网点带毛刺，周围不光洁，印迹发虚，干燥缓慢，印品背面粘脏，塌印严重，造成大批印品墨色深浅浓淡前后不一致、带脏、花版、瞎版、文字笔画不秀丽、印版不上墨等。

（2）油墨的溶解性

不同的油墨采用了不同的树脂，不同的溶剂对不同树脂的溶解性也不同，所以不同的油墨应使用不同的溶剂。油墨的耐化学性较强，在酸、碱等物质的作用下，颜色和油墨的性质不易发生变化。油墨的耐化学性是由颜料和连结料的种类及性能决定的，并与颜料和连结料结合的状态有关，也与油墨的稳定性有关。油墨的溶解性难易关系到印刷过程中的印版、橡皮布清洗工艺，对油墨环保性要求的提高，希望印刷油墨能够采用非挥发性溶剂清洗，减少洗车过程对生产环境的污染和对人员的伤害。

3. 油墨的光学性能

（1）油墨颜色

颜色的印象是个人的体验，颜色的感觉是由心理、生理和环境因素决定的。

油墨颜色是指油墨表面对入射白光反射（透射）和吸收的能力。油墨表面对入射的白光中红、绿、蓝三原色光进行了选择性的、不同比例的反射（透射）和吸收，便产生了不同的油墨颜色。

油墨的颜色用不同的色相名称来表示。在实际工作中，油墨的颜色通常用刮样鉴定，也可以使用反射密度计测定。

油墨的颜色主要取决于所用颜料的颜色，但也受到连结料的颜色及其性能的影响，并与填充料的用量有关。此外，油墨的颜色还与油墨的配方及油墨的制造工艺等因素有关。

油墨在承印材料的表面干燥后，墨膜所表现的颜色受到多种因素的影响，主要有以下 5 种因素。

①光源的色温和照射光强度

同一种颜色的印刷品在不同色温或不同强度的光源下，由于入射光本身的光谱成分或照度不同，经印刷品反射所表现的颜色也就不同。

②承印物的表面性质

对油墨颜色的影响主要是承印物的平滑度与颜色。一般来说，油墨在平滑度高的承印物上印刷后反射光线的能力强，所以表现出来的颜色强度高。不同的承印物，对光线的吸收和反射的能力也不同，如果在其表面印刷同一种油墨后，当光线透过油墨的膜层照射到承印物上时，其表面对光线进行了不同的吸收和反射，这样使油墨最终在承印物上显示的颜色产生了差异。

③印刷墨层的厚度

同一种颜色的油墨，当印刷过程中用墨量大小发生改变时，在印刷品上就会形成厚度不等的墨膜，对光线的反射率也会有所不同，这时所表现出的颜色就有一定的区别。

④底色油墨

同颜色的油墨进行叠印时，表层油墨的颜色一定会受到底色油墨颜色的影响而发生变化。这种现象在油墨的透明度较高时特别明显。

⑤油墨的干燥程度

印刷品上墨膜干燥的程度不同，对入射光线吸收、反射或透射的比例也不同，因而墨膜所表现出的颜色也就不同。例如，印刷品在湿态、固着状态和干燥状态下所显示的颜色各有所异。

印刷品色相的准确程度和鲜艳程度都是由油墨的颜色所决定的。所以，油墨的颜色关系到印刷复制品的颜色和色调层次是否符合原稿的要求，是否能够达到质量标准。

（2）油墨的光泽度

油墨的光泽度是油墨印样在特定光源、一定角度照射下，正反射的光量与标准板正反射光量之比，用百分比表示。印刷品的光亮程度给人以直接感观印象。一般来说，光泽度感觉越高印刷效果越好。虽然印刷品的光泽度与印刷所用的润湿液、纸张的吸收性也有一定的关系，但主要还是由油墨决定的。油墨的这种性质又主要取决于其中的连结料和颜料。油墨中的连结料和颜料要有很好的印刷适性，另外，树脂本身光泽高，这样的油墨印到纸上的图文光泽度才高。光泽好的油墨往往初干会稍慢一点。在单色机上套印时光泽度好的油墨一定要控制好套印时间，否则容易出现油墨晶化的现象。

（3）油墨着色力

如前所述，着色力是指着色的能力。在这里，着色力是指油墨颜色的强度，或称油墨的色浓度。着色力表明了油墨显示颜色能力的强弱，通常用白墨对油墨进行冲淡的方法来测定，所以又称作冲淡强度或冲淡浓度。着色力强的油墨被白墨冲淡后仍能表现出一定的颜色。着色力用油墨被冲淡到一定程度后所用的白墨量的百分比来表示。

着色力取决于油墨中颜料对光线吸收与反射的能力、在油墨中应用的比例以及在连结料中的分散程度。一般地，颜料表现颜色的能力强以及在油墨中应用的比例大，分散度好，那么油墨的着色力就强。

（4）油墨透明度

透明度是指油墨对入射光线产生折射（透射）的程度。印刷中透明度是指油墨均匀涂布成薄膜状时，能使承印物的底色显现的程度。油墨的透明度低，不能使底色完全显现时，便会一定程度地将底色遮盖，所以油墨的这种性能又称为遮盖力或不透明度。油墨的透明度与遮盖力成反比。

透明度取决于油墨中颜料与连结料折射率的差值，并与颜料的分散度有关。颜料与连结料的折射率差值越小，在连结料中的分散度就越好，则油墨的透明度就越高。

印刷对油墨透明度要求是不一致的，一般专色实地遮盖力要强，而网线套色要求透明度高，否则将影响三原色油墨叠印后的减色效果及色彩的表现。

4. 油墨的印刷适性

（1）油墨的干燥性

胶印油墨在纸上的干燥过程就是油墨从流动性较大的非极性胶状体变成固态的过程。一般衡量胶印油墨有两个指标：

①油墨固着。油墨固着是指油墨从自然流动状态变成半固态。也就是说印品叠加到一定的厚度时不粘脏，印刷工艺中称为初干。油墨的初干是由设计中所选用的树脂结构所决定的。初干时间很短，但未完全干燥。

②油墨干燥。印刷工艺中称为彻干，干燥时间较长，一般大于 8 小时。油墨的彻干是由干燥剂的种类和用量来决定的，在一定范围内是可以调整的。

目前胶印油墨都是树脂型，固着速度较快。从理论上讲，初干越快越好，但初干过快会影响印刷品的光泽。胶印机操作者希望油墨印在纸上很快就干燥，而在墨斗里不干，这是不可能的。一般地，80% 左右的油墨结膜干燥时间为 16 ～ 30 小时。如结膜干燥时间太短，容易造成在机器上结皮后抱辊。一般印刷铜版纸或长版活，可以选择结膜干燥时间较长的油墨。而对于高级铜版纸、卡纸或短版活，则可选取彻干较快的油墨。

（2）油墨的拉丝性

油墨的拉丝性通常用墨刀挑起油墨，观察其拉丝的长短。拉丝较长，说明油墨质量较好，反之则差。在正常印刷过程中，采用这种方法还可判断油墨的乳化程度。

（3）触变性

所谓触变性是指油墨在外力和外界环境因素的作用与影响下，油墨变稀或变稠，流动性改变的一种现象。

油墨触变性是印刷材料适性之一，它对印刷产品质量有较大的影响作用。对印刷工艺来说，稳定的产品印刷质量要求油墨应保持适度而又稳定的流动性。但是，由于油墨本身固有因素和印刷条件的限制，印刷过程中的油墨不可避免会出现"触变"现象，影响到印品质量的稳定。所以，正确认识油墨的触变性，从工艺、技术上采取一些措施加以克服和弥补，减少油墨印刷中触变的程度，才能更好地保证产品的印刷质量。

在生产工艺实践中，黏稠油墨都具有一定的触变性，其主要表现为油墨一经搅动、摩擦后即变得稀薄，流动性增大；而把它静放一段时间后，油墨又会恢复到原来比较稠的状态。如黏度较大的油墨，在外力的搅动下，其凝固状态遭到破坏，就具有一定的流动性。静止状态下，随着时间的增长，其凝固状态渐渐增强。所以，当停机一段时间后重新开机时，墨斗中油墨的正常流动受限，甚至出现油墨不能传递转移现象。另外，油墨在印刷机墨斗和胶辊上经过转动摩擦，给予油墨外力作用，于是流动性、延展性也随之增强，直至转移到印张上后，由于外力消失，其流动性、延展性减弱，随之由稀变稠，从而迅速干燥，保证印刷墨色的清晰度。

5. 油墨的主要质量检测指标

（1）细度。按检验方法将油墨稀释后，以刮板细度仪测定其颗粒研细程度及分散状况，以微米表示。

（2）黏度。采用旋转黏度计测定油墨的黏度。

（3）流动度。以一定体积的油墨样品在规定压力下，经一定时间所扩展成圆柱体直径的大小（毫米）来表示油墨流动度。

（4）颜色。将试样与标样以并列刮样的方法对比，检视试样颜色是否符合标样。

（5）着色力。以定量标准白墨将试样和标样分别冲淡后，对比冲淡后油墨的浓度，以质量分数表示。

（6）黏性及增值。用油墨黏性仪测试油墨薄层分离或被扯开的阻力的大小，以数字表示油墨黏性。延长油墨黏性的测定时间，观察油墨黏性值的变化情况，以数字表示油墨黏性增值。

（7）稳定性。对油墨进行一定时间的冷冻和加热试验，观察油墨是否有胶化情况或反粗现象。

（8）飞墨。油墨飞墨是观察油墨在印刷时，油墨脱离墨辊的离散情况，测定油墨飞墨是利用测定黏性时，观察油墨表横梁上白纸的粘墨情况。

（9）光泽。油墨光泽的测定是采用光电计进行的，在一定光源的照射下，试样与标准面反射光亮度之比，用来表达油墨的光亮度（以标准面的反射光亮度为100%）。

（10）干性。在加入定量白燥油的油墨刮样上，不使覆在刮样上面的硫酸纸粘色所需时间即为油墨之干燥时间，以小时表示，试验是在标样与试样对比条件下进行的。

（11）耐乙醇、酸、碱、水性：经干燥的油墨刮样，分别浸泡于规定浓度的酸、碱、醇及水中，经一定时间后取出刮样，根据刮样变化情况评级，并以之表示油墨耐酸、碱、醇及水的性能（浸泡法）。经干燥的油墨与规定浓度的酸、碱、醇及水溶液浸透的滤纸接触，在一定压力、一定时间后，根据油墨刮样变化的情况及渗透染色滤纸张数评级，并以之表示油墨耐酸、碱、醇及水的性能（滤纸渗浸法）。

（12）渗色性。将油墨置于滤纸上经一定时间后，观察滤纸吸收油墨渗出的油圈上是否带色，以检视油墨渗色情况。

二、油墨的检测方法、工具及示例

1. 油墨的检测方法

（1）油墨颜色。将试样与刮样并列的方法对比，检视试样颜色是否符合标样。

（2）油墨着色力。以定量标准白墨将试样和标样分别冲淡，对比冲淡后油墨的浓度，以百分数表示。

（3）油墨光泽。油墨光泽的测定采用光电计进行，在规定光源的照射下，用试样与标准面反射光量度的比来表达试样油墨的光量度（以标准面的反射光量度为100%）。

（4）油墨黏性。用油墨黏性仪测试油墨薄层分离或被扯开的阻力的大小，以数字表示。

（5）油墨飞墨。飞墨是观察油墨在印刷时，油墨脱离墨辊的离散情况。测定油墨飞墨是利用测定黏性时，观察油墨表横梁上白纸的粘墨情况。

（6）油墨固着速度。油墨在纸张上初期干燥时间（可套印第二色之干燥程度），称之为该墨固着速度，单位为 min。

2. 油墨的检测工具

（1）油墨颜色。采用调墨刀、刮片、玻璃板、刮样纸和玻璃纸。

（2）油墨着色力。采用调墨刀、刮片、刮样纸、标准白墨、标准黑墨、圆玻璃片和分析天平。

（3）油墨光泽。采用光电反光计。

（4）油墨黏性。采用油墨黏性仪、秒表。

（5）油墨飞墨。采用油墨黏性仪、秒表。

（6）油墨固着速度。采用印刷适性仪、调墨刀、胶水和裁纸刀。

3. 油墨的检测示例

示例：某实业发展有限公司油墨检验报告（黑色油墨），见表1-3。

表1-3　黑色油墨检验报告（主要部分）

供方名称	天铭/迪高		型号规格	GA-501
名称	黑色		进货日期	2013-6-4
进货数量	18kg		抽样数量	采集50g
检验方式	测试杯		检验依据	检验标准
检验项目	标准要求	使用工具	检验结果	备注
外包装	标签清楚，无破损	自然光目测	符合采购单	符合采购单
外观颜色	与样标相符，不结皮，无杂质异样	自然光核对样标	无结皮，没有发现杂质	
细度	小于或等于25μm	提供测试文件，用刮板细度计	填写刮板细度计上的显示数据，要低于25μm	
黏度	20～80s	涂2杯测试	OK	
附着力	按照墨层检测标准	15mm透明胶测试油墨结合之牢固性	透明胶上没有发现油墨	
保质期	一年			
综合判断	合格			

第三节　特殊印刷油墨及特点

一、防伪印刷油墨

防伪油墨是防伪技术中的一个重要部分，是指具有防伪功能的油墨。防伪油墨由色料、连结料和油墨助剂组成，即在油墨连结料中加入特殊性能的防伪材料，并经特殊工艺加工而成的特种印刷油墨。防伪油墨之所以能够防伪，是利用油墨中有特殊功能的色料和连结料来实现的。如今，在许多防伪印刷领域，防伪印刷油墨的使用非常广泛，如在各种票证、单据、商标及标识等的防伪印刷上，都使用防伪印刷油墨。这主要是由于防伪印刷油墨具有防伪技术实施方便、成本低廉、隐蔽性较好、色彩鲜艳等特点。目前，国内外开发使用的防伪印刷油墨已达几十种，按印刷形式可分为凸版印刷油墨、凹版印刷油墨、孔版印刷油墨、平版印刷（胶印）油墨和水性柔版印刷油墨等，按承印物不同又可分为纸张油墨、印铁油墨、新闻油墨、塑料油墨等。

1. 防伪油墨分类

按照其防伪功能，可分为以下类别：

①紫外激发荧光油墨。

②日光激发变色油墨。

③热敏防伪油墨（热致变色油墨）。

④化学反应变色油墨。

⑤智能机读（机器专家识别）防伪油墨。

⑥多功能或综合防伪油墨（激光全息加荧光防伪油墨）。

⑦其他特种油墨，如 ovi 光可变防伪油墨等。

具体实施主要以油墨印刷在票证、产品商标和包装上实现。这些防伪技术的特点是通过实施不同的外界条件，主要采用光、热、光谱检测等形式，来观察油墨印样的色彩变化达到防伪目的。其实施过程简单、成本低、隐蔽性好、色彩鲜艳、检验方便。但智能机读（机器专家识别）防伪油墨由于检测复杂、重现性强、变色多样等优点，是各国纸币、票卡、票证和商标包装的首选防伪技术。

2. 防伪油墨制作技术

防伪油墨是在普通油墨中添加特种功能材料，从而使其具有防伪功能。此类油墨印刷获取的防伪产品成本低、检验方便。防伪油墨一般采用以下几种制备方法。

（1）力学方法（力致变形、力致变热、力致发声等）

例如，力致变色防伪标识，其特种功能材料外层为微型胶囊，内层装有染料，将其与普通油墨混配、印刷，检验时只需用力施压标识表面，因受外力作用，胶囊破裂释放出染料，颜色立即改变，胶囊染料颜色可任意选择而获得多种防伪效果。

（2）热力学方法（热致变色、热致变色发光）

例如，在油墨中添加热致变色材料，若环境温度发生变化，颜色会发生相应的变化以达到防伪效果。

（3）电学方法（电致变色、电致发光）

例如，电致变色油墨，是指在普通油墨中加入一些功能材料（如三氧化钨、导电高聚物等），当直流电压作用其上时，功能材料的结构发生变化，会使油墨产生外观颜色的改变。

（4）光学方法（光致变色、光致发光、隐形变色等）

例如，荧光油墨，是指在普通油墨中加入荧光材料，当紫外光照射时，会辐射可见光，达到防伪目的。

（5）根据客户需要

采用商品品牌专用的防伪油墨配方，用唯一性极强、可表征的防伪油墨产品，达到保护产品的目的。

3. 防伪油墨应用的防伪技术

防伪是一个技术性非常强的行业，其市场同技术的联系非常密切，整个市场又有很多细分的领域。不同的商品、不同的使用环境，需要不同的防伪技术，没有一种防伪技术适用于所有防伪领域。

防伪油墨，即具有防伪性能的油墨，是一个极其重要的防伪技术领域，应用面极广，涉及许多学科。防伪油墨是在普通油墨中加入一些特殊物质而生成的具有防伪功能的特殊油墨，用于印制需要防伪的产品。它的配方、工艺均属机密，应严加管理；防伪产品也应定点、定时供应给指定的厂家，设专人定机使用，严防信息扩散。防伪油墨是目前使用最广泛的防伪材料，按其不同的特性可分为以下几种。

（1）紫外光源激发可见的荧光防伪油墨

紫外光源激发可见的荧光防伪油墨包括长波紫外光源激发可见荧光防伪油墨、短波紫外光源激发可见荧光防伪油墨、长短波双紫外光源激发可见荧光防伪油墨三种。由于紫外光源激发可见荧光防伪油墨的技术含量较低，仿造的难度不大，所以其防伪能力差。现在单独采用紫外光源激发可见荧光防伪油墨的用户已经大幅度减少。

（2）光致变色防伪油墨

光致变色防伪油墨是采用特殊工艺制造的，当观察者变换观察角度时，其印刷颜色发生变化。现在国内已经有数家公司掌握此种技术，所以其防伪能力已有较大下降，随着该技术的进一步扩散，也有可能步紫外光源激发可见荧光防伪油墨的后尘，逐步退出防伪印刷领域。

（3）红外光源激发可见荧光防伪油墨

红外光源激发可见荧光防伪油墨是一种较新的防伪油墨，它采用特殊的合成化学标记物，使其在红外光源激发下产生可见荧光。由于合成的化学标记物材质不同，其在不同的红外光源激发下可以发出不同颜色的荧光。除可以直接用肉眼观察荧光的颜色及亮度来辨别产品真伪外，还能使用专门的识别仪器通过分析其光谱特性自动鉴别产品真伪。该项技术有较高的防伪能力，适合在防伪印刷中广泛使用。

（4）化学变色防伪油墨

化学变色防伪油墨是在油墨中添加了特殊的化学显色标记物，使用配套的显色剂，可以令使用这种防伪油墨印刷的产品产生特定的变色反应，以方便使用者鉴别产品真伪。

化学变色防伪油墨中还含有一种"开锁式防伪技术"，就是由化学加密显色制成，只有使用另一种配套的化学显色剂，才能用紫外光源激发产生相应的荧光反应而显色，以鉴别真伪，就像用钥匙开锁一样。由于该技术可以将油墨制成无色油墨或隐藏在其他颜色中，所以具有很强的防伪能力。

（5）磁性防伪油墨

磁性防伪油墨开始只是使用强磁性材料制造，鉴别真伪即检查有无磁性。由于磁性材料容易得到，且配制磁性防伪油墨的技术难度不大，所以其防伪能力较低。后来开发了采用弱磁性材料制造的磁性防伪油墨，用其印制成不同的磁编码，可以使用专用识别仪器进行识别，使得其防伪能力有了一定的提高。

（6）温变防伪油墨

温变防伪油墨采用热敏材料配制，根据变色所需的温度可分为低温变色（温度达到30℃以上）和高温变色（温度达到90℃以上）。因为此项防伪技术难度一般，较易仿制，故防伪性能较差。

（7）光变油墨（OVI）

光变油墨是现代防伪油墨中的佼佼者，属于反射型油墨，具有珠光和金属效应，彩色复印机和电子扫描仪都不可能复制出来。用光变油墨印制的产品，油墨色块可成对呈现颜色，如品红—蓝、绿—蓝、青—绿等。只要将油墨印迹倾斜60°，就可观察到图案由一种颜色向另一种颜色转化的现象。由于只有印品上的墨膜较厚时，才可能出现显著的色漂移现象，因此要求印刷墨层具有足够的厚度。光变油墨是一种原理简单而制造过程复杂的技术产品，它是利用涂层颜色可随视角变化而变化的干涉薄膜，对自然光（复色光）进行选择性吸收和反射以达到防伪目的。

（8）综合防伪油墨

根据不同用户的防伪需求，综合上述2种以上防伪油墨技术制成的具有综合防伪能力的防伪油墨，可以显著提高油墨的防伪能力，是未来研制新型高性能防伪油墨的发展趋势。

（9）防伪印油与印泥

盖章用的印油或印泥也是一种油墨，其防伪方法可以仿照上述各项技术。目前正在研究利用紫外线、红外线、X射线等不可视见的荧光化合物、光电转换物质、特种化学物质、动物或植物的DNA、单克隆抗体以及特异性抗原等物质，制成新型的防伪印油或印泥，使之更难仿制。用这种印油加盖的印文，外观与普通印文无异，但用相应的方法检测时则显示特殊的效果。如用紫外线激发防伪印油加盖的印文，在紫外线照射下可显现鲜艳的荧光。

二、数字印刷油墨／墨水

由于数字印刷的成像方法不同，采用的印刷油墨也有很大区别，但是都与成像技术的物理效应和图文转移特性相匹配，要求数字印刷系统使用特殊类型的油墨与所采用的数字印刷方法相匹配。

数字印刷油墨是由着色剂（颜料或染料）、树脂（连结料）、助剂、填充料等加溶剂经研磨后合成的。油墨的颜色一般是由颜料或染料决定的，不同类型的油墨是由不同的连结料做成的，助剂是增加或改善油墨性能而添加的辅料，也是构成高档次油墨所必备的组成成分，助剂可以增加抗静电性、流平性、爽滑性、抗磨性、抗水性等。

在静电照相技术中，在带电区域必须使用带有适当极性的呈色剂，以确保呈色剂可以成功地从油墨单元转移到成像材料表面。如果在成像材料表面形成电荷潜像的电荷类型是负电荷，那么呈色剂微粒必须带正电荷。而在气泡喷墨或压电喷墨工艺中，往往要求使用低黏度的墨水，才能在墨水射流的飞行过程中形成墨滴。热成像技术则直接采用渗透了油墨的色膜或色带；热升华数字印刷系统所用色膜上的染料应该在受热后发生升华现象，直接从固态转化为气态。

1. 数字印刷呈色剂

按照成像方法不同可以分为静电照相呈色剂、喷墨油墨、热成像色带、磁成像呈色剂和离子成像呈色剂等，其中，静电成像、离子成像和磁成像中使用的呈色剂构成类似，主要有两种不同类型，即干式色粉和液体呈色剂。其中干式色粉又可以分成单组分干式色粉和双组分干式色粉两种，双组分干式色粉比单组分干式色粉的使用更加普遍。

（1）单组分呈色剂

静电单组分色粉不需要载体颗粒，直径约为5μm，又分为磁性和非磁性。磁性干式色粉主要用于单色印刷，呈色剂转移过程相对简单，色粉颗粒通过控制的静电场来转移，主要应用于高速单色印刷系统中，如离子成像、磁成像系统以及低档的静电复印和静电照相印刷系统。非磁性干式色粉更多用于低速印刷系统中，在大面积区域着墨时，很难形成均匀的色粉转移，而且容易起脏，导致印刷质量降低。

（2）双组分呈色剂

双组分色粉由载体微粒和颜料微粒组成，载体微粒（如直径约80μm的氧化铁）吸附颜料微粒，并传输颜料微粒显影。给印刷图像着墨的色粉微粒是通过载体微粒转移到图像载体上的。直径大约为80μm的载体微粒把直径大约为8μm的色粉微粒传输到成像载体的表面，色粉微粒在印刷过程中被转移到承印物上，而载体微粒在显影过程中是可以重复使用的。双组分色粉常用于高档、高速多色印刷系统，如柯达、施乐、佳能的数字印刷系统。

（3）液体呈色剂

液体呈色剂的组成是在液体载体中含有1～3μm大小的色料微粒。成像过程中，带电荷的色料微粒集中在图像区域，并从液体载体中分离出来。转移过程需要灵敏的热控制和电控制，微小颗粒能够获得极薄的墨膜和较高的解像力，从而可以获得类似胶印质量的图像。载体溶液可以在印刷过程中被回收重复使用。

固体呈色剂的墨层厚度为5～10μm，而液体呈色剂的墨层厚度应在1～3μm，这主要是液体呈色剂微粒的尺寸只有1～2μm。传统胶印的墨层厚度约为1μm，所以，使用液体呈色剂印刷的质量更加接近胶印水平。

（4）喷墨墨水

喷墨印刷装置的特殊要求，墨水要以直径为1μm左右的微小墨滴，以30000～50000滴/秒的速度从喷嘴中喷出。因此，喷墨墨水的基本组分为溶剂、呈色剂和添加剂。喷墨墨水可分为染料型和颜料型。

①染料型墨水：其溶剂一般为纯度极高的去离子水，能均匀溶解呈色剂和其他添加剂，呈色剂多为阴离子染料，添加剂主要是一些高沸点液体，降低水溶剂的挥发，

减少染料沉淀以防堵塞喷嘴。与颜料相比，染料色谱齐全，且许多染料已经商品化，所以目前喷墨墨水大多属于染料型墨水。其颜色饱和度较好，但是耐水性不佳，耐光度较差，分辨率较低。

②颜料型墨水：多选择有机颜料作为着色剂，水和醇类作为主要溶剂，辅以分散剂、pH调节剂、金属螯合剂、抗褪色剂等助剂。颜料型墨水具有良好的耐水性、耐光性、耐热性和耐溶剂性，印字清晰，色彩鲜艳。但是，颜料型墨水的液体稳定性差，易于引起喷嘴堵塞。其使用和研究正在日渐增多。

另外，按照喷墨墨水使用溶剂种类的不同，又可以分为水基墨、油溶墨和固态墨。

水基墨是目前最普遍使用的一种喷墨墨水，是以水做溶剂的一种液态墨水。它易于保持墨水通畅连续，不腐蚀墨头和喷嘴，印字清晰、牢固、安全、无毒、无味，并且具有一定的贮存时间。

油溶墨以有机化合物作为溶剂，既可以是低沸点的溶剂，也可以是高沸点的溶剂。着色剂可以是油溶性染料，也可以是颜料。油溶墨的耐水性比水基墨好，一般不会造成纸张卷曲。但是印刷时存在墨水扩散问题，使边缘的清晰度不高。干燥速度虽然相比水基墨有很大改善，但是仍然不理想。而且，油溶墨易燃，存在污染环境等问题，成本也较高。

固态墨也称为蜡基固态油墨，其呈色剂是颜料，具有良好的耐光性和色稳定性，一般用于压电喷墨中。印刷时，首先熔化墨盒内的蜡基固态墨水，由图文信号控制喷射。蜡基固态墨水一旦接触承印材料后就凝固干燥，墨水不会渗透到承印材料内部，固着在承印材料表面，形成的图像清晰、稳定，图像层较厚。墨膜有极好的耐褪色性，图像有较好的清晰度和光泽，但是易于磨损且固着性差。

（5）热成像色带

在热成像印刷（热转移和热升华）中使用的是一种特殊类型的油墨，即色带。图文信息控制脉冲电流在热成像头或激光成像头上产生高温，瞬间温度可达150～300℃，热成像头与色带接触，色带背面涂有热熔融型或热升华型油墨，发热电阻或激光的热量通过很薄的涤纶膜传递到墨层，墨层熔化或升华，转移到承印物上形成图像。在热转移中，色带中的颜料和黏合剂树脂全部转移，而热升华中只有染料分子扩散转移到承印物上。

2. 数字印刷油墨性能

数字印刷油墨有以下基本性能要求：

- 形成图像质量高，能耐光、耐候、耐干/湿摩擦等。
- 油墨的组成不会造成喷嘴堵塞。
- 长期搁置不易分层。
- 油墨与喷嘴不能发生任何化学反应。
- 具有较好的着色稳定性。
- 能在普通纸上印刷。

目前，常用的油墨是水基油墨，它通过渗透、吸收和蒸发固定在承印物表面。该类油墨制作简单，用量最大，但图像耐久性、耐水性有待提高。

非水基油墨即溶剂型油墨主要使用有机溶剂而不是水，其他添加剂和助剂也有所区别，主要应用于不具有渗透性的承印物，如塑料薄膜、金属等，依靠油墨溶剂的快速蒸发而固定在承印物表面。

热熔性油墨的代表类型是固体油墨，它在室温下呈固态，高温高压下以熔融态从喷嘴中喷出，液体迅速固化成像，避免了油墨扩散与渗透，颜色比较鲜艳，图像质量优异。

喷墨墨水的性能检测包括以下几个方面。

（1）黏度

墨水的黏度用黏度计测量。墨水黏度过高，影响到墨水的流动性，不容易形成墨滴从喷嘴顺利喷出，造成堵塞，降低喷头的使用寿命。并且，过高的黏度会使溶剂不易迅速渗透、蒸发和吸收，干燥时间加长，降低了图像的分辨率。而过低的墨水黏度会使着色剂不能很好地黏附到承印物上，造成脱色、褪色，也会影响图像的质量和耐久性。所以，墨水黏度应保持在适当的范围内。

（2）表面张力

表面张力用表面张力分析仪测试。墨水具有合适的表面张力，能够更好地使溶剂和承印物表面接触、润湿和渗透，在热喷墨印刷中还会使气泡更容易产生，从而提高印刷速度，降低干燥时间。

（3）颗粒度

色料颗粒度用PCS（光子相干谱）测定。在连续喷墨数字印刷中，数字印刷油墨采用超微颗粒的着色剂，既增加油墨的稳定性，又可以提高图像的分辨率和光泽度。

（4）分解温度

染料的分解温度用热分析仪确定。常温下，染料以分子状态溶解在水中，但在热喷墨印刷中，加热表面的温度可达到300℃左右，而大多数染料在250～300℃容易发生分解，产生的难溶物质沉积在加热装置表面，堵塞喷嘴，从而导致印刷不畅。采用热分析仪可以获得更加合适的染料。

（5）干燥时间

干燥时间是指喷墨墨滴在纸张等承印物上渗透、蒸发或吸收直至充分干燥的时间。干燥时间越短越有利于提高印刷图像的质量。充分干燥的测定方法是指用手指压无涂污，每次指压时间大约半秒钟。

上机实验是对喷墨墨水使用性能进行检测的最重要方法。对油墨印刷图像的色泽、扩散性、耐水性、耐寒性、耐光性等性能的检测是判定印刷图像质量的主要手段。

第四节　橡皮布检测与选用

一、印刷橡皮布结构

印刷常用的橡皮布包括普通橡皮布和气垫橡皮布。

1. 普通橡皮布

普通橡皮布由表面胶层、布层胶、底布组成。

普通橡皮布在压印过程中，由于它的体积不会收缩，只能向受力方向挤压，使得橡皮布表面胶层在压印线的前面出现隆起的凸包。这种橡皮布在高速胶印机上使用时，因凸包不能在瞬间平伏下去，使橡皮布表面恢复平整原状，会造成印刷品套印不准、网点变形、图文模糊，出现重影或细网点增大、高调区域再现性差等印刷质量问题。这种"凸包"所造成的滚筒间的误差和齿轮间啮合的磨损在印刷压力增大时非常明显。

2. 气垫橡皮布

气垫橡皮布由表面胶层、气垫层、弹性胶层和织布骨架层组成，如图 1-1 所示。

气垫橡皮布的结构是由印刷机滚筒间距、包衬的厚度，以及印刷中保证网点准确转移等因素决定的。其厚度一般为 1.65 ～ 1.90mm，分有三层和四层结构等规格品种。在橡皮布表面胶层底织物下面与第二层织物的上面有一层厚度为 0.40 ～ 0.60mm，均匀排列的微孔结构的充气层，用它构成了一种弹性层，充气层主要是微孔海棉橡胶层，在表面层与微孔层之间有一层坚固的载体层，以加强上下两层的黏结。其他的橡胶层、织物层与普通橡皮布基本相同，都是以高强度、拉伸小的织物和橡胶层交结，具有一定厚度。能满足机器包衬所需的橡皮布，表层橡胶的要求和普通橡皮布是一样的。

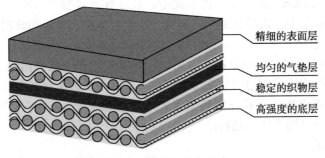

图 1-1　气垫橡皮布组成

气垫橡皮布克服了普通橡皮布的不足，大大提高了印刷品的质量。其特征表现在以下几个方面。

①由于充气层由微孔海棉橡胶层构成，所以，该橡皮布具有良好的压缩性和复原性，避免在橡皮布表面发生鼓起现象。

②网点再现性好，可防止实地图文损失，消除重影，套印准确，压印允许范围扩大，可达 0.15 ～ 0.25mm。

③振动吸收好，冲击吸收性得到提高，能减轻甚至消除"条痕"。

④压印时纸张的移动性非常稳定，纸张不易出现"褶子"。

⑤瞬间弹性恢复率好，纸张尺寸改变（四开改对开）不会留下纸痕，能迅速地使其恢复。

⑥能够延长印版的寿命，提高耐印力。平整度高，橡皮布表面堆墨现象减少。

⑦适用于高速轮转、单张纸胶印机使用。

二、橡皮布的性能

1. 外观质量

橡皮布的表面应与印版一样要经过表面处理，使其表面均布无数细小的砂眼，并达到表面细洁滑爽、无细小杂质。如不经表面处理，橡皮布吸墨性就差。橡皮布的规格与外观质量参照表 1-4。

表 1-4　橡皮布规格与平整度

项目	长度/mm	宽度/mm	厚度/mm	平整度（厚度误差）/mm
对开	915	915	1.85±0.05	<0.04
全张	1220	1220	1.85±0.05	<0.04

2. 物理性能

（1）硬度

硬度是指橡胶抵抗其他物质压入其表面的能力。从印刷要求来说，硬度高，则网点清晰、真实；硬度低，则网点易变形。但是，硬度高则易磨损印版，同时对机器和橡皮布本身的精度要求也就较高，因此胶印橡皮布的硬度选择要考虑四个要素：印刷品质量、印版的寿命、印刷机及橡皮布的精度，一般橡皮布的硬度为 78°～80°（邵氏硬度）。邵氏硬度为橡胶硬度的一种量度。在一定条件下，用特定的压入器压入试样的初始压入深度，即为试样的邵氏硬度。

（2）弹性

橡皮布的弹性是指橡皮布去除引起其变形的外力作用后即刻恢复原状的能力。印刷过程中，当橡皮布滚筒接触时，橡皮布就受到一定的压力而变形。当压印滚筒表面转离橡皮布表面时，橡皮布迅速恢复原状，接受印版上图文部分的油墨。所以橡皮布必须具备很高的弹性，一般橡皮布的弹性恢复率在 85％以上。

（3）平整度

橡皮布厚薄均匀的程度一般用平整度误差的大小表示。胶印橡皮布是用于平版印刷的，在印刷时，橡皮布滚筒与压印滚筒的压缩量只有 0.1～0.2mm，因此橡皮布的平整度要确定适当。平整度误差不得超过 0.04mm，否则印刷品的墨色就会不匀，网点形状也会改变等。

3. 机械性能

（1）压缩变形

压缩变形是指橡皮布经多次压缩后橡胶变形的程度。橡皮布在印刷时，每小时要经受几千次，甚至数万余次以上的压缩、恢复过程，使橡皮布产生压缩疲劳，而带来厚度减薄、弹性减小，不能再继续使用。因此橡皮布的压缩变形越小越好。

（2）扯断力

扯断力是指橡皮布被扯断时所用的力。橡皮布在印刷时受到的拉力将近 1000kg，底布经纱要具有相当高的强度。此外，表面橡胶层也必须有一定的强度，使表面胶不致被纸张里的砂粒或折叠的纸张挤破。一般橡皮布径向扯断力不小于 200kg/2.5cm，折断伸长率不大于10%。

（3）伸长率

伸长率是指橡皮布在一定张力下超出原来长度的量，橡皮布伸长的大小一般用伸长率来表示。

橡皮布伸长率越小越好，伸长率大，橡皮布易被拉伸，胶层会减薄，弹性就会降低。橡皮布伸长率的大小主要取决于四层底布的强度，一般橡皮布伸长率不大于1.5%。

4. 化学性能

表面胶的耐油、耐溶剂性能等耐抗性是指橡皮布表面层胶抵抗油或某些溶剂渗入的能力。橡皮布在印刷过程中不断接触油墨，有时为了清洁橡皮布，常使用溶剂清洗橡皮布。所以，橡皮布表面层必须具备良好的耐油、耐溶剂性。如果缺乏这种抵抗能力，橡皮布接触油墨及溶剂的部分就会膨胀，影响印刷油墨转移。在选用表面胶层配方的同时，还应考虑到使橡皮布具有一定的接受、传递油墨的能力。因此，也要使表面胶具有适当的浸油性。

5. 印刷适性

（1）吸墨性

吸墨性是指橡皮布在印刷压力的作用下，其表面吸附油墨的性能。橡皮布的吸墨性是橡皮布进行图文信息转印的首要条件，橡皮布的吸墨性好，图文印迹表面的墨量就充足，印刷的质量与效果就好，反之则差。橡皮布表面对油墨的吸附能力取决于橡皮布的表面状态和印刷条件，橡皮布在成型时需经精磨处理，使其表面形成一定的砂目，产生绒表面状态，这种表面就有较强的吸墨性。

但是，印刷橡皮布在使用了一段时间后，表面边会变光滑而出现亮膜，吸附油墨的能力就会下降，这时油墨的转移率也会随着吸附墨量的降低而减少，印刷品上的印迹就会出现墨量不足、露白底等现象，这时就必须把这层亮膜擦去，才能保证橡皮布原有的吸墨性能。

橡皮布所用的合成橡胶主要由丁腈橡胶、氯丁橡胶、聚硫橡胶、聚氨酯橡胶等组成。合成橡胶具有亲油性能优良、耐热、耐老化、耐油、耐磨损、耐腐蚀、抗水、耐溶剂、耐氧化等优点，但在受到印刷压力和相对摩擦、周期性地拉伸、挤压变形时，橡皮布就会发生失硫、脱硫而回粘、变形以及缺乏应有的弹性，从而会影响橡皮布的吸墨性，影响图文网点转印的质量。

（2）传墨性

传墨性是指橡皮布在印刷压力的作用下，将其表面上的油墨转印到承印物表面上的性能。橡皮布不仅需要有良好的吸墨性，更要有良好的传墨性，这样才能把表面上的油墨转印到纸张表面上，形成符合印刷复制标准要求的图文印迹。如果橡皮布的传墨性差，转印到承印物表面的墨量不足，这样不仅影响印刷品的色密度，橡皮布表面的油墨也会越积越多，产生糊版等印刷故障。

传墨性具体是指橡皮布转移油墨的能力，其大小通常用油墨传递率来表示：

$$油墨传递率 = 转移油墨量 / 吸附油墨量 \times 100\%$$

油墨传递率越高，橡皮布的传墨性就越好。

（3）剥离性

剥离性是指在印刷压力作用下，橡皮布与纸张的剥离性能。在实际使用中，影响橡皮布剥离性能的主要因素有表面胶的化学成分、硬度及其表面的光滑度和电性能等，与油墨的物理性能、纸张的表面状态、印刷品上的实地面积的大小等因素也有较大的关系。当纸张完成一个印刷周期从橡皮布上剥离时，由于在高速下运转纸张会受到很大的剥离张力，常常会引起纸张的拉伸或起皱、拉毛，严重的会出现剥纸断裂故障。这不仅增加了废品率，还会导致纸毛、纸粉在橡皮布上或在印版上产生堆积，形成糊版或堆版等故障。

（4）回弹性

回弹性是指橡皮布在完成印刷作业除去压力后能否瞬间恢复到原来状态的性能，又称瞬间复原性。平版胶印的转印过程，就是利用橡皮布所具有的高弹性能，以最小的压力和摩擦系数，来完成图文印迹的转移，达到图文清晰、墨色饱满、层次丰富的印刷质量效果。如果橡皮布的回弹性差，产生塑性变形，不能恢复到原来的弹性状态，橡皮布与印版滚筒、压印滚筒之间就不能充分接触而保持原有的线压力，就会出现吸墨与传墨的不稳定性，出现墨色前后不匀等故障。

（5）拉伸变形性

拉伸变形性是指橡皮布在拉力作用下产生的变形。这种变形表现在三个方面：橡皮布在受力方向长度增加、横向尺寸缩短、厚度减薄。橡皮布的拉伸变形所引起的厚度变化会对橡皮布的弹性和硬度产生影响。因此，在橡皮布的操作中，不能只在橡皮布的拖梢一端进行拉紧，而要在橡皮布的叼口部位和拖梢部位依次施加拉力，这样才能使橡皮布在滚筒上保持均匀的拉紧程度，从而保证橡皮布在高速运转中不发生相对位置的移动与变化。

6. 胶印橡皮布主要性能指标及要求

参照国家标准 GB/T 33248—2016《印刷技术 胶印橡皮布》。

（1）厚度：不超过 $1.5m^2$ 面积的橡皮布的厚度极差应小于 0.02mm，更大规格的厚度极差应小于 0.03mm。

（2）宽度和长度：当一边长在 1m 或以下，偏差应为 ±3mm，否则应为 ±4mm。

（3）方正度：橡皮布四边应形成直角。两对角线长度差值和任意两个平行边长度差值不应超过 0.3%。

（4）表面状况：橡皮布标称表面粗糙度的 Ra 宜在 0.8 ～ 1.4μm。

（5）伸长率：检测应小于 1.2%。

（6）抗拉强度：厚度在 1.70mm 或以上的橡皮布，抗拉强度应大于 50N/mm，对厚度较薄的橡皮布不做规定。

（7）黏合强度：在每一黏合界面检测，应大于 1.5N/mm。

（8）压缩性能：在 2000kPa 条件下，压缩量宜为（0.25±0.04）mm。

（9）厚度变化：由于接触印刷油墨而引起的厚度 ΔT，要求溶胀率最大不应超过 3%，溶缩率最大不应超过 2%。

（10）硬度：橡皮布的总硬度按邵氏硬度宜为 75 ～ 85HA。

三、橡皮布质量的检测方法

1. 厚度

将橡皮布放在面积为 $100 \sim 200mm^2$ 的两块偏平的圆片之间，再对圆片施加 $(60\pm5)kPa$ 的压力，测量圆片之间的间隙，单位为 mm。

2. 表面状况

从橡皮布上切下不小于 $200mm \times 200mm$ 的试样，将试样平置于台面上，用触针式粗糙度仪进行测量，取样长度为 0.8mm，评定长度为 4.0mm，探针直径不大于 5μm。表面粗糙度评定采用轮廓算术平均偏差 Ra 标示，单位为微米。按此方法在橡皮布试样的周向正反方向及轴向任一方向共测量 3 次，取其中最大值作为橡皮布的表面粗糙度。

3. 伸长率

从橡皮布沿平行于周向的方向裁切一块宽 50mm、长度不小于 350mm 的试样，长边为周向方向。在试样上做出相距 250mm 的两个标记。将试样的短边夹持在一台夹头间距不小于 300mm 的拉伸试验机上，再施加 10N/mm 的静态力。保持 10min 静止后，测定加载时标记之间的距离 L。按照下式计算伸长率 E 为：

$$E=[(L-L_0)/L_0] \times 100\%$$

4. 抗拉强度

从橡皮布沿平行于周向的方向裁切一块宽度 50mm、长度不小于 300mm 的试样，长边为周向方向。将试样的短边夹持在一台夹头间距不小于 200mm 的拉伸强度试验机上，夹头以 50mm/min 的速度分离。增加负荷力，直至试样断裂。读出断裂时的力值。以 N/mm 为单位表示抗拉强度。

5. 压缩量

裁切一块 $(700\pm10)mm^2$ 尺寸的试样，使用具有平行平坦表面的压缩块或是压缩件（最大直径 100mm），以 2000kPa 的预定压力，在连续施力的拉力测试机上，以 1mm/min 的移动速度，压缩试样，直至压力达到 2060kPa，记录压力在 1060 kPa 和 2060 kPa 下的第一次与第五次测试的压缩量。将 4 个试样的 1060 kPa 和 2060 kPa 下的第五次测试的数值求出平均值进行报告。

6. 厚度变化

（1）接触试液后的溶胀或溶缩：从橡皮布上切下直径 50mm 或 50mm×50mm 大小的试样，测量橡皮布的初始厚度 T_0。将试样夹在测试夹具上，使印刷面接触试液，试液的深度至少为 3mm，该夹具应能防止边缘和非印刷面与试液的接触。对于印刷油墨接触时间为 20 小时，接触温度为 $(35\pm2)℃$。在上述温度下达到指定时间后，从夹具中取下试样，擦去多余的液体，再次测量橡皮布的厚度 T_1，按下式计算厚度变化的百分率。

$$\Delta T_1=[(T_1-T_0)/T_0] \times 100\%$$

（2）接触试液恢复后的溶胀或溶缩：使试样在 $(23\pm2)℃$ 温度下保持 72 小时，测量橡皮布的厚度 T_2，按下式计算厚度变化的百分率。

$$\Delta T_2=[(T_2-T_0)/T_0] \times 100\%$$

第二章
印前处理技术

第一节　印前图文输入技术

一、DTP 工艺流程

所谓 DTP 系统是指桌面出版系统。它是由计算机主机、显示器、大容量硬盘、扫描仪、打印机、排版软件、字库、栅格图像处理器（RIP）、激光影像照排机、CTP 制版机等设备组成。

DTP 系统有以下几个优点。

①能够实现整页文图合一处理。可将各类文字和扫描的彩色图像同时输入计算机处理，直接设计形成版面文件。

②具备一系列整页拼版系统的功能。可随意地进行组合、铺色、复杂渐变、曲线分割叠加、镶嵌、修补缺陷及美术字处理等操作。

③创意功能。能够实现版面设计和创意，随意调整图形、文字的位置、角度等。

④直观效果。可直接在计算机屏幕上显示版面效果及颜色，以提供直观的显示和修改的机会。

一般来说原稿可分两大类：线条原稿和连续调原稿。无论是数字电子稿还是手写文稿、绘画稿、照相摄影稿等实物稿，从图像的性质分类，可分为线条稿与连续调稿。

（1）线条原稿

线条原稿是指原稿上只有两种截然分开的黑度——白和黑。例如，手写文字稿、照排文字稿、各种表格、图纸、钢笔画、木刻版画等，这类原稿在制版时，不需使用网屏。基本工艺流程是：文字录入（电子文件）→组版→打样→出校对稿→制版。

（2）连续调原稿

连续调原稿是指原稿上由白到黑之间有过渡黑或有各种颜色，可以是反射型或透射型，也可以是黑白或彩色照片、透明的黑白或彩色负片、天然色正片以及印刷品，等等。连续调原稿制版时必须加网处理，将不同密度表现的原稿转换成不同网点百分比表现的印刷品。其工艺流程是：出版社或广告公司的电子文件→版式设计→分色→组版→加网→出校对稿→打样→制版。

二、扫描分色

彩色复制的目的是将原稿上的图像颜色信息以印刷的形式转移到承印物上。根据印刷方法不同，所用的印版也不同，但颜色分解的过程却相同。彩色印刷的制版工艺从最初的照相制版，发展为电子分色制版、彩色桌面系统制版，到今天又演变为CTP的方式，方法改变，工艺也不同，但颜色分解的基本原理却没有变。

1. 分色原理

分色是把彩色原稿分解成各单色版的过程。其原理是利用RGB滤色镜的选择性吸收制得色光三原色的补色版。从印刷色彩学中可知，任何颜色都可以通过色光的加色法混合而成，反过来说，所有的颜色都可以分解成比例不同的RGB三原色。原稿上包含各种颜色信息，这些颜色信息通过RGB滤色镜后被分解成三路颜色信号。R光通过红滤色镜，它是原稿上红颜色产生的信息；G光通过绿滤色镜，是原稿上绿颜色产生的信息；通过B滤色镜的光是原稿上蓝颜色产生的信息，每一路颜色信号的强弱变化就对应着原稿上该颜色含量的多少，这就是颜色分解的过程。彩色扫描仪正是通过这样的方法将彩色图像采集到计算机里，建立了RGB颜色空间，若将这三种颜色对应的信息记录在感光胶片上，就得到了三张分色片，这三张分色片记录的信息就对应着印刷时CMY三种彩色油墨的墨量。在计算机里，用数字量表示三种颜色的比例大小，根据三种颜色的比例计算出印刷在纸上的网点百分比，记录在胶片和印版上，通过印刷就可以还原出原稿的颜色。

2. 印前工艺颜色误差分析

彩色复制过程是色分解、色传递、色合成的过程。在复制过程中始终伴随着色误差的产生。印前阶段造成颜色误差的因素主要有以下几点。

（1）图像扫描造成的误差

图像扫描是造成图像复制颜色误差的最大来源。如果扫描定标点和阶调曲线选择得不好，白场平衡不正确，就会造成图像整体偏色和层次不好。因此，正确的扫描图像方法应该是针对每一幅原稿进行定标和调整。

（2）分色造成的颜色误差

分色时必须根据原稿的类型，即原稿的内容和层次情况，以及印刷条件进行合理的参数设置。不要用同一个分色曲线对付所有原稿。应针对印刷使用的纸张、印刷方法和加网线数来进行分色曲线的调整。如果使用铜版纸印刷，纸张对油墨的吸收差，网点还原好，可以将图像阶调做得长一些，充分还原原稿的层次。而使用胶版纸，则必须把阶调做得短一些，否则高光部分会丢失网点，暗调部分网点会糊版。不同的印刷方法也要注意不同的处理。

（3）制版引起的颜色误差

制版是连接印前和印刷工艺的桥梁，制版质量的好与坏直接关系到印刷品的质量。版材的性能、制版的曝光量和时间、显影的时间和温度，都对网点的再现有很大的影响。不同的版材具有不同的砂目，所以版材的选择非常重要。

第二节　印前图文处理技术

一、图像阶调调整

1. 图像阶调复制曲线

以原稿的密度为横坐标，以印刷品的密度为纵坐标，建立直角坐标系。用同一系列的透、反射密度计，选取原稿和印刷品上相同的最高、最低和中间调几个接近灰色的层次点，分别测出原稿和印刷品对应点的灰密度。在坐标上以原稿上各层次点的密度值为基准，取其各层次点在印刷品上对应再现的密度，连接各点，便得出以原稿阶调层次为基准的印刷阶调再现曲线，利用阶调再现曲线，能够很直观地评估从原稿到印刷品的阶调再现情况。

2. 图像阶调曲线调整的必要性

彩色印刷品因各种印刷条件的制约，致使视感明度的变化局限在一个远小于原稿（彩色反转片）的亮度范围内。因此，在有限的亮度范围内，如何使图像的阶调最理想地再现，始终是彩色印刷的一个难点。但随着彩色桌面出版系统的应用，人们可运用图像处理软件对图像进行阶调调节。

由于印刷复制品的密度范围一般比原稿要小，所以在复制后必然会使原稿的阶调被大幅度地压缩。而彩色显示屏所显示的图像亮度范围大，相应的阶调压缩量较小，不易被觉察。但当图像的阶调被限制在较小的反映原稿亮度变化的印刷密度范围内时，这种压缩的比例就会被放大，从而使彩色显示屏和印刷品再现图像所产生的视觉感受产生很大的差异。因此，图像阶调的调节绝不是仅仅依靠观察彩色显示屏的显示效果，必须充分地分析原稿阶调再现的重点，以及原稿所表现的内容与主题，在此基础上对阶调进行校正。

3. 图像阶调曲线调整内容

阶调调整实际上包含两个方面的含义。一是对原稿的阶调进行艺术加工，满足客户对阶调复制的主观要求。如对曝光不正确的摄影稿的阶调调整。二是补偿印刷工艺过程对阶调再现的影响。从原稿到印刷品，阶调的传递经历了一系列工艺过程，由于受到各种条件的限制，阶调的传递是非线性的，为了获得满意的阶调再现，必须对其进行补偿。阶调调整通常就是阶调压缩。阶调压缩就是使原稿的阶调范围适合于印刷条件下印品所能表现的阶调范围。

压缩曲线随着印刷设备、印刷材料及原稿特性的不同而不同。调整阶调曲线就是针对千变万化的原稿，对阶调曲线进行适当的调整，改变阶调曲线的形态，增大或降低图像中不同部位的反差和细节，以补偿图像复制过程的非线性变化，从而满足复制的要求。在图像处理软件 Photoshop 中，曲线的压缩和调整主要通过设定高光/暗调点和调整 Curve 曲线来实现。在小范围内也可通过调整亮度/对比度来实现。

综上所述，在桌面印刷系统图像处理中，我们只有根据原稿的阶调层次分布的特点，结合观察彩色显示屏所显示的效果，对图像的阶调进行压缩和校正，才能获得理想的印刷品。校色图像做到亮暗调在正常范围内，中间调符合人眼的视觉需要，忠实还原灰平衡即可。

二、图像色彩调整

1. 黑版的必要性

从理论上看，可以用颜色分解和合成的方法，将原稿上的所有颜色信息准确复制。但实际操作中，由于受种种原因的影响，复制过程总会带来一定的偏差，有时甚至是很严重的偏差，这就需要在制版和印刷过程中进行颜色的修正和参数的严格控制。

在彩色印刷中，通常仅使用三种彩色油墨还不能很好地复制图像的颜色，因为用三种彩色油墨叠印出来的黑色不是真正的黑色，而是略带偏红的深灰色。为了加大黑色的密度范围，实际印刷都是采用四色印刷，即除了三种彩色油墨以外还要使用黑色油墨。但使用黑色油墨只是为了增加油墨的密度范围，使深颜色的复制范围更大，加强图像暗调的表现能力，黑色油墨并不影响颜色的饱和度。

黑版在印刷图像中起到图像骨架的作用，对提高暗调部分的层次、加强图像的对比度、减少油墨叠印率起着重要作用。分色的处理方法不同会得到很不相同的黑版，但却可以保持印刷品的颜色不变。对黑版影响最大的因素是使用灰色平衡与底色去除。

2. 底色去除

所谓底色去除，就是在四色复制中，用三原色还原灰色和黑色时，降低三原色比例，相应增加黑色比例的工艺。

在胶印制版工艺中进行底色去除的目的主要有：

（1）提高印刷适性和油墨的干燥性。

（2）降低油墨成本。

（3）补偿暗调部分的偏色现象。

（4）使灰色（中性灰）印刷再现保持稳定。

确定底色去除量的主要依据是：若底色去除的目的在于改变印刷适性，可把黄、品红、青三原色的去除量定为 15% ～ 30%；若底色去除的目的在于中性灰平衡，则黄墨和品红墨的去除量应比青墨多 15% 左右；若底色去除用于纠正暗调色偏时，应视偏色色相及偏色程度确定去除量。

3. 灰成分替代

灰成分替代是充分利用黑色调将图像中的灰色、黑色部分用黑色油墨来再现，去除应用 CMY 三原色版叠印而构成的灰色成分，也就是说，用黑色油墨来替代传统工艺中由三原色平衡所生成的灰色和黑色，以达到光学和视觉效应的一致性。

灰成分替代的优点有：减少四色叠加油墨的总量，有利于油墨干燥，便于高速多色印刷；有利于达到印刷灰平衡，能保证灰色调的再现和稳定；以低廉的黑色油墨替代昂贵的彩色油墨，可降低油墨成本。灰成分替代的不足之处在于：由于用黑色油墨替代含灰色彩的最小原色时，该色彩的基本色也随之减浅，因而造成深原色饱和度不足。例如，当 20% 黑色替代最小原色青色 20% 时，该色相的基本色 Y、M 也随之减浅 20%。因此，分色人员在遇到原稿中重要的深原色时，要用 Photoshop 工具加深这部分减浅了的深原色，以达到足够的饱和度。

4. 底色增益

底色增益是一种制版补偿工艺，它与底色去除的功能相反，是增加暗调区域的彩色油墨量。底色增益沿着颜色空间的灰色轴线进行，对中性灰的作用仅限于中性灰成分。底色增益由底色增益强度和底色增益起始点共同控制，它既能用于调整图像暗调区域灰平衡，又能适应暗调区域色彩的特殊要求，起到增加中性灰区域印版层次的作用。底色增益可用于消除图像中深暗处因原稿中三原色的密度不足而引起的色偏，它能使 CMY 三种颜色达到更好的平衡。

三、灰平衡

众所周知，色光三原色 RGB 是向白场过渡的，其三原色光以同量混合就会变成灰色。而色料三原色 CMY 向黑场过渡，其三原色按不同网点面积值比例组合叠印后，能够完整地复制出不同的中性灰，这在印刷制版中称 CMY 三原色达到了中性灰平衡。获得中性灰平衡的三原色单色密度称为等效中性灰密度，它是衡量分色制版和彩色印刷是否正确的一种尺度。

1. 灰平衡在复制中的作用

彩色复制的关键技术之一是如何正确地再现原稿中的灰色，这是实现阶调再现和色彩再现的基础。灰平衡在复制中的作用有：

（1）灰平衡是衡量印前图像处理的阶调，色彩再现和彩色印刷中网点与墨量变化的尺度，贯串于整个印前、印刷工艺的全过程，它是色彩管理和标准化、数据化质量管理的统一标准，也是各工序共同遵守的准则。

（2）灰平衡是检查扫描分色片的灰色调是否正确的标准，也是判断和纠正原稿及印刷品是否偏色的依据。

以灰平衡再现为基准的颜色校正是决定色调能否正确再现的关键，只有原稿中的灰色调再现准确，色彩再现才能准确。若 CMY 三原色网点面积值组成的灰平衡比例不准，那么，色彩再现就会有色差。因此，彩色复制的前提是：首先要建立一条 CMY 三原色不同网点面积值组合的灰平衡曲线及其参数，并在扫描分色前调整好，作为内设置值。

在实践中，只要印前输入设备，如扫描仪建立的灰平衡网点面积值比例是正确的，那么，通过正确的黑、白场定标后，就能再现原稿中的灰色调，并在此基础上建立的标准颜色校色量是正确的，所以，图像中的灰色调就能得到再现，不需要在扫描中或在后期处理时对复色的三原色版网点面积比例做调整，因为复色同属于灰色系统。

在印刷色彩学中，灰色调一是指中性灰色（纯灰色），二是指所含灰色度的复合色，复合色是将三种或三种以上的颜色组合在一起而形成的，所以有黄灰、青灰、蓝灰、红灰等上万种彩色灰，它们都属于灰色调。

有些原稿的灰色、复合色需要调整，一是调整原稿色调偏亮、偏暗的缺陷，这种调整曲线采用四色层次曲线做同时加深或减浅的处理；二是调整原稿灰色调的偏色，采用单色层次曲线做纠色处理。

2. 灰平衡对原稿的纠偏

在纠正原稿色偏时首先要正确分析、判断原稿中的黑、白、灰的偏色程度及色偏的分布区域，一般有的原稿存在着全面色偏和局部层次段偏色，因此，对原稿不同的色偏，应采用不同的形式来进行处理。

（1）高光白色调的纠偏

对于需要层次的高光白色（1%～10%），多数原稿都存在着不同程度的偏色，应采用扫描设备的高光网点设定（H%）或后处理时用 Photoshop 的曲线（Curve）高光端，按中性白网点面积值比例纠偏，典型的中性白网点面积目标值为 C 5%、M 3%、Y 3%。这样印刷图像的高光部分的白是纯正的白色而不会偏色，又能表现出白色物的层次质感。如果 CMY 三色网点面积比例接近，则会变成稍暖的中性白色，也是正常的，若 M、Y 大于 C，则容易偏色。

（2）中间调灰色的纠偏

对中间调灰色部分（35%～65%）偏色，拟采用层次曲线中段，将认为偏色的某单色曲线中间调 50% 处，按中性灰网点面积值调整纠偏，典型的中性灰网点面积目标值为 C 50%、M 40%、Y 40%。中间调纠偏时，应注意下列三种情况：

① 观察偏色部分的网点面积值大小与原稿密度值大小是否接近，若偏色部分网点面积值比原稿密度深，则可减浅偏色版，如灰色调偏冷、偏蓝，即可减浅 C 色版。

② 若偏色部分网点面积值比原稿密度浅，则可加深相反色版。如灰色偏蓝紫，即可加深 Y 色版，即达到灰平衡。

③ 扫描时对黑版的阶调稍做延长，将黑版的起始点从标准曲线的 C 版 50% 处出 5% 黑版小点，延长至 C 版 40% 处出 3% 黑版小点，使中间调的灰色更加纯正和稳定。

（3）暗调"黑色"的纠偏

暗调部分（65%～90%）及深暗调（90%～99%）偏色，应采用扫描设备的暗调网点设定（S%）或用 UCR 底色去除功能纠偏，也可以在后处理时用 Photoshop 曲线的暗调段，按中性黑的网点面积值比例纠偏，典型的中性黑网点面积目标值为 C95%、M88%、Y88%。

暗调纠偏的重点是对黑版的设定和调整，由于一般原稿的暗调偏色较大，因而经常出现按照正常暗调设定扫描的黑版较浅，有时只有 60% 左右。因此，在扫描时的暗调设定或后处理时，要注意将黑版加深 80% 左右，至于暗调黑色部分，三原色灰平衡网点面积值比例不一定要求十分严格，即使有较大的深浅出入也不会偏色，因为有80% 左右的黑版叠印，所以印出效果仍然能达到全黑程度。

第三节　印前图文输出技术

一、调频网点和调幅网点印刷要求

通常平版印刷常涉及的网点有调频网点（FM 点）、调幅网点（AM 点）及混合网点。

1. 调频网点

调频网点是利用计算机，在硬件和软件的配合下形成的。网点在空间的分布没有规律，即随机分布（图2-1）。每个网点的面积保持不变，依靠改变网点密集的程度，也就是改变网点在空间分布的频率，使原稿上图像的明暗层次在印刷品上得到再现。

（1）调频网点的主要优点

- 由于调频网点是无规则排列，因此，从理论上彻底消除了龟纹现象（调频加网没有网角的概念）。
- 由于调频加网不靠网点大小变化调节油墨量，因此可以使用很少几个，甚至一个激光光点来构成网点，网点可以做得很小，使印刷品比较精细。
- 调频网点在印刷中很少发生增大突变。
- 容易实现高保真印刷，由于不受印刷网角的限制，可以采用多于四色的印刷，加大颜色复制范围。

尽管调频加网有以上优点，但也存在着一些缺点，而且有些缺点还是目前印刷条件所难以克服的，限制了调频加网的使用。

（2）调频网点的缺点

- 网点丢失严重。由于加网网点小，几乎达到了制版和印刷的极限，所以印刷过程中很容易丢失网点，造成图像层次损失。
- 对印刷条件要求苛刻。由于网点小，对印刷机的精度要求高，水墨平衡的条件不易掌握。
- 印刷质量控制难度加大。由于调频加网是一种新的加网方法，需要比传统网点更细致的工艺控制和检测。
- 在高光部分和25%左右的阶调处网点具有颗粒感。

2. 调幅网点

调幅网点是根据印刷材料与原稿状况来确定的。通常，加网线数在80～120 l/cm的调幅网点可称为精细网点。调幅网点是通过网点发生器用激光来进行电子加网形成的网点（图2-2）。目前，由于受操作人员能力、工艺条件的限制，胶印制版仍大量使用调幅网点。

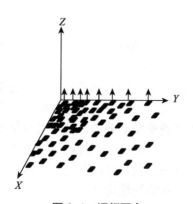

图2-1　调频网点

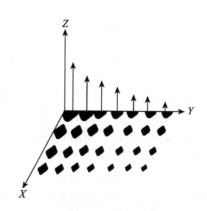

图2-2　调幅网点

（1）调幅网点的优点

- 网点大小比较容易控制。
- 可根据原稿的内容确定网点形状种类。
- 根据原稿的内容可定加网角度。
- 印刷适应性强。

（2）调幅网点的缺点

- 如果网点角度控制不当，容易产生龟纹。
- 印刷色数受到限制，一般最多不超过四色。

3. 调频与调幅印刷特性比较

（1）加网

调幅网点油墨叠印角度小于30°时，会产生可察觉的龟纹图案，这个特点限制了在任何区域的加网颜色数目不能超过四种。所以，调幅加网只能局限于用 C M Y K 四色再现色彩。调频网点不存在角度，不会产生龟纹。所以，使用调频网点可叠印任意数目的颜色，实现高保真彩色印刷。

（2）叠印率

调频网点与调幅网点相比能够转移更多的油墨，使印刷的图像干净、漂亮，适合动态范围大的高质量彩色印刷。

（3）网点增大

理论上，调频加网的细小网点和中间调网点增大情况比较严重。但在制版时由于调频网点具有较好的网点增大补偿曲线，如果在印刷准备中正确使用了补偿，就不需要做印刷机调整。假如增加了油墨密度，能得到较大的色调范围，但不会产生网点增大。

（4）油墨消耗

同一印刷品调频网点油墨消耗较少。

（5）油墨密度

调幅网点可能印刷 C、M、Y、K 的密度分别为 1.30、1.35、1.00 和 1.80。而调频网点可能印刷出的密度分别接近 1.60、1.65、1.25 和 2.20，而且能保持图像锐度和对比度。

二、CTP 制版特性曲线

由于可以在 RIP 加网过程中对图像数据进行修改，使 CTP 印版得到所需的阶调值，所以 CTP 在成像方面有常规制版所不能达到的灵活性。

不同的 RIP 软件有不同的线性化和校正方法，为了得到用于控制稳定性的基本参考数据，应该独立完成图像转移到印版上的线性化操作，然后借助特性曲线获得所需印版上的阶调值。所以，使用 CTP 设备时进行校准是非常必要的。校准可以保证 CTP 版材上的网点正确还原。无论热敏、光敏还是喷墨版 CTP 设备，接收的信息都是前端数据，这些数据要准确地传递到版材上，工艺参数曝光量、显影时间、温度和药水补充量，都直接影响到输出版材的网点质量。输出设备的线性化数据，一般都是通过测量并反馈到流程软件中对 CTP 设备进行校准。

对于正式印刷，通过对测控条上每个阶调的外观网点面积进行测量，可以确定实际的阶调转移特性（使用线性化成像印版）。这样，可以建立达到参考条件阶调转移印刷所必需的校正曲线。具体步骤如下：

（1）绘制数据定义参考条件所需曲线。

（2）绘制线性化成像印版上偏离印刷测试到的实际数据曲线。

（3）确定印版校正曲线。

把起始点选择在所需曲线与垂直栅格线的相交处，从此点开始，沿与横轴平行的方向移动直到与实际曲线相交，然后沿纵轴方向移动，直到与标准线（结角线）相交，再从与对角线相交的点开始，水平移动直到与开始的垂直栅格线相交。这样，得到校正曲线上的一个点，在其他阶调范围处重复这一步骤，得到多个点，再把它们连接起来就得到校正曲线。印版成像时，在 RIP 中使用此曲线上相应的数据，由此可以制作得到印版在印刷时能够达到所需的特性曲线。

在校准过程中要注意，使用不同的 CTP 版材时，因为光的灵敏度不一致，CTP 需要对激光功率进行调整；使用不同的输出分辨率时，激光功率也需要进行调整。CTP工艺中，显影条件是比较稳定的，但是对于药水补充量要合理控制。对显影液浓度的检查，可以通过 CTP 印版的着墨区和非着墨区的反射密度或检查数字式测控条，来判断显影液自动或手动补充的稳定性。

三、软打样技术

软打样是将数字页面直接通过显示器输出显示，仿真地模拟出印刷输出效果的打样方式。它是相对数字硬拷贝打样而言，软打样也称为数字预打样，或屏幕打样，具有"看得见、摸不着"的特点。因此，也有人称其为无纸打样或虚拟打样。

为实现低成本高效率的色彩复制，许多印刷企业越来越注重并实施了全流程的色彩管理，系统对图像从扫描分色、显示、输出到印刷的整个流程进行数据化控制。数码打样对印前和印后工艺起到了十分重要的衔接作用，提高了成功率。而数字预打样是屏幕上的预显效果，灵活方便，对纸张打样也是一个补充，在可预见性、可重复性以及时效性上有一定的改善。

1. 软打样中的关键技术

软打样能够得以成功应用，主要得益于两个方面，一是色彩管理技术，二是显示器技术。色彩管理技术的成熟与完善，让色彩复制变得简单容易，对整个数字化工作流程起到了巨大的推动作用；而高品质显示器的出现，则让数字预打样拥有了可靠的、稳定的呈现数字页面的载体。

（1）色彩管理技术

色彩管理系统的结构就是以操作系统为中心，用与设备无关的 CIE Lab 或 XYZ 作为中央属性连接空间，在目标设备 ICC 特征文件和源设备 ICC 特征文件之间进行色空间的映射转化。这个过程可以分解为色彩信息的获取和色空间转换两个方面。色彩信息的输入与输出，所涉及的色彩信息都是与设备相关的，会因设备的不同而变化。色空间的转换就是两个不同的色空间之间的映射，如不同的 RGB 之间、RGB 与 CMYK之间等，将与设备相关的两个色彩空间相连接的是中央属性连接空间，用 PCS 表示，一般采取与设备无关的色空间表示：CIE Lab 或 XYZ。

色彩管理系统将色彩管理、控制技术和相应的软硬件成熟地结合起来，大大简化了彩色复制的难度，让技术不高或经验不足的使用者更容易、更准确、更迅速地实现了高精度的色彩匹配。对数字预打样而言，还需涉及显示器的硬件条件和状态设置。

（2）显示器硬件条件

彩色显示技术有许多种，在出版及印刷领域中通常采用 CRT（阴极射线管）型和 LCD（液晶体）型。LCD（液晶体）显色衰减性相对要慢些，这些年随着技术的长足发展，在各项硬件指标以及其他物理指标上已明显优于 CRT 显示器，逐步成为数字预打样采用的主流显示器。我们仅对 LCD 显示器个性性能做一些分析，主要涉及显示器的稳定性、色域、对比度、分辨率、屏幕显示的均匀性和可视角度等。

①稳定性。稳定性是指显示器从开启到稳定显示所需要的一段预热时间。做数字预打样时，一定要遵循显示器生产厂商的预热规范，只有稳定下来的显示效果做颜色评价才有意义。

②色域。设备能够再现的颜色光谱范围称为设备的色域，显示器的色域就是它能够显示颜色空间的大小。在工业上通常用颜色标准来规范显示器的色域，AdobeRGB1998 具有较为宽广的色域，基本包括了当前所有的印刷颜色。

③对比度。对比度是指显示器能够显示的最亮点（白点）和最暗点（黑点）的亮度之比，因此白色越亮、黑色越暗，对比度就越高。在合理的亮度下，对比度越高，其能显示的色彩层次越丰富。目前，高档显示器的对比度一般在 350:1 到 600:1 之间。在实际工作中，显示器受环境亮度影响非常大，所以在进行数字预打样时，最好给显示器加上遮光罩，尽量减少环境光线的影响。

④分辨率。分辨率是显示器分辨和再现细节的能力，也是显示器显示精细程度的一个重要指标。LCD 的每一个像素都是独立的，像素间距也是固定的，它的最佳分辨率也叫最大分辨率。在该分辨率下，液晶显示器才能显现最佳影像。当屏幕面积发生变化时，分辨率也随之变化。液晶屏幕上的每一个点即是一个像素，都是由红、绿、蓝（RGB）三个子像素组成的，三个子像素分别做出不同的明暗度控制，实现画面色彩的变化，中间明暗度的层次越多，所能够呈现的画面效果也就越细腻。以 8bit 的模板为例，它能表现出 256 个（$2^8=256$）亮度层次，显示器中的每一个像素都具有 256 阶的阶调再现能力，与印刷调幅网屏的网点相对应。

⑤屏幕显示均匀性。屏幕显示均匀性指整个屏幕在亮度与颜色上的均匀一致性，即图片颜色在屏幕的不同位置要给人眼带来一致的色彩效果。造成液晶屏幕的不均匀性往往是由显示屏背投光源的光谱辐照度自身的不均匀分布和滤色片的不均匀性等原因引起的。补偿的原理是使屏幕所有位置的伽马值完全一致。这种均匀性的补偿一般是由高档的液晶显示器的硬件微处理器来完成。

⑥可视角度。屏幕显示均匀性涉及的另一个方面就是随观察角度不同而发生变化。由于液晶显示器显示原理的限制，垂直于屏幕观察或以一定角度观察，往往会有不一样的结果，亮度和色度都会发生一些变化，很难做到全视角（180°）的同等显示。作为数字预打样使用的液晶屏，进行严格的色彩评价时，建议还是要在垂直屏幕的中心轴线方向上观察。

（3）显示器状态以及环境条件

要实现准确的颜色显示，还必须对显示器的工作状态、环境条件等进行合理设置，才能达到预期的效果。对显示器颜色影响最明显的是色温，其次是伽马值和亮度。

①色温。色温是标准光源最主要的条件，不同的色温会产生不同的色彩显示效果，色温越高，画面整体越偏冷色调。显示器色温的选择等同于设定参照白点，相当于印刷品无油墨处纸白的视觉效果。常用的标准色温有 D_{50} 和 D_{65} 光源，D_{50} 比 D_{65} 要暖一些，也有资料建议使用 D_{60} 光源，能得到比较理想的显示效果。

②伽马值。伽马值代表图像输出值与输入值关系的斜线，显示器的伽马值确定了显示器亮度与阶调值之间的关系，一般在 $1 \sim 2.4$ 之间取值。伽马值越大则曲线偏离线性向下弯曲程度越大，亮度值越降低，图像整体偏暗。如果 RGB 三个基本色通道的伽马值没有匹配，图像会出现偏色现象，合理地设置和调整三个基本色通道的伽马值，才能确保画面整体的灰平衡。

③亮度。显示器的出厂默认亮度通常都非常高，需要适当降低。亮度设置不但会影响显示效果，还会影响观察者的舒适度，如果使用校准软件调试，则会给出合适的亮度值。数字预打样需近距离观察，亮度不宜过高，否则容易造成视神经疲劳，影响颜色的评价结果。

④环境与照明。一个很重要又很容易疏忽的一点，就是显示器的放置环境和照明光线，这是非常必要的基本条件。在软打样时，原则上要求显示器放置在中性灰的环境中，而且没有直射光，周边不要放置有高亮度和高彩度的物品，操作人员最好穿颜色为中性色的服装，如黑色或灰色，避免这些物体颜色反射到屏幕上干扰颜色的准确显示。环境照明应该采用规定的标准照明体 D_{50} 或 D_{65} 光源，而且照度控制在屏幕亮度的 10% 以内。

（4）屏幕校正的方式

要实现软打样，首先需要对显示器屏幕进行校正。屏幕校正是指对屏幕显示状态进行优化调整，并在确保屏幕最佳显示状态的基础上通过系统的软硬件创建其 Profile 特性文件。屏幕的校正工作要定期进行，每个月至少 $2 \sim 3$ 次。校正方法通常有两种，软硬件结合和纯软件方法。

①软硬件结合方法。主要靠改变计算机显示卡内的 Look up Table 来产生希望得到的颜色，使用屏幕色度计以及与之配套的屏幕校正软件将屏幕调整到理想状态，并建立起相应的特性文件。

②纯软件方法。将显示器的色彩设置为 32 位真彩色，同时关掉所有桌面图案，将显示器的背景色设为中性灰颜色，通过 Adobe Gamma 实用程序校准显示器的对比度、亮度、灰度系数、色彩平衡和白场，以消除显示器色偏，使显示器的灰色尽可能接近中性灰色，灰度梯级过渡均匀。

2. 软打样的注意事项

在实际生产中应用软打样，需要注意以下事项。

（1）使用获 SWOP 认证的显示器。能够获得 SWOP 认证的显示器，比较符合 SWOP 制定的印刷标准，具有一定的参考性。

（2）高品质的显示器要配上较好的显卡，能够最大限度显示画面质量。

（3）用支持 AdobeRGB1998 色域的显示器最为理想。AdobeRGB1998 完全覆盖当前的印刷色域，对色彩还原有利。如果仅用支持 SRGB 色域的显示器，对再现青绿色和亮红色不一定准。

（4）LCD 最好使用 DVI 数字接口。

（5）开机后要给显示器预热。一定要遵循显示器生产厂商发布的预热规范。

（6）保持屏幕显示的稳定性，定期进行校正。为了能经常校正显示器，最好自备一套校色仪器。

（7）为显示屏安装遮光罩，尽量避免干扰光源的产生，周围不要放置高亮度和高彩度的物体，建议操作人员穿中性色的服装，如黑色或灰色。

（8）保持显示器屏幕的整洁与干净。

（9）保持适当的环境照明。合理的环境布置和照明光线是应用软打样的基本条件，要在同一个照明条件下对印刷样张和屏幕软打样进行评价。

3. 软打样技术的优点与缺点

软打样技术的优点与缺点见表 2-1。

表 2-1　软打样技术的优点与缺点

优点	缺点
1.色彩准确性高	1.模拟专色的准确性较低
2.所见即所得，灵活方便	2.无法模拟金属色
3.生产成本低	3.无法模拟荧光色
4.生产速度快	4.无法模拟印刷纸张的质感
5.不需要耗材	5.不能适用于普通的显示器
6.适合数字化、网络化工作流程	6.无法脱离屏幕，不能像纸张打样一样随意移动
	7.不同于传统纸张的签样方式，需要人们改变观念

软打样对观察条件要求严格，对环境光线敏感。最基本的一个原则是确保屏幕白场与印刷品的照明条件一致，即不能在不同的照明条件下进行评价。

色彩管理技术的成熟和完善，以及高品质显示器的出现，使得准确再现印刷颜色成为现实，"所见即所得"的版式已升华为"所见即所得"的颜色。作为新兴技术，软打样技术将会逐渐融入当前印刷全流程的色彩管理中去，预先浏览的方便性和时效性使其可以作为纸张打样的一种补充。

但是，由于软打样无法脱离屏幕，不能像纸张一样随意移动，一定程度上制约了其在印刷行业的推广使用。随着技术进步，基于显示器的软打样将会经历从辅助到常用的演变，并逐渐在更为广泛的领域发挥作用，和数码打样一起，成为印刷数字时代的一大特色。

第三章
印刷设备维护与维修

第一节 胶印机的拆装及调试

一、胶印机的拆装

1. 拆装原则

（1）拆卸胶印机时，原则上分组拆卸，拆的环节越少越好，如需更换印版滚筒，可将水墨路部件整体拆下，使安装更加方便。对于需要保持位置关系的零件应画线编号。对于复杂机构的拆卸，可用照相机全过程、多方位拍照，保证安装时不会出错。安装时应按顺序进行。

（2）需要异地重装的机器，应尽可能少拆卸，能不拆的位置尽量不拆。在分组拆卸时，凡涉及有定位关系的，应重新做标记线，以便再安装时不出差错。拆定位销、套筒类的零件时，要使用专用工具，既可保证拆卸方便，也可使拆卸更安全。

（3）运输和搬运中，印刷机的每个机组，包括气泵、电机等都不可倒置，并应采取防淋、防潮措施。

（4）安装和调整胶印机时，应使用专用设备进行吊装。

2. 拆装方法

（1）印刷机拆箱

印刷机拆箱时，应首先进行机器外观检查，观察是否出现损坏。然后再根据技术资料清点和验收各箱的主体和附件、工具等。如发现缺损现象，可以与运输单位或生产厂家取得联系。对一些零件及附件、工具等，应妥善保存，防止遗失。由于机器及零部件在包装箱内运输更为安全，因此，拆箱的地点应尽可能靠近安装地点。

（2）印刷机移入

机器被运输到工厂后往往不能直接进入厂房，拆箱后一般需要人工搬入车间。搬运方法通常采用圆钢管垫在机器支撑板下，利用撬杠缓慢移动机器，到位后再取出钢管。印刷机就位时，应根据印刷车间的布置，依次将印刷部分、收纸部分、输纸部分、电气控制箱、电脑控制台、压缩机、水箱等机件用专用拖运工具送到设备安装位置。根据说明书的要求，应在地基的预定位置上放好接油盘，再用起重设备将印刷机各个部分（单元）放在接油盘相应位置上。

（3）印刷机水平校正

胶印机安装找水平是胶印机安装的重点工作之一。胶印机的水平程度是机器调试的关键步骤，只有所有转动滚筒均处于水平状态时，才能保持机器平稳运转。如果水平没有找好，将会引起印刷机振动，造成机器底座和机身的变形，使原来两侧墙板上各轴承孔的同心度遭到破坏，甚至发生偏差，造成轴承和轴颈之间不能正常运转，甚至发生轴承和轴颈间严重升温。因此，当胶印机的水平程度没有达到技术参数的要求时就会出现印刷机盘车费力，运转功率加大，滚筒轴套快速磨损，滚筒轴套咬焊，严重影响印刷机使用寿命。

（4）印刷机连接

生产厂家出厂的印刷机，一般都按照一定的要求分箱运输，并在机组或部件的连接、对接处加有定位销及安装标记，印刷厂只要按要求顺序安装即可。安装时，通常先安装印刷单元，然后安装收纸单元、给纸单元。收纸单元和给纸单元的位置和水平调节均以印刷单元为基准。

（5）其他部分的安装

主要包括电气线路和配电箱的安装。在机器安装时，电气安装人员可以预先做好各项准备工作，当机器安装到一定程度时，立即排线、接线，装好配电箱及印刷机的主电机，但不应将主电机的皮带装上去。主电机在空载情况下，可以检测其转向是否正常，主电机运转是否正常，可以做正点、反点、慢转、运转、加速、减速的测试，以检验线路是否连接正确。随后连接风泵、空气压缩机、集中供墨系统、循环润湿系统、中央控制台的线路等，通过检测这些部件是否正常工作，来确认线路是否连接准确。

（6）机器连接检查

主要是检查印刷及连接件和紧固件的装配情况。机器的检查内容包括所有紧固螺丝、锥销、开口销、沉头螺钉、挡圈等的连接情况。检查是否有漏装、回松、掉落等情况，防止由于零件的松动或脱落造成的事故。如果发现缺少紧固件时还应仔细分析是漏装还是松脱掉落，只有在找到掉落的紧固件（零件）才可盘动机器，以免发生损坏机器的严重事故。检查工作是一项十分细致的工作，应由专人划分部位，分段检查，不得漏检。紧固螺丝、螺钉等要用扳手拧紧；锥销要用冲头敲紧；滚筒轴、递纸牙（递纸滚筒）轴等的螺旋挡圈应检查轴向间隙是否消除及锁紧螺丝是否紧固；对有开口销的机件，需检查开口销是否缺装或开口是否符合要求。

3.注意事项

（1）在印刷机拆箱时，如发现缺损现象应与运输单位或生产厂家取得联系。对随机带有的零件、附件、工具等，应妥善保存，防止遗失。

（2）在印刷机移入过程中，应特别注意安全，移入工作一般由专业的搬运人员来承担。搬运过程中，一般机器只能平移，不适合上下坡，否则需要专用拉动设备。

（3）校正印刷机水平时，应首先校正水平仪；在测量时要以机器安装精度要求为依据进行多点测量；前面测量的机组是后面测量机组或装置的基准；如果地基没有干透，会使机组的水平状况发生变化；印刷机安装调试完毕运转一段时间后，应重新检查水平情况，防止印刷机运转时的振动及地基沉陷等问题改变原来的水平状况。

（4）在进行印刷机连接时，应注意保证对接处定位销的正确位置；保证对接齿轮的正确啮合位置；要有可靠的连接与固定措施；各部件的调整完成以后，还应安装地脚螺钉以固定印刷机。

二、胶印机的调试

1. 调试内容

（1）滚筒轴线的平行度及滚筒肩铁的间隙。

（2）递纸牙在牙台上的工作位置。

（3）递纸牙、压印滚筒及收纸叼牙叼口的尺寸。

（4）递纸牙垫与压印滚筒及递纸牙台的间隙。

（5）递纸牙、压印滚筒及收纸滚筒各叼牙的叼力。

（6）递纸牙与压印滚筒进行纸张交接时对纸张的共同作用时间。

（7）依据印刷机工作循环图，检查及调整各部件的运动情况。

（8）水辊、墨辊与印版滚筒之间的压力。

（9）输纸机的调整。

（10）在进行套印印刷时，根据印刷情况应对给纸机、规矩、印版滚筒、纸张交接机构、收纸部件进行检查与调整。

2. 调试方法

（1）人工手动盘车

在正式运行前，采用人力手动盘动机器的方法检验胶印机的安装质量。印刷机在通电前必须进行此项工作，以防发生设备损坏事故。

（2）润滑系统检查

印刷机上的润滑装置可以保证轴承和其他摩擦零件表面有良好的润滑，降低零件之间的摩擦力，防止机器磨损。润滑系统的检查，应检查油眼是否阻塞，油泵和油管的输油效果是否良好，油箱中是否加足新的润滑油，压注油眼是否换上干净的润滑脂。

（3）空车试运行

空车试运行是在人工手动盘车和润滑系统检查后进行的印刷机电机传动空运转，是设备投入使用前的初步检验。空车试运行必须在点动、慢速运转都符合正常的要求后才可逐步加速，并通过快速转动进一步验证运转效果。如果试运转正常，可以让印刷机空转 1～2 小时后，再进行下一步骤的调试。

（4）印刷机符合性调试

印刷机符合性调试是以印刷滚筒为中心，循序渐进地对各部分进行调整的过程。检查内容主要是滚筒中心距检查、传动齿轮检查、滚筒离合距离检查、压印滚筒叼纸牙检查、递纸装置叼纸牙检查、交接时间检查、前规和侧规工作位置检查、输纸装置位置检查、给纸机检查等。

（5）印刷机走纸调试

印刷机走纸调试内容主要涉及输纸效果检查、叼纸牙交接检查、收纸检查等。

（6）印刷机印刷调试

印刷机印刷调试内容主要包括印刷滚筒准备、输墨、输水准备、试套印、网点印刷、实地印刷、高网线印刷。

第二节　胶印机的维修

一、胶印机的维修基础

新设备使用一段时间后，会因磨损而导致设备陈旧，影响生产的正常进行，因此，在胶印机使用过程中就必须对其进行养护和修理。

1. 胶印机的磨损分析

胶印机磨损包括无形磨损和有形磨损。无形磨损是指胶印机原始价值的贬值，也称为经济磨损。有形磨损是指胶印机在使用过程中，由于摩擦、振动、疲劳等原因导致其实体的损伤，或当其闲置不用时，由于锈蚀、材料老化等产生的磨损。

2. 有形磨损的补偿——检修

有形磨损会导致零部件变形、公差配合改变、加工精度下降、工作效率降低、能耗增加等。对于有形磨损，通常是通过修理来进行局部补偿，例如修复或修理被磨损的零部件，更换已损坏的密封件、连接件等，以恢复设备的性能。根据修理程度的大小，通常又将其分为日常维护、小修理、中修理和大修理等几种形式。

二、胶印机检修方式

修理常常和对设备的检测联系在一起，也称其为检修。目前设备的检修体系可以归纳为三种，即事后检修、预防性的定期检修和基于状态的检修。

1. 事后检修

事后检修又称为故障检修，是指当胶印机发生故障或失效时进行的非计划性检修。这种事后检修只适用于对生产影响很小的非重点设备。

2. 预防性的定期检修

预防性的定期检修是一种以时间为基础的预防检修方式，它是根据设备磨损或性能下降的统计规律或经验而事先制订的，所以又称为计划检修。预防性的定期检修的类别、周期、工作内容、检修方式都是事先确定的。适合于已知设备磨损或性能下降规律的胶印机。

3. 基于状态的检修

基于状态的检修是由预防性检修发展而来的一种更高层次的检修体制。基于状态的检修以设备在线状态的监测数据为基础，通过故障诊断和专家系统对历史数据和在线数据的分析判断来决定设备的健康和性能状态，并预测其发展趋势。

基于状态的检修能在设备故障发生前或性能下降到不允许的权限前有计划地安排检修。基于状态的检修能及时和有针对性地对设备进行检修，不仅可以提高设备的可用率，还能有效地降低检修费用，取得明显的经济效益。基于状态的检修代表了当今检修的方向，但这种检修与设备的在线检测技术、信号处理技术、信息融合技术、故障诊断技术以及设备的寿命评价等有着密切的关系，并随着这些技术的发展而发展。

三、胶印机维修原则

无论采用何种检修都是要花费代价的，因此必须对维修特别是大修进行经济评价，并确定大修的经济界限。因为，大修是对胶印机进行全面彻底的检查和修理，更换或修补所有超过磨损标准的零部件，甚至需要对印刷机关键零部件进行拆卸、维修和更换，需要更长的维修时间，一般为3～6个月。如果一次大修的费用超过该胶印机的重新购置价值，则这种大修在经济上是不合算的。通常把这个条件称为大修在经济上合理的起码条件，又称为最低经济界限。此外，还必须考虑只有在大修后胶印机生产的单位产品成本，在任何情况下都不超过用相同的新设备生产的单位产品成本时，这样的大修在经济上才是合算的，对小修和中修也同样如此。维修过程中应贯彻以下基本原则。

1. 以预防为主，经常维护保养与定期计划检修并重

贯彻以预防为主就要掌握设备运行和零部件损耗的规律，加强日常维护检查，及时消除设备的缺陷和隐患，防止发生设备事故。设备的维护和修理是防和治的关系，维护不好就会使零部件加速磨损，遭受意外损坏，增加修理次数。只有做好经常性的维护工作才能防患于未然。但维护工作并不能完全消除正常磨损，还必须有计划地检修。当设备磨损达到一定限度时，就要按计划进行检修。

2. 先维修，后生产

做好设备维修工作，必须正确处理好维修与生产的关系。维修需要占用时间，而生产时间也需要保证，从这一点上，维护与生产是互相矛盾的。但是，维修的目的是保证生产的顺利进行，提高生产效率，因此它们又是统一的。要处理好维修和生产的关系，必须看到它们之间的统一性，克服重生产、轻维修的思想。

3. 以专业维修为主，实行操作人员与专业维修相结合

专业维修人员熟悉设备的构造，修理技术水平较高，而操作人员是设备的使用者，更了解设备的性能，熟悉设备的哪些部位容易出毛病，两者结合起来才容易将设备维修好。因此，维修人员和操作人员应相互学习，密切配合。

四、胶印机的小修

1. 小修的概念

小修也被称为日常维护，主要根据日常检查或设备自检系统所发现的设备缺陷或劣化征兆，在故障发生之前进行排除性修理，属于预防性修理，工作量不大，一般在数小时或几天内即可完成。

2. 小修的内容

小修的内容主要是进行污垢、积垢的清理，调整零件的间隙和相对位置，更换或修复不能使用的零件等工作。如清洁墨斗键、牙排上的积墨和纸粉，根据各部位叼牙使用情况，判断叼牙是否需要更换，检查和调整叼牙叼力和纸张交接等。

3. 小修的原则

小修应针对日常点检、定期检查和状态监测诊断发现的问题，拆卸关联部件，进行检查、调整、更换和维修失效的零件，恢复印刷机的正常功能。

五、胶印机的中修

1. 中修的概念

中修是指对胶印机局部的主要零件进行更换或修补。维修时间较长，一般需要 10 天左右。

2. 中修的内容

中修时针对工作状态已经劣化的部件进行针对性的维修，更换或修复失效的零件，甚至对关键部件或基准件进行局部维修和调整精度。如修复印刷滚筒磨损轴承，保证滚筒平稳运转；根据纸张分离、交接情况，判断飞达各装置传动部件的磨损，决定更换、修理或调整凸轮等相关零件。

3. 中修的原则

中修在通用机械维修中称为项修（项目维修），项修的内容主要是针对检查部位进行拆卸和分解，对维修部件进行维修或更换不合格的零件。

第三节　胶印机故障诊断系统

一、印刷设备状态监测

1. 基本概念

设备状态监测是指对运转中的设备整体或其零部件的技术状态进行检查鉴定，以判断其运转是否正常，有无异常与劣化征兆，或对异常情况进行追踪，预测其劣化趋势，确定其劣化及磨损程度等。

状态检测的目的在于掌握设备发生故障之前的异常征兆与劣化信息，以便事前采取针对性措施，控制和防止故障的发生，从而减少故障停机时间与停机损失，降低维修费用和提高设备有效利用率。

对于使用状态下的设备进行不停机或在线监测，能够确切掌握设备的实际特性，有助于判定需要修复或更换的零部件和元器件，充分利用设备和零件的潜力，避免过剩维修，节约维修费用，减少停机损失。

2. 状态监测与定期检查的区别

印刷设备的定期检查是针对实施预防维修的印刷设备在一定时期内所进行的较为全面的一般性检查，间隔时间较长（多在半年以上），检查方法多靠主观感觉与经验，目的在于保持设备的规定性能和正常运转。而状态监测是以关键的重要设备为主要对象，检测范围较定期检查小，要使用专门的检测仪器，针对事先确定的监测点进行间断或连续的监测检查，目的在于定量地掌握设备的异常征兆和劣化的动态参数，判断设备的技术状态及损伤部位和原因，以采取相应的维修措施。

设备状态监测是设备诊断技术的具体实施，是一种掌握印刷设备动态特性的检查技术。它包括各种主要的非破坏性检查技术，如振动理论、噪声控制、振动监测、应力监测、腐蚀监测、泄漏监测、温度监测、光谱分析及其他各种物理监测技术等。

设备状态监测是实施设备状态维修的基础，状态维修根据设备检查与状态监测结果，确定设备的维修方式。所以，实行设备状态监测与状态维修的优点有：

- 减少因机械故障引起的损失。
- 增加设备运转时间。
- 减少维修时间。
- 提高生产效率。
- 提高产品和服务质量。

设备技术状态是否正常、有无异常征兆或故障出现，可根据监测所取得的设备动态参数（温度、振动、应力等）与缺陷状况，与标准状态进行对照加以鉴别。

3. 状态监测的分类与工作程序

设备状态监测按其监测的对象和状态来划分，可分为两方面的监测。

（1）印刷设备的状态监测，是指被监测印刷设备的运行状态，如印刷设备的振动、温度、油压、油质劣化等情况。

（2）印刷生产过程的状态监测，是指监测由几个因素构成的印刷过程的状态，如监测印刷产品的质量、工艺参数量等。

上述两方面的状态监测是相互关联的。例如，印刷设备发生异常，将会导致印刷生产过程的异常。

设备状态监测按监测手段划分，可分为主观型状态监测和客观型状态监测。

主观型状态监测，即由设备维修或检测人员凭感官感觉和技术经验对印刷设备的技术状态进行检查和判断。这是目前在设备状态监测中使用较为普遍的一种监测方法。由于这种方法依靠的是人的主观感觉和经验、技能，要准确地做出判断难度较大，因此必须重视对检测维修人员的技术培训，编写各种检查指导书，绘制不同状态比较图，以提高主观检测的可靠程度。

客观型状态监测，即由设备维修或检测人员利用各种监测器械和仪表，直接对印刷设备的关键部位进行定期、间断或连续监测，以获得设备技术状态（如磨损、温度、振动、噪声、压力等）变化的图像、参数等确切信息。这是一种能精确测定劣化数据和故障信息的方法。

在一般情况下，使用一些简易方法是可以达到客观监测的效果的。但是，为能在不停机和不拆卸设备的情况下取得精确的检测参数和信息，就需要购买一些专门的检测仪器和装置，其中有些仪器装置的价格比较昂贵。因此，在选择监测方法时，必须从技术与经济两个方面进行综合考虑，既能不停机地迅速取得正确可靠的信息，又必须经济合理。这就需要将购买仪器装置所需费用同故障停机造成的总损失加以比较，确定应当选择何种监测方法。

二、印刷设备故障诊断技术

设备是在各种不同的环境条件下运转的，承受着各种应力与能量的作用，这些作用会使设备的技术状态发生变化，亦即使设备的性能劣化，最终导致设备发生故障。如果故障是由一种主要原因（如应力）引起的单一类型的故障，只要掌握了发生这类故障的机理和设备应力的状态，就能比较精确地定量预测设备性能的劣化程度和故障发生的时间，从而确定预防故障的对策。但是，如果故障的出现是偶然的，故障的类型是复合的，引起故障的原因是多种多样而又不易检查的，则故障就会呈现明显的随机性，要预测这类故障的发生将是相当困难的。对于小型印刷设备来说，这类偶发性故障比较容易发现，也可用事后维修的办法进行处理。然而对于大型、复杂的印刷设备，发生故障不仅会造成停产和重大经济损失，而且可能发生严重的安全事故和灾害，因而不能采用事后修理的办法，必须采用设备诊断技术。

设备诊断技术与人们熟悉的医学上的症状诊断十分相似。对印刷设备进行的定期检查，就相当于对人体进行的健康检查，设备定期检查中发现的设备技术状态异常现象，则相当于人体检查中发现的各种症状，根据设备技术状态对设备劣化程度与故障部位、故障类型及故障原因所做分析判断就相当于根据人体症状对病位、病名、病因所做的识别诊断。不难理解，印刷设备故障的诊断和人体疾病的诊断在实质上是完全相同的，也是利用了温度、噪声、振动、压力、气味、形变、腐蚀、泄漏、磨损等表示设备状态的各种特征。由此可知，所谓"诊断"就是对诊断对象在出现异常现象时（或进行预防性检查发现有异常现象时）所进行的故障识别和鉴定。设备诊断的目的在于尽可能早地发现印刷设备的劣化现象和故障征兆，或者在故障处于轻微阶段时将其检测出来，采取有针对性的防止或消除措施，恢复和保持设备的正常性能。

设备诊断要有正确的依据，就必须进行状态监测和记录，掌握设备从过去到现在的经历及状态。状态监测与故障诊断是诊断技术的两个组成部分，有联系但又不相同。状态监测主要是对设备的技术状态进行初步识别，故障诊断则是对该状态的进一步分析识别和判断。所以，状态监测是设备诊断的基础，设备状态监测是设备诊断技术不可缺少的组成部分。

1. 基本概念

印刷设备诊断技术又称设备状态诊断技术，是一种通过监测设备的状态参数，发现设备异常情况，分析设备故障原因，并预测、预报印刷设备未来状态的一种技术。其基本功能是在不拆卸或基本不拆卸设备的情况下，掌握设备运行现状，定量地检测和评价设备的以下状态：设备所承受的应力、强度和性能、故障、劣化，预测设备的可靠性。在印刷设备发生故障的情况下，对故障原因、故障部位、危险程度进行评定，并确定正确的修复方法。

印刷设备诊断技术包括以下三个环节：检测异常、诊断故障症状和故障部位、掌握故障类型。因此应用设备诊断技术，能确定设备存在的问题及其原因和程度，可以采取最适宜的对策，避免故障的发生和确定针对性修复方法，以达到维修目标准确，排除故障及时，减少修理时间，降低维修费用和停机损失，提高设备有效利用率的目的。

以上印刷设备诊断是针对印刷企业对印刷设备的使用，如果从印刷设备的寿命周期而言，不仅要在设备运行阶段进行诊断，以实施状态维修；还必须在设计、制造阶段进行检测，诊断设备是否达到了设计技术要求、精度标准和预定功能；而在设备发生故障后，诊断分析故障发生原因。对这三个相互联系的阶段和技术数据的积累，必然有助于提高印刷设备的设计、制造质量，增大印刷设备的可靠性，延长其使用寿命。

2. 工作原理

印刷设备诊断技术的基本原理及工作程序如图3-1所示。它包括信息库和知识库的建立，以及信号检测、特征提取、状态识别和预报决策4个工作程序。

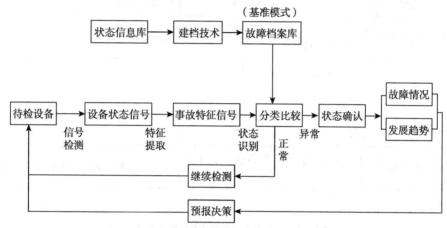

图 3-1　印刷设备诊断技术的基本原理及工作程序

（1）信号检测。按照不同诊断目的和对象，选择最便于诊断的状态信号，使用传感器、数据采集器等技术手段，加以监测与采集。由此建立起来的是状态信号的数据库，属于初始模式。

（2）特征提取。将初始模式的状态信号通过信号处理，进行放大或压缩、形式变换、去除噪声干扰，以提取故障特征，形成待检模式。

（3）状态识别。根据理论分析结合故障案例，并采用数据库技术所建立起来的故障档案库为基准模式。把待检模式与基准模式进行比较和分类，即可区别设备的正常与异常。

（4）预报决策。经过判别，对属于正常状态的可继续监视，重复以上程序；对属于异常状态的，则要查明故障情况，做出趋势分析，预测今后发展和可继续运行的时间，以及根据问题采取控制措施和维修决策。

按照状态信号的物理特征，设备诊断技术的主要工作手段分为9种，如表3-1所示。

表 3-1　设备诊断技术的主要工作手段

序号	物理特征	检测目标	适用范围
1	振动	稳态振动、瞬态振动模态参数等	旋转装置、往复运动装置、齿轮、轴承、转轴等
2	温度	温度、温差、温度场及热图像等	电机电气、电子设备等

续表

序号	物理特征	检测目标	适用范围
3	油液	油品的理化性能、磨粒的铁谱分析及油液的光谱分析	设备润滑系统、有摩擦副的传动系统等
4	声学	噪声、超声波等	短路开关等
5	强度	载荷、扭矩、应力、应变等	机械结构等
6	电气参数	电流、电压、电阻、功率、电磁特性、绝缘性能等	电机、电气等
7	表面状态	裂纹、变形、点蚀、剥落腐蚀、变色等	设备及零件的表面损伤等
8	无损检测	射线、超声、磁粉场、涡流探伤指标等	铸锻件及焊缝缺陷检查、表面镀层厚度测定等
9	工况指标	设备运行中的工况和各项主要性能指标	设备各主要装置、质量检测指标等

3.组成和功能

印刷设备诊断技术由简易诊断技术和精密诊断技术两种技术组成。

（1）简易诊断技术，是指使用简单的方法，对印刷设备技术状态快速做出概况性评价的技术。它能够迅速而概括地检查了解设备状态，由现场维修人员施行。简易诊断技术一般有以下几个特点，即使用各种较简单、易于携带和便于在现场使用的诊断仪器及检测仪表；由设备维护检修人员在生产现场进行；仅对设备有无故障、严重程度及其发展趋势做出定性初判；涉及的技术知识和经验比较简单，易于学习和掌握；需要把采集的故障信号储存建档。

印刷设备的状态监测包括定期的和在线的，都属于简易诊断技术的范围。它可以对反映印刷设备技术状态的一些参数做出正常与否的判断，当存在异常或超过限值时，应能报警或自动停机。但应知道，状态监测并不同于故障的识别和判断。

（2）精密诊断技术，是指使用精密的仪器和方法，对简易诊断中难以确认的印刷设备故障进行精确的定量检测与分析，找出故障位置、原因和数据，据以确定应采取的相应措施的技术。一般有以下几个特点，即使用各种比较复杂的诊断分析仪器或专用诊断设备；由具有一定经验的工程技术人员及专家在生产现场或诊断中心进行；需对设备故障的存在部位、发生原因及故障类型进行识别和定量；涉及的技术知识和经验比较复杂，需要较多的学科配合；需要进行深入的信号处理，以及根据需要预测设备寿命。

近年开发的计算机辅助设备诊断系统和人工智能与诊断专家系统等，也都属于精密诊断技术范畴，一般多用于关键设备和诊断比较复杂的故障原因。

在一般情况下，多数印刷设备都采用简易诊断技术来诊断设备现时的状态。只有对那些在简易诊断中提出疑难问题的设备，才进行精密诊断。合理使用两种诊断技术，才是最有效而又最经济的。图3-2为简易诊断技术和精密诊断技术的功能。

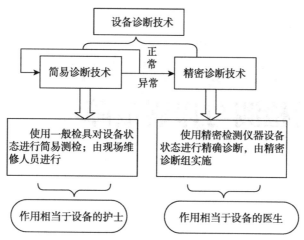

图 3-2 简易诊断技术和精密诊断技术的功能

4.判定标准

印刷设备诊断的判定标准是用以评价设备技术状态的一种标准。据此可以判定设备的正常、异常和故障，以实施超限报警或自动停机。常用的判定标准有以下三种。

（1）绝对判定标准。根据对某种印刷设备长期使用、维修与测试所积累的经验，并由企业、行业或国家归纳而制定的一种可供工程应用的标准。这类标准一般都是针对某类印刷设备，并在规定了正确的测定方法后制定的，故在使用时必须掌握标准的运用范围和测定方法。

（2）相对判定标准。对同一台印刷设备，在同一部位定期测定参数，并按时间先后进行比较，以正常情况下的值为原始值，用实测值与该值的倍数作为判定标准。

（3）类比判定标准。数台同样型号、规格的印刷设备在相同条件下运行时，通过对各台设备的同一部位进行测定和相互比较来掌握异常程度。

第四章
印刷质量检测与印刷故障

第一节　印刷测控条

印刷测控条一般分为信号条和测试条两种：信号条用于视觉检查，提供定性的信息；测试条则能用密度计测定密度数据。目前，大多数测控条都是由信号条和测试条两部分组成的，可以监测网点变化的情况，并配合密度计来检查各色印刷油墨的实地密度、网点增大、相对反差、油墨叠印率等主要指标。

一、印刷测控条的功能

测控条主要用于平版印刷的印版、打样、印刷和图像检测。

测控条是一维排列的控制块，主要有实地、网目调、圆网点、灰平衡、线条和微线条控制块，其大小尺寸应为 6mm×6mm，不能小于 5mm×5mm。

平版印刷品可通过对应的控制块检测印刷的各种性能。表 4-1 表示了网目调印刷的性能及其对应的控制块。

表 4-1　网目调印刷的性能及对应控制块

印刷性能	检测用的对应控制块
着墨量	实地块
印刷网目调阶调值	任一网目调阶调值的网目调段[①]和一个相邻的实地块
阶调值增大	任一网目调阶调值的网目调段[②]和一个相邻的实地块。专为检测印刷中网目调阶调值增大的数值和规律性；网目调阶调值为 70% ～ 80%（暗调）和 40% ～ 50%（中间调）
阶调值传递	网目调段至少有三个不同阶调值范围[②]和一个相邻的实地块。阶调值范围如下：20% ～ 25%、40% ～ 50%、70% ～ 80%
可复制的最低网目调阶调值	极高光范围（10%以下的网目调阶调值范围）的网目调段作为测量段
可复制的最高网目调阶调值	暗调范围（90%以上的网目调阶调值范围）的网目调段作为测量段[③]
叠印率	单一和成对叠印的实地块

印刷性能	检测用的对应控制块
变形、重影	不同方向排列的线条段（如与印刷方向成0°、45°、60°、90°）或圆形线条段作为测量段

①网点频率，又称为网线数，在印刷图像的网点频率范围内进行选择。对于涂料纸印刷，最好选择60l/cm的网点频率。

②测定印刷特性曲线用的网点段应根据实际条件选择链形点，在此应注意网目调阶调值增大与网点角度有关。

③准确地选择网目调阶调值应依据印刷方式、晒版方法和承印物而定。

注：表4-1引自GB/T 18720—2002《印刷技术　印刷测控条的应用》。

二、印刷测控条的检测方法

通常用相应的控制块检测网目调印刷质量，主要包括标准实地着墨量、标准着墨量、阶调值增大、阶调值传递（印刷特性曲线）、可复制的最低或最高阶调值、叠印率、变形与重影、印刷。

1. 标准实地着墨量

对于测控条中实地块的印刷，应使用一个标准墨样来检测着墨量。

例如，为三原色油墨印刷制取一个标准墨样，将正式印刷规定的三原色油墨印刷在高级的涂料纸上，为此，选择一种符合标样的着墨量，在适合的校色条件下采用目测方式检测着墨情况，使其尽量与规定的着墨样相符。当使用同样的油墨在正式印刷纸上印刷时，即可获得正式印刷用的三原色油墨的着墨标样。

应注意，虽然在高级涂料纸上印刷时的着墨符合密度值规定的着墨样，但由于三原色油墨在制作条件上的色调差异，也会导致错误的结果。因此不宜推荐，需附加目测检验。

另外，实地块印刷的着墨量应采用规定的测量技术进行检测，如使用反射密度计，在三原色油墨印刷时，应使用补色的滤色片，或在非彩色印刷时，使用相应的滤色片。首先在正式印刷用的标样上确定色密度的额定值。

2. 标准着墨量

在带有70%～80%网目阶调值的测控条上，用网目调印刷与实地进行对比来确定网目调印刷的标准着墨。为此，在印刷试验中使用标准的橡皮布、承印物和油墨，将印刷机调节到最佳状态下，逐渐提高着墨量，直至实地覆盖良好，使着墨量在网目调和实地之间尽量达到较大的反差。

在不同着墨量的印品上进行密度测定，通过如下方法计算出数值：

（1）通过由反射密度计直接得出的不同实地密度的印刷相对反差值 K 进行对比。

（2）通过由密度值计算出的与实地密度有关的印刷相对反差值 K 的曲线图。

在上述两种方式中，印刷相对反差的最大值范围对应的最大实地密度为标准着墨量。

（3）通过网目调密度 D_R 与实地密度 D_v 的曲线图。标准着墨量处在实地着墨的范围内，对该范围来说，靠在测量点连线上的直线通过原点显示出最小的陡度，因此也表示出最大可能的反差。

在上述三种情况下，均采用实地密度表示标准着墨量，对于这种密度来说，在最大可能着墨时，其印刷相对反差值与最大值相比不得减少 0.01 以上。

3. 阶调值增大

依据印刷网目调阶调值的有效面积覆盖率 F_D，可由测控条测出的网目调密度 D_R 和相邻的实地密度 D_V 求得印刷阶调值。

通常，印刷品的网目调阶调值与晒版原版的网目调阶调值之差构成了网目调阶调值增大。

为此，从测控条的测量区段印迹上测得的与承印物有关的网目调密度值以及相邻实地的密度值按照相关公式计算出有效面积覆盖率 F_D，扣除掉测控条上相应网点段的几何面积覆盖率，即得阶调增大值 ΔF。

阶调值增大的数值是两个面积覆盖率之差。测控条必须按规定使用。此外，这种测控条要取决于网目频率和网点形状以及在密度测量时的滤色片选择。

4. 阶调值传递

为了测定阶调值传递，应在网目调的至少三个网目调阶调值范围内求出印刷网目调阶调值与印版的网目调阶调值之间的关系。例如，平版印刷为了在网目调印版的三个不同的网目调阶调值范围内使测控条的网目段印刷，将有效面积覆盖率 F_D 与测控条上网目段的几何面积覆盖率相比较，可绘制出控制复制过程用的标准印刷特性曲线。在这条印刷特性曲线上，着墨量是作为实地密度标明的。

5. 可复制的最低或最高阶调值

在高光范围的印品上，通过目测检验或通过密度测量来确定最亮调复制出的阶调值。同理也可获得最暗调复制出的阶调值。

6. 叠印率

通过对在连续印刷过程中单个和成对叠印的测控条实地块进行密度测量，可检验受墨性。为此应确定，当后印的油墨叠印在先印的油墨上时，其色密度和相对的墨层厚度与这个随后印在空白承印物上的油墨之比有一定差异。

应注意，受墨性的检验可以在湿压湿（或湿压干）印刷中通过整批印件测定第一色序混合色的色调均匀性。当基本色稳定着墨时，受墨性能下降则表明色调向先印刷的油墨方向偏移，受墨性增高则表明色调向后印刷的油墨方向偏移。

7. 变形与重影

只有在印刷时未出现变形和重影，在测控条网目调段的印迹上进行密度测量才能获得合理的数值。因此，首先应检验线条段在目测或在密度测量时是否在不同方向都准确一致。

当使用圆形线条检标作为变形与重影的信号区段时，在滚压方向出现深暗的扇形，则表明变形；如果在不同方向出现两个或更多的深暗的扇形，则表示重影。因此，应检验圆形线条检标印刷是否均匀。

8. 印刷

通常在测控条上使用实地块、70%～80% 面积覆盖率的网目调块和 40%～50% 面积覆盖率的网目调块。为了控制滚压和防止重影，应采用不同方向的线条段或圆形的线条段。

在单色和多色印刷时，对每一单色的印迹以及每双色的叠印都应该单独进行评定。对每个单色的控制块还要在测控条上加上检验受墨性用的实地块。为此，单色（基本色）的实地块应排列在靠近混合色的两侧。

测控条应按照整个印张幅面宽度，与印刷滚筒轴向平行放置，可放在印刷起始端（叼口边）或纸张尾端（拖梢处）。因此，连续的测控条实地或网目段应保持尽量小的距离，最好与墨斗的墨区距离一致，确保控制墨区供墨。

应注意，专门为四色湿压湿印刷用的另一种控制段大多为测定色平衡用，这种网点段具有为三色叠印用的对照青色校正的黄和品红的网目调值。通常，这种控制段的网目调值应按照为涂料纸印刷用的"标准"油墨校正。

三、典型印刷测控条

1. GATF 星标

GATF（美国印刷基金会）星标（图 4-1）是从圆心向外放射 36 根黑白宽度相等的楔形线，在圆的中心有一个很小的白点，星标根据中心白点的大小，来确定网点增大的大小。中心白点大，说明网点增大的程度小；中心白点小，说明网点增大的程度大。

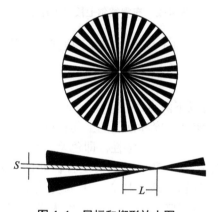

图 4-1　星标和楔形放大图

星标作为一种测试网点增大的检试工具，其作用就是能够辨别网点增大的类型。

（1）星标的中心小白点呈椭圆形，说明网点有方向性增大。

当星标的中心小白点呈现出"→ 0 ←"时，这种椭圆说明网点左右增大，称之为横向增大；呈现出"O"时，说明网点上下增大，称之为纵向增大。

（2）星标的中心如果出现重影，中间的小白点不仅变小，而且出现"8"或者"∞"形状，说明网点重影、糊版。

GATF 星标以及其他的一些信号条，只能提供定性的质量信息，而不能提供控制印刷质量的定量数据，为了评定网点增大或网点缩小量、相对反差等，需要用密度计对实地密度和网点密度做精确的测定，故有实地测试块和网点测试块组成的测试条，来控制印刷质量。

2. 布鲁纳尔测控条

布鲁纳尔测控条（图4-2）是我国印刷标准推荐的质量检测工具，它用于打样和印刷的实地密度、网点增大、网点变形和印刷反差（K值）的测量和计算，也可用于目测。目前多数采用具有7个测控段的测控条，包括：

- 实地色块
- 75% 细网块
- 50% 粗网（10 线 /cm）
- 50% 细网微测块
- 细线与小网点测控块
- 灰平衡观察块
- 25% 的细网块

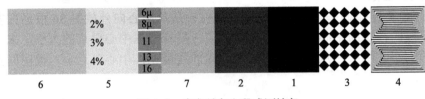

图4-2　布鲁纳尔七段式测控条

但在实际印刷中，最常用的还是布鲁纳尔三段式测控条（图4-3）。下面重点介绍其功能与检测方法。

（1）实地色块

实地色块的作用主要有以下两点：

- 测量打样、印刷的实地密度和油墨的上墨程度。
- 测量、计算三原色油墨的三大特性，即色差、灰度和效率。

控制四色油墨的最佳实地密度值，不仅是打样和印刷数据化色彩管理的核心，也是整个复制过程数据化色彩管理的核心。因为实地密度（墨层厚度）对样张和印刷品的质量影响极大。实地密度过大，则网点增大多，印品粗糙；实地密度过小，则色彩饱和度不足。因此，必须达到实地最佳点，具体地讲，最佳实地密度，即在75%～80%的网点增大最小或在合理的增大范围内的前提下，达到的最大实地密度值。也就是在K值最大时的实地密度为最佳实地密度，因为用反射密度计测量，其墨层厚度和密度之间有着密切关系，墨层的吸收特性取决于油墨色调、墨层厚度和油墨色料的性质与密度。

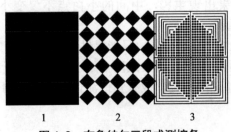

图4-3　布鲁纳尔三段式测控条

有代表性的打样、印刷湿墨层的实地密度范围如表4-2所示。在实际打样和印刷过程中，不但要采取一切工艺技术措施达到最佳实地密度值，还要做到实地密度的一致性。例如打样，一是要做到5张标准样张的四色密度一致，二是要做到左、中、右密度的一致，误差为±0.05D。在印刷中要做到一种产品和印件从开机印刷到中途至最后印刷的墨色一致，这都需要通过控制条件和密度计测量才能获得。

表4-2 不同承印物的打样、印刷湿墨层实地密度范围

	C	M	Y	K
铜版纸	1.6	1.45	1.35	1.90
无光铜版纸	1.6	1.45	1.35	1.90
书写纸	1.35	1.25	1.10	1.45
新闻纸	1.00	0.95	0.75	1.10

注：表格内数值±0.05即为实地密度范围。

（2）50%粗网块

50%粗网块是由网点面积为50%的10 l/cm的网点组成，其主要作用有以下两种：

- 视觉直接观察网点增大和减小的变化。
- 计算50%网点的增大值。

在实际生产中，操作者经常观察50%粗网块的变化情况，并以此来断定网点的变化，一般网点增大，50%粗网段的方点必然搭角严重。反之，网点间距增大，则网点减小。

计算50%网点区的增大值，是以粗、细网点相对比的原理，在粗、细网点总面积相等的基础上制定的。其线数比为1:6，即一个50%的细网点的周长是粗网点的1/6。一排6个细网点的周长之和等于一个粗网点的圆周长度。6排细网点的总和是粗网点的6倍。因此，在相同条件下，细网点的增大就很多，所以以50%粗网段为基准，取粗、细两者密度之差，即可求出打样、印刷50%网点区的增大值。

50%网点区的增大值=（细网段密度−粗网段密度）×100%

若测得50%粗网段密度值为0.30，50%细网区密度值为0.45，代入上式计算得到50%网点区的增大值=（0.45−0.30）×100=15%。

这种方法既简单又准确，很适合现场管理。

（3）50%细网微测块

细网点微测块也叫超微测量元素，是布鲁纳尔系统的核心部分，如图4-4所示。细网段由60 l/cm的等宽线组成，其总网点面积为50%，细网段用等宽大十字线将细网面积一分为四，每1/4面积网点的形成完全相同，但方向各异。其主要功能如下：

① 每1/4格的外角均由6 l/mm的等宽折线组成，作为检查印刷时网点有无滑动变形和重影。如果样张的四角线条变形则说明印刷的网点出现了滑动。横向滑动，竖线变粗；纵向滑动，横向变粗。

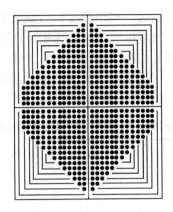

图 4-4　50% 细网微测段放大图

②靠近十字线横线第一排有 13 个网点，靠里边的一排网点是由大到小的小黑点，旁边与之对应的是 12 个由大到小的小黑点，旁边与之对应的是 12 个由大到小的空心白点，其分别为 0.5%、1%、2%、3%、4%、5%、6%、8%、10%、12%、15%、20% 阳点与阴点对应排列。

判断制版、打样、印刷的网点变化，可用 25 倍放大镜观察。标准印版应达到阴阳点对应出齐。打样、印刷时，在没有密度计的条件下，可用目测网点增大数据，观察小白孔留有几个透亮，说明网点增大多少。如图 4-5 所示，如 12 个小白孔全糊死，说明网点增大 20%；如 10 个小白孔糊死，留有 2 个小白孔，说明网点增大 15%；留有 4 个小白孔，说明网点增大 10%。一般打样规范应保留 4 个小白孔。

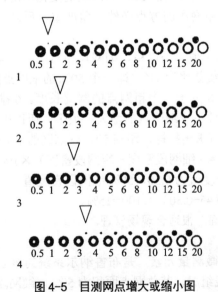

图 4-5　目测网点增大或缩小图

③在细网点微测中每 1/4 图块中有 4 个 50% 的标准方网点，用于控制制版、打样、印刷时版面的深浅变化。50% 的标准方网点如果搭角大，则网点增大，反之如四角脱开，则网点缩小。

3. 3M 彩色印刷测控条

测控条是由若干区、段测试单元（块）和少量的信号块组成，它不仅具有某些信号条的功能，还能通过专门的仪器设备在规定的测试单元上进行测量，再由专用公式计算出印刷质量的一些指标数值，供评判、调节和存储之用。它适用于高档次产品印刷质量的控制、测定和评价。

3M 公司的彩色印刷测控条（用于阳图 PS 版），如图 4-6 所示。

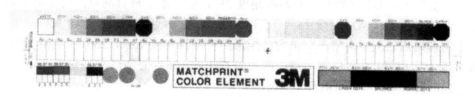

图 4-6　3M 测控条（附彩图）

（1）各测控单元从左到右，从上到下排列
- 由黑线框成的 6mm×6mm 正方形内，没有任何油墨遮盖，为承印物本色。
- 连续 5 个 6mm×6mm 的正方形，它们分别为青墨的 20%、40%、60%、80% 圆网点块和 100% 实地块（网点线数均为 60 l/cm，以下同样）。
- 八边形的间色蓝紫实地块（C+M 实地块）。
- 连续 5 个正方形，分别为品红墨的 20%、40%、60%、80%、圆网点块和 100% 实地块。
- 八边形的间色大红实地块（M+Y 实地块）。
- 连续 5 个正方形，分别为黄墨的 20%、40%、60%、80%、圆网点块和 100% 实地块。
- 八边形的间色绿实地块（C+Y 实地块）。
- 连续 5 个正方形，分别为黑墨的 20%、40%、60%、80%、圆网点块和 100% 实地块。
- 八边形的复色绿实地块（C+M+Y 实地块）。

上述各单色的网点块用于检测网点增大值，其中 80% 正方形网点块又能检测印刷反差值。各个单色实地块用来测定单色的实地密度。八边形的间色实地块和复色实地块用来测算两色和三色叠印时叠印率。

（2）色组块
- 分为青、品红、黄、黑四组，每组各有 11 个长方形块，每个长方形（3mm×7mm）内由相互环套的八边形组成，八边形的线粗分别为 2μm、4μm、6μm、8μm、10μm、12μm、15μm、18μm、21μm、24μm、27μm，用来检查印版的分辨力。
- 分为青、品红、黄、黑四组，矩形块，每组有 6 个小矩形（2mm×3mm），它们分别为 98%、97%、95%、5%、3%、2% 的网点块，用来检查制版时高调和低调处网点变化情况。
- 分为青、品红、黄、黑四组，同心圆，每组由 20 个大小不同的圆套合在一起组成，用来检查各色印刷时是否有重影存在。

（3）灰平衡

四块矩形块，每组矩形块为 6mm×12mm。第一个矩形内有网线角度 75°，网点覆盖率 25% 的方形黄网点；网线角度 45°，网点覆盖率 37% 的方形青网点；网线角度 15°，网点覆盖率 26% 的方形品红网点。它们构成浅调灰色，用来检测线调中性灰平衡情况。第二个矩形内有网线角度 75°，62% 的方形黄网点；网线角度 45°，81% 的方形青网点；网线角度 15°，65% 的方形品红网点，它们构成暗调中性灰，用来检测该处灰平衡情况。第三个矩形中有网线角度 75°，62% 的圆形黄网点；网线角度 45°，81% 的圆形青网点；网线角度 15°，65% 的圆形品红网点。它们形成暗灰色，用来检测暗调圆形网点的灰平衡情况。第四个矩形中有网线角度 75°，25% 的圆形黄网点；网线角度 45°，37% 的圆形青网点；网线角度 15°，26% 的圆形品红网点，组成浅调灰，用来检测浅调圆形网点的灰平衡情况。

四、数字测控条

1. 数字测控条使用原理

随着电子技术和计算机技术的发展，CTP 和数字印刷已经成为印刷业的发展趋势。由于 CTP 技术省去了分色出片的过程，所以传统印刷控制条就无法发挥控制质量的作用。任何工业生产均需要按照规定的质量标准进行，数字印刷产品的质量标准可参照传统印刷工艺制定的标准执行。但数字印刷只有产品质量检验标准是不行的，也需要有实现产品质量检验和控制的具体手段，这就需要设计出既能控制印刷过程又能控制制版质量的数字控制条。

数字测控条是以电子文件形式存在的印刷测控条，如图 4-7 所示，通常可以用两种方法设计而获得，一种是使用 Coreldraw 图形软件绘制，另一种是使用 Postscript 语言编写，而后者具有更高的精度和更多的优点。与传统印刷测控条使用方法不同的是，在电子原稿的排版时我们就将数字印刷测控条加入其中，然后经过传统印刷或直接制版，甚至是直接印刷方式同印刷品一起输出。由此，可很容易看出数字印刷测控条相比传统印刷测控条具有以下优点。

（1）数字测控条消除了胶片载体的不足，能够保证测控条信息的永久不失真，所以能够更精确、更稳定地控制印刷品质量。同时电子形式的数字印刷测控条传递、复制方便，更适合印刷企业使用。

（2）从数字测控条的使用方法可以看出，其适用范围更广，更加方便、灵活。数字测控条不但可以用于传统印刷，还可用于数字印刷。在传统印刷中，客户在电脑上将测控条与待印活件一同拼版，然后进行传统的制版和印刷。若用于数字印刷中则更简单，只需将测控条与活件拼版，直接由数字信息变成印刷品。数字测控条能够与待印活件一起发排或印刷，因此它比传统测控条更能准确地控制印刷过程。同时数字测控条能实现任何分辨率的输出，特别适用于直接制版和印刷质量的检测与控制，易于控制印刷品色彩的一致性和稳定的印刷品质量，给印刷企业带来更高的社会效益和经济效益。

（3）PS 语言最显著的特点就是它具有强大的页面描述功能。PS 语言根据 Adobe 公司所提出的成像模型，把对页面上图形的描述简化为构造路径和着色路径两个基本过程。通过这两个基本操作，便可产生任意形状的几何图形。由于语法简单，绘制的图形精确。

图4-7　AGFA 数字测控条

2. 数字测控条的应用前景

随着数字印刷在印刷方式中比重的迅速增大，我们相信，数字印刷测控条以其显著的优点将取代传统印刷测控条，成为印刷品质量控制的重要工具。目前，国外数字印刷测控条技术已经比较成熟，并得到了广泛的应用，我国尚处在测试和初步应用阶段。随着数字印刷、CTP 的迅速普及和发展，印刷企业印刷品质量控制意识的提高，我国数字印刷测控条的研发和普及进程将加快。

五、测控条的位置

通常，印版上可放置测控条的区域是对应于印张上的叼口、拖梢处，一般设置在切净尺寸之外的区域上。设置的测控条越多，额外所需的白纸边也越多。具体位置的确定通常有以下几个原则：

（1）把最容易出现质量偏差区域的印刷质量控制在规范的质量标准之内，整个印张其他部位的印刷质量就不容易出大问题。

（2）一般印张叼口处的印刷质量受印刷故障等不利因素的影响最小，而印张拖梢部位的印刷质量最能反映印刷故障等不良因素的影响程度。因此，在印刷中帮助印刷工作者监测印刷质量的测控条，国内外几乎都设置在印版的版尾（印张的拖梢处）。

（3）设置在拖梢处的测控条，应距纸边至少 2～3mm，以免纸张的纸毛、纸粉沾在测控条的测控块、测控段上，从而降低测控效果。显然，印前用干净的抹布在白纸堆的四面擦抹，清除纸毛、纸粉，是十分必要的。

目前，在一些印刷业发达的国家，已经由测试条的仪器检测发展到计算机程序控制。海德堡、罗兰、高宝等公司已经率先利用电脑程序控制装置，自动控制输墨、输水、调整套印以及印版着墨量等。密度测定记忆存储系统的应用，使操作者可以完全在操作台上进行远距离遥控。印刷测控条作为一种印刷质量控制的有效手段，在我国的使用已经普及。

第二节　印刷质量检测系统

印刷品生产过程中可能会产生各种各样的缺陷，如墨点、异物、文字残缺、漏印、色差、套印不准、散斑、浅脏、颜色差异等。这些缺陷一旦出现在印刷产品上，产品视觉观感将大打折扣，严重影响产品的品牌、降低客户满意度。目前，印刷企业主要以人工随机抽检等方法进行质量控制。由于人眼的局限性，质量得不到有效控制。

随着用户对产品品质要求的不断提高，以及行业竞争的加剧，传统的以人工抽检为主的质量检测手段已经严重制约了企业竞争力的提高，采用自动化质量检测设备代替人工抽检是必然发展趋势。目前，市场上已经出现了多种自动化质量检测系统，大都基于视觉图像进行产品外观质量检测。总体而言，国外产品由于综合性能具有较大优势，占据着大部分高端市场。国内产品凭借价格和服务优势，占据着中、低端市场。自动化印刷质量检测系统的技术指标主要是检测速度、检测能力、易用性、产品外观、可靠性等方面。

一、自动化印刷质量检测原理

印刷质量缺陷的自动化检测原理，分为通用型检测算法和针对型检测算法。其中，通用型检测算法比较有代表性，不仅仅局限于印刷品的检测，其他很多行业也都可以应用。

典型的印刷品检测算法主要包括三大类。

1. 有参照判决

将被检测图像与标准模型比对，包括图像级的逐点比对，特征级的特征比对。标准模板的获取方式，包括基于 PDF 设计文件和基于好品统计两类。

2. 无参照校验

根据事先定义的产品特征，检测图像中指定区域是否存在违反规则的情况。

3. 混合型判决

综合运用标准模板比对和基于规则的判决两种方法。

目前，系统缺陷检测选取了"混合型判决"的方法，即以无参照的方法检测散斑、串色等缺陷（针对型检测），以有参照的方法检测文字残缺、偏色、墨点、漏白、套印不良等缺陷（通用型检测）。产品的使用过程包括"建模"和"检测"两个主要环节。主要流程如图 4-8 所示。

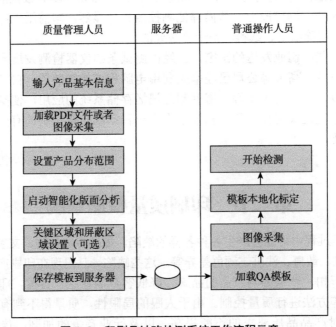

图 4-8 印刷品缺陷检测系统工作流程示意

其中，"建模"环节由质量管理人员（QA）或者印刷机机长负责，主要操作步骤包括产品基本资料输入、标准产品图像获取、设置检测范围、划分特殊检测区域（配准区域、字符区域、刀丝区域、屏蔽区域等）、设置检测标准及相关参数。建模完成后相关数据将保存到统一的数据服务器中，该数据通常称为"模板"。"检测"环节由印刷机机长或者普通操作人员负责，主要是完成分辨率标定和产品缺陷检测。系统检测算法基本流程如图4-9所示。

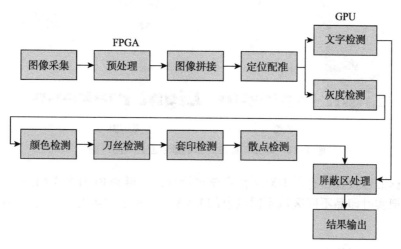

图4-9　印刷品缺陷检测算法基本流程

二、针对型检测算法

散斑、浅脏、颜色差异等缺陷通用型检测难以检查出来，需要针对性提取其特征才能查出来。图4-10为局部放大后显示出来的散斑故障。

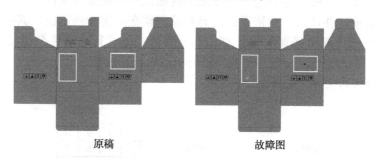

原稿　　　　　　　　　　故障图

图4-10　局部放大后显示出来的散斑故障（附彩图）

散斑：这类缺陷表现为不连续，单个斑点缺陷不大，但是联合起来则会发生较大的故障。对于距离一两个像素较近的散斑，通过数学形态学的方法可以解决，距离较大的散斑，可通过颜色及距离两个维度进行聚类。

浅脏：这类缺陷的颜色较浅、面积较大，但是如果转换到另一个颜色空间，则缺陷会明显地突出，这类缺陷需要进行特殊的颜色转换才能检测出来。

颜色差异：在印刷过程中，由于不同墨键位置上的墨量不同、不同区域的版压不同、不同时间的温度不同，会导致印品颜色与标准样有一定的差异，如图4-11所示。

原稿　　　　　　　　　　故障图

图 4-11　印张与标准样张的颜色差异（附彩图）

通过标准白板及专有色卡对采集系统进行标定，得到 RGB 到 LAB 空间的颜色转换模型，把实时印品不同区域不同颜色的 LAB 值与标准样本对应区的 LAB 值比较，得到色差 ΔE。

三、通用型检测算法

通用型检测算法是基于标准模板比对的算法，一般用于检测灰度或者颜色差异比较大、面积稍大的各种缺陷。其算法操作分为离线和在线两个步骤。离线是通过定位校正实时图像与模板图像的位置偏差，把校正后的合格图像作为样品集，经过学习训练得到大小模板。在线则是通过定位校正实时图像，比较实时图像与大小模板每个像素之间的像素值，并计入一个错误值，若样品像素在可接受的范围，其错误值为零，若超过了此范围，就由错误加权计算出其错误值，并进行连通性分析得到 Blob，对 Blob 进行面积、占空比、能量等形状特征分析，以识别缺陷。

1. 大小模板的生成（图 4-12）

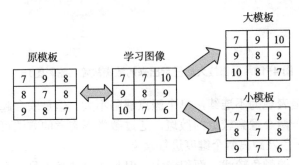

图 4-12　大小模板的生成

2.错误值的计算（图4-13）

根据当前检测图像与模板进行逐点灰度值比较，找出大于大模板图像灰度值点（漏印或墨浅），然后进行加权计算，生成漏印图像；找出小于小模板图像灰度值（脏点或墨浓等）的点，进行加权计算，生成脏点图像。错误值根据Tolerance（容忍度）、STEP（步长参数）、GAIN（增益参数）、LIMIT（范围参数）进行计算。

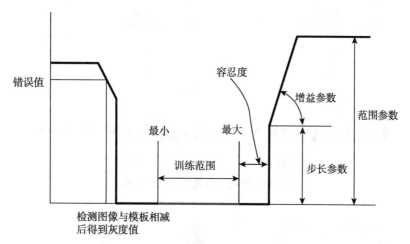

图4-13　错误值的计算

通常情况下，由于产品中的字符区域带有很多重要信息，因此对于字符区域缺陷的检测往往要比其他区域更加严格。典型的字符缺陷包括漏印、针孔、脏点，分别如图4-14至图4-16所示。

原稿　　　　　　　　故障图

图4-14　字符区域漏印缺陷（附彩图）

原稿　　　　　　　　　　故障图

图4-15　字符上针孔缺陷（附彩图）

原稿　　　　　　　　　　故障图

图4-16　字符区域墨点缺陷（附彩图）

　　对字符区域进行特殊的检测，基于现有的图像灰度比对技术基本可以解决。但要进行字符区域的缺陷检测，前提是必须在"建模"阶段精确划分出字符区域。目前，这个任务主要是由人工通过建模软件来完成。考虑到不同印刷品，字符颜色、粗细、种类等千差万别，完全依靠手工建模，存在着工作量大、操作烦琐、容易疲劳且带有很大的主观性。因此，必须考虑采用智能化的方法进行字符区域自动提取。

第三节 胶印故障及分析

平版胶印由于采用水墨相斥原理进行印刷，涉及物理和化学反应，加之胶印机的高速、多色、自动化发展，对工艺技术越来越高的要求，以及对印刷质量的更高要求，印刷过程中发生的印刷故障也越来越多、种类越来越复杂，不仅影响到印刷品的印刷质量，而且影响印刷生产效率。因此，胶印技师既要有一定的文化水平和专业知识，更要清楚各种胶印故障产生的原因，积累一定的操作经验，想出解决印刷故障的方法，培养自己快速排除胶印故障的能力，才能适应越来越高的胶印生产要求。

一、胶印故障类型

胶印工艺是传统印刷工艺中最为复杂的印刷工艺，胶印故障也是印刷故障最复杂的。有些胶印操作工频繁遇到各种各样的印刷故障，也有些操作工则一直没有遇上某些印刷故障，原因在于他们操作的胶印机不同，如有的是进口胶印机，有的是国产胶印机；从事的印活类型不同，如有的是报纸胶印，有的是商轮胶印；使用的印刷材料不同，如有的是铜版纸，有的是新闻纸。总之，世上没有一模一样的胶印故障，也就没有一模一样的解决方法。所以，我们列出胶印常见的各种类型故障，供大家学习参考，帮助大家发现故障、思考原因、检测验证、试验证实和顺利解决胶印故障。

1. 印刷材料故障

（1）纸张故障

故障表象：纸张收缩变形、荷叶边、紧边、弓皱、折角、掉粉掉毛、拉毛、静电等。

可能原因：环境温湿度变化、版面上水偏大、叼牙叼力不均、表面强度低、油墨黏性过大、印刷速度偏快等。

（2）油墨故障

故障表象：墨膜玻璃化、印迹干燥慢、印张背面粘脏、油墨泛色、花版、糊版、堆墨、粉化、湿逆套印等。

可能原因：油墨过度干燥、油墨过度乳化、纸张吸收性差、油墨辅料过量、油墨过于稀薄、印刷压力偏小、油墨黏度偏低、油墨颜料比重偏大、连结料结膜性不佳、纸张过度吸收、油墨黏度递增、色序不合理、印刷压力递增等。

（3）胶辊故障

故障表象：网点清晰度不佳、墨辊影迹、串墨影迹、实地块印迹不匀、墨辊脱墨、墨辊白杠、水墨辊调节不良等。

可能原因：墨辊硬度偏低、墨辊弯曲、墨辊表面龟裂、墨辊上粘纸毛、串墨量偏小、墨辊光滑老化等。

2. 印刷工艺故障

（1）印刷压力故障

故障表象：印迹墨杠、振动墨杠、印迹白杠、纵向重影、横向重影、AB 重影等。

可能原因：滚筒齿轮磨损严重、滚筒轴承磨损严重、印压压力偏大、着墨辊压力偏大、墨辊间压力偏大、着水辊压力偏大、串水辊传动齿轮磨损严重、滚筒离合压不当、橡皮布未绷紧、印版未绷紧、印压版压偏大、叼纸压调节不良、滚筒横向窜动、纸张荷叶边、压印滚筒叼纸牙磨损、双倍径传纸滚筒结构等。

（2）水墨平衡故障

故障表象：版面起脏、印版花版、印版糊版等。

可能原因：印版处理不佳、水辊压力偏小、油墨化水严重、印压版压偏大、着墨辊老化、着水辊压力偏大、着墨辊压力偏大、纸张脱粉脱毛严重、油墨流动性不足、油墨颜料颗粒粗大、油墨过于稀薄、油墨燥油添加过多、橡皮布绷紧程度不够等。

（3）油墨干燥故障

故障表象：背面粘脏、印迹干燥偏慢、印迹粉化、墨膜光泽不佳、墨膜划伤等。

可能原因：油墨干燥不良、满版实地印刷、润湿液偏酸性、版面水大墨大、环境湿度偏大、燥油用量过少、印刷压力偏小、墨膜干燥偏快等。

（4）印刷套准故障

故障表象：纵向套印不准、横向套印不准、递纸套印不准、拖梢套印不准等。

可能原因：输纸不良、进纸定位偏晚、侧规工作时间不准、叼纸牙叼力不足、输纸歪斜、规矩部件故障、压印滚筒纵向位移、叼纸压牙轴磨损、纸张表面过于光滑、侧规工作问题、压印滚筒轴向窜动、侧规调节不良、叼纸牙开闭时间不一致、纸张调湿处理不佳、环境温湿度调节不当、多色印版歪斜、印版衬垫不准确等。

（5）胶印色偏故障

故障表象：整版色偏、局部色偏、套印色偏等。

可能原因：三色彩色油墨不匹配、不同批号油墨、色序安排不合理、印前处理不良、油墨黏度偏低、印刷压力偏大、网点增大不均、油墨叠印不良、各色水墨平衡不均等。

3. 印刷机械故障

（1）单张纸飞达机构故障

故障表象：出现空张、双张、输纸不平等。

可能原因：纸堆高度过低；松纸吹嘴设定过低、吹风量过大，纸张因裁切发生粘连，纸张静电；第一张纸被分离后，纸张下的吹风量过大或过小，松纸吹嘴排列不齐等。

（2）单张纸定位机构故障

故障表象：前规、侧规定位不齐。

可能原因：输纸板前端压纸片下的间隙不足、过大，纸张的叼口或纸尾不平直；纸张裁切不成矩形，侧规压纸板与纸张之间的间隙过大或过小，侧规拉纸时间不合适等。

（3）单张纸递纸机构故障

故障表象：套印不准、局部重影、纸张起皱、剥皮等。

可能原因：脏污导致牙垫糊死出现死牙；开牙机构缺乏润滑，导致开闭不灵活；开牙弹簧老化，叼力下降；与侧规及滚筒交接时间不正确等。

（4）卷筒纸给纸故障

故障表象：纸带断裂、纸带波动、纸带不平整等。

可能原因：纸张缺陷，张力设定过大而纸带张力过小，纸卷失圆导致周期性跳动，纸卷制动器过热引起抱闸；纸带在导纸辊和固定辊之间不是直线运行，导纸辊圆度误差；纸带横向材质不均一，纸卷存储带来两端紧边或松弛等。

（5）输墨机构故障

故障表象：水平墨杠、供墨不均匀、印刷品油墨密度下降等。

可能原因：着墨辊与印版接触压力过大，着墨辊轴向间隙过大，着墨辊打滑；墨辊脱墨，油墨在墨辊表面堆积，墨辊或橡皮布被纸张纸毛脏污，墨辊轴向弯曲；输墨系统下墨不足，油墨在墨辊上堆积，墨辊被纸毛、纸粉污染等。

（6）印刷机构故障

故障表象：齿轮墨杠、非齿轮墨杠、压印不均、半彩半白等。

可能原因：印刷滚筒直径误差导致的表面速差，压力不当，齿轮缺陷或齿隙中有污物；滚筒轴承磨损，滚筒间压力过大，橡皮滚筒上橡皮布松弛；滚筒加工缺陷，橡皮布厚度不匀，滚筒安装不平行，肩铁脏污；离合压机构离合时间不对等。

（7）干燥冷却装置故障

故障表象：油墨干燥不良、收纸蹭脏等。

可能原因：干燥温度设定偏低或干燥温度与印刷加速度不匹配，干燥箱内气流流动速度偏低，冷却滚筒内部矿物质聚集降低冷却水流通量导致冷却能力不足；干燥温度设置不佳，冷却水温度或循环流动速度不够等。

（8）收纸装置故障

故障表象：收纸不齐、印刷品粘脏等。

可能原因：齐纸板拍纸位置设置不当，收纸开牙放纸时间不对，收纸牙排叼牙放纸出现问题；喷粉嘴养护不当带来喷粉故障，收纸线路上防蹭脏装置工作不良等。

印刷故障可能发生在印前环节的图文处理、分色制版、数字打样、色彩管理，也可能发生在印刷环节的印刷材料、印刷设备和印刷工艺，无论哪个大环节或者小环节，都可能直接反映在印刷过程中，表现为降低印刷效率、浪费印刷材料、产生印刷废品、增加印刷成本，以及最终反映在印刷品上，表现为印刷品的尺寸、位置、文字图表、图像的大大小小故障，造成主观和客观的印刷质量下降。所以，胶印工艺的印刷故障是较多的，也是诸多工艺环节、材料、设备印刷故障的累计。技师的技能要求是能够快速抓住故障表象，善于动脑分析，勇于尝试探索，及时解决问题，逐步总结经验，提高技术水平。

二、胶印故障原因

1.胶印材料因素

胶印材料主要有纸张、油墨、印版、橡皮布及衬垫等，各种材料都要符合胶印工艺的印刷适性，否则就会出现各种胶印故障。

对于胶印纸张，纸张的纤维类型、处理方法、抄纸工艺、造纸方法以及后续处理，都会影响纸张的印刷适性，从而产生不同的胶印纸张，如新闻纸、书写纸、胶版纸和铜版纸等。代表纸张不同特点的技术性能指标，包括物理性能指标、光学性能指标、化学性能指标、印刷适性指标。其中，与胶印适性密切相关的指标有克重、紧度、抗拉强度、表面确度、伸缩性、白度、吸收性、平滑度、光泽度、pH 等。如果纸张性能不适合印刷要求，即纸张印刷适性不佳，将会产生印刷故障。

印刷油墨是用来表现图像形象和色彩的材料，是一种塑性流体。胶印要求的油墨印刷适性指标主要有颜色、细度、黏度、黏性、触变性、流动度、固着性、干燥性、着色率，以及耐酸、耐碱、耐水、耐光、耐热等性能，主要表现在印刷过程中的工艺性、印刷后墨膜的呈色性、光泽度、耐抗性等。只要油墨性能出现问题，必然产生印刷故障。

印版是图文印刷的载体，通过印版将有形的文字、图形和图像表现在印刷承印物上。胶印印版通过复杂的制版工艺形成亲油的图文部分和亲水的非图文部分，其印刷适性表现为印版的外观质量，如印版擦伤、划伤、折痕、凹凸不平、粘有异物、表面氧化等；印版网点质量，如网点发毛、发虚、有白点、亲油性不佳、文字、线条断笔缺画；以及影响图像阶调层次的网点增大、印版过深或过浅。无论是印版在制作、保存还是使用环节出现问题，必然导致印刷品质量故障。

橡皮布也是油墨转移的载体，既要求能有效接受油墨，又要求能够充分转移油墨，对其的印刷适性要求很高。印刷橡皮布的选用不合理，将会产生显著的工艺故障和质量故障。

2. 胶印设备因素

胶印设备是印刷过程的最重要载体之一，其设计、制造、安装、调试、维护保养、维修各个环节的微小不当，都会直接导致印刷故障。如胶印机的设计不合理、制造工艺不精密、安装工艺不精准、设备调试不到位、维护保养不及时、设备维修不给力，都会导致印刷过程的工艺故障和印刷品的质量故障。一般印刷过程中，印刷设备的机电故障最多，特别是处于磨合期的全新印刷设备，以及使用较多年限的陈旧印刷设备。还要特别注意曾经发生过严重事故的胶印机。

3. 胶印工艺因素

传统胶印工艺是模拟印刷工艺，其主要职能是通过印刷压力顺利地转移油墨，但还需要借助润湿液完成此项工作。印刷过程中也需要印版、橡皮布、胶印机等必要生产载体。所以，涉及图文印刷的胶印工艺因素有水墨平衡、印刷压力、印刷色序、印刷套印、油墨干燥等。只要其中任何一个印刷工艺环节出现问题，必将产生印刷工艺故障和印刷品质量故障。

4. 其他因素

实际上，影响印刷工艺过程的因素很多，或大或小地都会造成一些印刷故障。如印刷环境的温湿度、粉尘，印刷胶辊、衬垫，操作人员的技术水平和负责程度，印刷质量的监控制度和执行程度等。只有了解印刷故障产生的原因，清楚印刷故障产生的要素，才能采取针对性的措施，有效地解决或消除印刷故障。

三、胶印故障排除方法

胶印工艺是目前各种传统印刷工艺中最为复杂的印刷工艺，其印刷原理依靠水墨平衡等化学原理，采用黏稠油墨，依靠长墨路多墨辊转移油墨，印版上的油墨借助弹性橡皮布间接转移。胶印机结构复杂，胶印工艺操作要求高，胶印质量不易稳定一致，工作过程随机可变因素较多，使得操作人员发现胶印故障之后，只能采取尝试的办法，依靠运气逐步积累解决胶印故障的经验，这也是为何胶印机的领机往往需要近十年的操作经验，才能从容应对胶印故障。

如果只是依靠操作经验积累，不能科学分析和判断胶印故障产生的可能原因、部位、程度、后果，那么知识学习就失去了作用。某种胶印故障一旦发生，可能有几十种原因，如何入手分析故障问题的表象，寻找发生故障的可能原因，少走弯路或不走弯路，尽快检查出故障并排除，从而避免浪费工时，减少材料消耗，降低故障成本，提高生产效率，才是解决胶印故障的最佳方法。

1. 分析法

分析法是指根据故障产生的时间、部位、条件、形状四个方面进行分析的方法，是找出故障原因速度最快的方法。具体就是将这四个方面的主观因素逐项列出，然后进行综合分析，使得许多故障能够迎刃而解。分析法需要操作者对活件、材料、设备和工艺相当了解，能够采用排除法排除可能性较小的原因，从故障的表象直接抓住最主要的原因，进而顺利解决故障。

2. 检测法

检测法是指利用放大镜、千分尺、百分表、同径仪、振动示波仪、密度仪等工具和检测仪器，对胶印故障进行观察，对机件进行检查和测量，从而找出故障的原因。该方法常用于检测印刷品上杠子、重影、网点空虚等质量故障。检测法要求操作者熟练使用检测工具和检测仪器，了解检测标准和方法，熟知检测结果与胶印故障之间的联系，利用检测结果探索故障原因。检测法解决故障所需的时间比分析法要长许多，一般在采用检测法之前，尽量先用分析法仔细分析，再对其中 1 ~ 2 个可能原因进行必要的检测，找出可能的故障原因和解决方法。检验法应按照先易后难的顺序进行。

3. 试验法

试验法是指某些故障无法采用工具或检测仪器检测，只能在胶印机上实地进行试验，从而找出解决故障的方法。这种方法主要适合于缺乏胶印实践的新操作工或不具备综合分析能力的操作人员，因为试验法是在实际生产设备上进行，不仅占用胶印机的有效工作时间，而且浪费宝贵的印刷材料，给生产带来一定的损失。试验法成功解决故障后，操作者可以积累经验，有利于逐步提高技术水平。试验法通常对新印活、新材料、新设备和新工艺应用时的胶印故障解决较为有效。

总之，胶印生产中的各种故障，提倡采用分析法或检测法，运用科学、理智的思路找出故障产生的原因，进而予以解决。遇到较为复杂的胶印故障，要综合运用分析法和检测法，分析之后再检测，检测之后再分析，以便又快又好地检查和排除胶印故障。

第五章
印刷管理

第一节　印刷工艺管理

对于技师的要求是通过长期的实践和学习，较好地掌握了印刷工艺、设备、材料等方面的知识与技能，能及时地解决理论与实践、管理与现场操作的矛盾，使管理更有针对性、实用性、指导性。

工艺管理是生产管理的重要组成部分，贯串生产管理的全过程，工艺管理规范、合理，将会提高生产管理的综合效益。平版印刷工艺管理主要包括以下几个方面。

一、印前工艺管理

印前工艺管理是平版印刷工艺管理最重要的环节，因为它制约着整个平版印刷生产过程。

1. 与客户沟通、初步制订印刷工艺方案

客户在印刷企业首先接触的是生产经营人员，当客户询价欲提交印刷活件时，生产经营人员应该热情接待。如果客户确定加工意愿，那么就必须充分了解客户的要求，介绍本企业的设备、印刷样品以及员工素质，使客户对本企业有一定的认识，坚定自己的选择。然后对客户提供的原稿、原版、电子文件的质量及原材料情况要全面了解，仔细核查，对能否达到客户要求的质量目标，满足使用要求，做出正确判断，发现问题应及时解决纠正，与客户协商初步制定出印刷工艺及生产作业时间表。对精细和高难度产品，工艺部门要先会同相关生产部门完成样本的预制，才能批量生产，杜绝盲目、凭想象施工。

作为生产调度的指导性生产通知单，贯串于整个生产环节，其内容主要有印前、印刷、印后的作业参数、质量要求、注意事项等。

2. 印前工艺设计

印前工艺设计是一项指导性和技术性很强的工作，它基本确定了彩色印刷品的复制质量及生产成本。

（1）印前工艺设计的意义

①印前工艺设计是彩色图像复制按数据化、规范化、标准化生产的重要技术手

段，是稳定和提高复制质量的关键。

②印前工艺设计是彩色图像复制中技术要点、规范操作、各工序协调的综合，是设备调整、人员组织、统一生产管理的依据。

③印前工艺设计可以使彩色图像复制，从传统经验管理向现代管理转变，形成生产管理科学化和计算机自动化生产管理的新格局。

（2）印前工艺设计的作用

①指导各工序的作业。

②可作为生产过程的依据。

③数据化、标准化管理的依据。

④新工艺研制的依据。

⑤质量检测和控制的基础。

（3）印前工艺设计的原则

彩色复制是由原稿、设备、操作者素质所决定的，所以，印前工艺设计要根据产品特点、客户的要求，从本企业实际出发，对本企业设备情况和操作人员的生产习惯要综合考虑，生产工艺的制定原则是在保证质量的前提下，提高生产效率，降低生产成本，缩短生产周期。

（4）印前工艺设计的内容

① 编制工艺文件与规程

* 建立各生产工序技术规范和控制参数。
* 建立各种数据的记录和分析方法。
* 建立生产工艺数据化、规范化、标准化的指令系统。

② 制定工艺操作数据及操作规范

* 各工序操作数据测试，最优数据的协调，选配和调整。
* 对各工序规范操作的监督。
* 制定各工序质量技术标准和生产控制参数。

3. 计算机管理

平版印刷工艺一旦确定后，就要将印刷工艺内容编成程序，通过计算机网络系统传递到各个工序，这是现代印刷企业管理的方法。而传统的工艺管理方式是用生产通知单实施，生产通知单是操作的指令，必须理解后执行。由于企业的生产结构不同，生产通知单内容可能是全部的，也可能是分段的，分段实施要处理好上下接口问题。

4. 印前作业管理

在印前作业中要执行标准化，因为印前的作业影响到印刷、印后的作业，所以标准化是现代印刷工艺管理的方向，贯串整个印刷过程。

（1）标准化的基本概念

所谓标准是指为了取得最佳的经济和社会效益，依据科学技术和实践经验的综合效果，在充分协商的基础上，对经济技术活动中具有多样性、相关特征的重复事物，以特定程序和特定形式颁发的统一规定。而标准化是以制定标准和贯彻标准为主要内容的全部活动过程。其主要特点是：

①实践性。标准是实践经验的总结，标准化的效果只有通过在实践中贯彻执行才

能获得。

②权威性。标准是技术法规，是必须共同遵守的准则和依据。

③一致性。全面考虑有关方面的意见，才使制定的标准得到认可。

④技术先进性。坚持在标准中采用先进的科学技术，并随着生产技术的发展不断修订。

（2）标准化管理

所谓印刷工艺的标准化管理，就是要精心做好各工序的标准化、数据化管理，在此基础上建立各工序设备的特性文件，这样才能准确地进行色空间转换。

标准化管理的程序是：首先根据客户要求的质量标准，制定承印物、油墨等原辅材料的标准，还有设备、环境光源、检测的标准并制定标准化管理文件；其次严格按照作业指导书进行规范化操作，特别关注控制点及控制要素。另外，在标准和规范化的基础上进行量化，凡是可用数据表示的内容，都要通过测试手段，尽可能用数据表示，三者相辅相成，从而达到稳定的质量标准。

（3）色彩管理的基本概念

色彩管理是在整个图像复制的工艺流程中，按照印刷工艺标准化的原则，对色彩信息进行正确解释和处理的应用技术。它是将色彩处理、控制技术和相应的软、硬件结合起来，简化控制与操作，轻松、准确、迅速地完成彩色复制。色彩管理系统还能在完成生产任务的同时，减少工作时间和材料支出量。它可让操作者在不同的输入、输出设备上进行色彩搭配。

色彩管理的任务是解决图像色彩在空间上的数据转换问题，实现各设备之间的最佳色彩匹配，使图像色彩在整个制作过程中失真最少。

色彩管理的目标是在整个印刷过程中对色彩传递进行精确的控制与管理，真正做到色彩再现与所使用的设备无关，即相同的色彩数据，用任何系统输出，都会获得理想的色彩复制效果。

色彩管理的实施过程有三个要素：设备校正（Calibration）、特性化（Characterization）和色彩转换（Conversion），它们是色彩管理的三个核心。

（4）印前作业要点

图像技术处理是复制的基础和关键，印前作业应注意以下几点：

①根据客户要求，修复原稿的缺陷，并确定图文尺寸，这项工作需要特别细心，因为图像尺寸贯串于印刷的整个过程中。

②根据印刷材料适性，做好内置的灰平衡曲线，设置好颜色校正量，以标准的黑白场定标，做到扫描的标准化还原。

③认真执行灰平衡、阶调复制、色彩校正、锐度增强的标准，力求做到灰平衡还原准确，充分利用网点阶调的最佳实地密度值，达到色彩鲜艳饱和。锐度增强，使图像清晰、质感细腻。

④为了使印刷品层次更加丰富，对印刷工艺阶调的非线性传递做补偿处理。

⑤调节并掌握制版过程中的工艺参数。

⑥无论是传统打样还是数码打样都应以原稿为准。

二、印刷工艺管理

印前制版结束后，后续交由印刷车间来完成印刷工作。当生产通知单通过计算机页面下达到印刷车间后，车间调度人员首先要认真审核，如有疑问，需要立即与印前工段长联系，不得擅自做主。若是重点活件则必须与车间主任、工段长及质量管理员共同商定印刷工艺。

1. 选择印刷设备

根据印刷活件的相关参数要求选择好印刷设备。

2. 配备印刷材料

配备印刷材料时应与客户及印前工艺要求一致。如果客户自带承印材料，操作者一定要熟悉该材料的印刷适性。根据承印物确定油墨，如果配备的是 UV 油墨，则一定要配相应的墨辊及 UV 灯管与之适应，同时还要选择配制相应的润湿液。

3. 印刷过程注意要点

在印刷过程中，操作者必须规范操作，并注意以下几点：

①做好印前准备工作，减少辅助时间。

②根据样张或原稿排好色序，千万不能返工。

③在标准光源下对比观察印样与签样的差别。

④在套印准确的基础上控制好色差及网点的变化。

⑤控制好水墨平衡。

⑥如果设备出现故障，要冷静处理，决不能误操作。

第二节　印刷材料管理

所谓印刷材料管理，是生产作业的前期准备，以确保产品质量，控制成本，使交货期符合合同规定所进行的物资采购与保管等相关活动。

印刷企业做好材料管理可以增加可供使用的资源，减少损失，防止浪费，提高企业的经济效益。

一、建立完善的库存管理体系

1. 控制好材料品质、价格

对于印刷所使用的纸张、油墨等主要材料，原则上应该尽量使用优质材料，采购部门在采购时一定要事先做好调研，对主要材料的品质、性能、数据了如指掌，并能做适性实验，在此基础上根据本企业的设备情况，资金承受能力适当选择。

选择辅助材料时，同样要慎重。因为辅料出问题会导致印刷操作出现困难，印刷机的工作速度大幅下降，费时费力，生产效率降低。所以采购辅料也要经过严格的检查筛选以及经过实际生产的检验。

材料采购费用在企业经济指标中具有重要地位，其费用占到全部流动资金的30%到40%；材料成本对印刷企业而言是生产成本最大的费用，所以，材料的采购价格是非常重要的管理项目。在采购材料的过程中，要善于利用价格磋商的手段，来降低材料买入价格，进而降低买入成本。例如，可以指定一家公司特供订货，通过集中大量采购的方式来降低价格，也可以让多家公司竞争之后再进行选择性购买。这些需要根据实际情况灵活调整。

在材料使用部门实施价格管理，具体地讲，当材料使用部门凭借材料出库单从仓库领取材料时，也要把材料价格作为一个要素做成表格进行管理，让使用材料者明白购买价格、材料性能，以便掌握材料使用方法，杜绝浪费，节约材料费用。

2. 完善库存管理

按库存材料性质划分，可分为原主材料、辅助材料、备件等几大类别，印刷企业可根据自身行业的特点和生产实际需要设置相关材料的最低储备量，来满足生产需要，同时还可以提高资金的利用率，但是对于企业生产需求量大、要求相对稳定的材料，在保证生产的同时，还应该鼓励采购部门适当提高采购量来减少材料的单位成本。

材料入库要验收把关，绝不能让假冒伪劣材料进入库房。同时签好入库单，库存管理要对材料的种类、用途标识清楚，以便及时核对。同理，材料出库要有详细的出库单。

建立完善的存货盘点制度，企业供应部门要建立库存物资定期盘点制度，清查可按正常物资、超储积压物资、盘亏或盘盈物资、报废物资等项目填列存货清查明细表，并注明原因。对不良物资及时进行清查，以盘活库存资金，减少库存量。

在印刷材料管理的整个过程中要应用计算机，提高企业信息化程度，加强库存管理的透明度，要搭建现代化信息平台，供应、生产、采购财务实现数据的共享是十分必要的，这样管理部门可以及时掌握库存材料的变动情况，从而加大采购物资的审核力度。

二、常用材料库存管理

1. 纸张

纸张的保存和管理应坚持先入先出的原则，根据入库时间的先后顺序来使用纸张，库存时间长的纸张应先使用，从而减少库存时间。由于纸张和其他商品一样，都存在保质期问题，库存时间长就会老化变质，外观和内在的理化性能质量都会发生变化。

纸张储存仓库应保持卫生，干燥通风，避光防潮。单张纸应一律平放，不能竖立。纸垛需离地垫放，不得靠近墙面，以防通风不良或受潮。

卷筒纸的堆垛不应过高，且一定要竖立放置，防止压坏纸边或筒芯，破坏卷筒纸的圆柱度。

拆包后的纸张特别要注意避免阳光较长时间的直接照射，以免含水量急剧下降而引起变形，且长时间照射纸色稳定性会发生变化，促使纸质变硬、变脆、发黄，导致早期"老化"，严重时印刷无法使用。所以，纸张拆包后，应尽可能在短期内分切、印刷。切好的纸张如果不能马上使用，要做好标识，避免混淆，同时对不同规格或不同丝缕及正、反面不同的纸张都应分开堆放，且也要有标识，不能碰撞，妥善放置。

生产现场一定要控制好温度和湿度，纸张对温度不像对湿度那样敏感，但当温度超过38℃时，机械强度会明显下降，涂料纸还极易发生纸张相互粘连的情况，以致涂层脱落。

2. 油墨

油墨入库前，要检查标识、标号，同类的油墨要集中堆放。油墨存储一定要注意库房的温度和湿度，要远离暖气、窗户。对于没有用完的油墨要及时处理，不能堆积。

3. 橡皮布

正确认识橡皮布的结构及各种特性。

对于新橡皮布，应仔细检查，确定橡皮布的类型、长度、宽度和厚度，把橡皮布存放在圆筒中或纸箱里，这样使橡皮布免受日光照射，避免意外变形或损伤，切勿将过多的橡皮布存放在一起，以免造成擦痕或起皱。如果必须平放，要将橡皮布胶面对胶面，用防护罩盖住，以免灰尘进入，同时存放在阴凉干燥洁净的地方。

4. 其他印刷材料

（1）印刷墨辊

为了保证印刷机运转正常，备用墨辊不要储存过多。因为橡胶的老化是始终存在的。墨辊要储放在没有日光直晒、干燥、清洁而凉爽的地方，避免过度潮湿或过热。墨辊应该在轴颈端平直架好，并且表面不要相互接触或与其他表面接触，原来的外包装不要拆开，到使用时再拆开。要建立循环取用制度，以保证先收到先用，这样可以防止墨辊储存期过长。另外，墨辊不应存放在邻近大型电动机、发电机的地方，因为这些设备产生的大量臭氧会使墨辊表面老化而裂开。

（2）化学材料

印刷中有时要用到化学材料，这些材料一定要单独存放，而且必须密封，以免污染库房，影响其他材料。

第三节　印刷设备管理

一、设备管理

1. 设备管理的定义

设备管理是以设备为研究对象，追求设备综合效率，应用一系列理论、方法，通过一系列技术、经济、组织措施，对设备的物质运动和价值运动进行全过程（从规划、设计、选型、购置、安装、验收、使用、保养、维修、改造、更新直至报废）的科学型管理。

2. 设备管理的意义

通过合理运用设备技术经济方法，综合设备管理、工程技术和财务经营等手段，使设备寿命周期内的费用/效益比（费效比）达到最佳的程度，即设备资产综合效益最大化。

3. 设备管理的主要任务

设备管理的任务就是要提高工厂技术设备素质，充分发挥设备效能，保障工厂设备完好，取得良好设备投资效益。

二、印刷设备的管理

1. 印刷设备管理的重要性

印刷设备是生产力的重要组成，是印刷企业生产的核心装备，也是印刷企业最大的资产。印刷设备的技术状况，不仅关系到企业产品质量的好坏，也影响着企业的经济效益。

现代印刷设备日趋自动化、大型化和智能化，传统的设备管理模式已难以适应现代化生产设备的管理。现代设备综合管理是对设备寿命周期全过程的管理，包括选择设备、正确使用设备、维护修理设备以及更新改造设备全过程的管理工作。设备管理既包括设备的技术管理，又包括设备的经济管理，设备的技术管理与经济管理有机联系、相互统一。

2. 印刷设备管理的主要内容

现代印刷企业的设备管理囊括了设备的选购、生产、报废全生命周期的全过程管理。具体包括：

（1）按照技术先进、经济合理的原则正确选购印刷设备。

（2）合理使用，保证机器设备始终处于最优的技术状态。

（3）重视并做好设备挖掘、革新、改造，提高设备的现代化水平。

（4）做好设备的维护保养与维修，在设备维修技术的把握、选择、判断等方面具备专业性。

（5）做好设备的资产管理。

三、印刷设备的利用率

1. 设备利用率的计算

设备利用率是表明设备在数量、时间和生产能力等方面利用状况的指标。主要可分为实有设备利用率和实用设备利用率。

（1）实有设备利用率

$$实有设备利用率 = \frac{实用设备数量}{实有设备数量} \times 100\%$$

实有设备是指已列入企业固定资产清册中的设备。通常包括企业自有或租用的已安装设备、未安装设备和修理中的设备，而不包括报废、出租设备和尚未运达企业的设备。

（2）实用设备利用率

实用设备利用率一般采用"设备时间利用率"、"设备能力利用率"和"设备综合利用率"三个指标来表示。

$$设备时间利用率 = \frac{设备的实际工作小时数数量}{设备的最大可能工作小时数数量} \times 100\%$$

$$设备能力利用率 = \frac{设备在单位时间内平均的实际生产量}{设备在单位时间内最大可能产品} \times 100\%$$

$$设备综合利用率 = \frac{设备实际生产总量}{设备的最大可能产品} \times 100\%$$

设备的综合利用率也可以用设备时间利用率与设备能力利用率的乘积来表示。

2. 提高设备利用率的措施

提高设备利用率是提高印刷企业经济效益的重要目标，而提高设备利用率的措施则是实现这一目标的重要内容。

（1）设备效率

设备效率指的是可利用的操作时间的百分比与设备性能百分比和合格产品的百分比的比率。换句话说，设备的实际性能必须包括设备可操作和生产合格产品的实际时间，设备在生产中的实际性能和设备生产的合格产品的数量。所谓合格产品，也就是客户可以接受的产品。

印刷设备利用率低下的六大因素是：设备故障造成的停机；设备设置和调整的非生产时间（印刷准备时间）；设备空转和短暂停机；降低运转速度；生产有缺陷的产品和降低设备的产量（开机造成的损失）。

① 设备故障造成的停机损失

设备故障有两种基本类型：偶发性故障和经常性故障。

偶发性故障造成的停机，在时间发生上非常突然，始料不及。偶发性故障通常会造成一台设备的完全停机。虽然在通常情况下，偶发性故障及其损失很少出现，但后果却非常严重，经常会导致设备的机械和电子部件受到损坏。采取纠正措施，把设备恢复到正常的运行状态是解决偶发性故障的关键所在。

经常性故障造成的停机，造成的时间损失比较小，但是发生的频率非常高。经常性故障一般是由于设备、工具、材料和操作方法存在缺陷所造成的。经常性故障通常存在不止一个潜在原因，发生频率高，每次出现故障时造成的时间损失不大，对其很难量化。经常性故障发生时，经理和操作人员能够很快使设备恢复运行。因此，管理者和生产人员通常把这种故障看作生产过程中不可控的变量而接受。

经常性故障的发生频率不断增加，将造成更多的偶发性故障，并极有可能是重大故障的预兆。消除设备故障造成的停机，将提高设备的利用率。另外，任何设备故障造成的停机减少，将获得更多的生产利用时间，即提高设备的利用率。

② 设备的设置和调整造成的非生产时间损失（印刷准备时间）

现在，印刷活件的印数正在变得更少，印刷商用于印刷准备（makeready）的时间越来越多。印刷机或设备印刷准备时间指的是机器在生产一份印活的最后一张合格印张到下一个印活的第一张合格印张之间损失的时间。针对印刷准备工作最有效的系统是快速换模法，关注的主要问题有两个：一是尽量把内部印刷准备时间（设备停机时间）转换到外部印刷准备时间（设备运转时间）或预先准备时间（Premakeready）上；二是减少符合印活达到套准、图像尺寸、颜色和裁切位置等有关印刷质量所需的调整时间，从而缩短印刷准备过程。如果使一台普通印刷机所需的印刷准备时间从两个小时减少到一个小时，就能节省出 60 分钟的潜在生产时间，将会提高设备利用率。

③ 设备空转和短暂停机造成的时间损失

设备空转和短暂停机是造成印刷机停机的另外两个可能性较大的原因。当设备的生产过程被很小的装置故障、欠佳的设备设置或材料异常所打断时，就会发生短暂停机，如实际生产过程中的印刷机上纸不好、给纸装置出错、换纸或纸卷（输纸和收纸）、卷筒纸折页机或切纸机卡纸、清洗印版和橡皮布、清洗润版系统、清洗粘脏的传感器、更换损坏的纸带等情况。另外，设备外部操作的低效率也会导致设备的短暂停机，如等待材料、印活信息不完全、不清楚或遗漏的印活信息、等待客户签样、材料采购不足等。

印刷企业经常不把这些临时停机看作设备故障，这也是为何在如此长的时间内，这类故障一直在发生的原因。一般情况下，通过更换材料、重新设置印刷机部件、降低印刷机的运转速度等办法，使印刷机恢复到正常生产状态是完全可以做到的。虽然短暂停机能够很容易地得到解决，但是却极大地阻碍了设备的有效运转。短暂停机常常容易被企业管理者忽视，其最主要的原因就是它们难以进行量化。因此，短暂停机对设备操作的影响程度通常无人知晓。

使用印刷机上不断增强的自动化技术，如自动换版装置、自动橡皮布清洗装置、自动辊子清洗装置，用计算机控制印刷的套准、上墨，输入印版扫描、数字油墨特性描述文件，采用闭环密度分光光度计系统等，对于消除设备的短暂停机问题是十分必要的。

④ 降低生产运转速度造成的速度损失

设备没有能够按其指定的生产速度运转，设备速度较低也是设备的利用率损失。设备速度降低被定义为设备生产商的设备额定速度和设备在正常生产过程中的实际运转速度之间的差值。印刷商的主要目标是使设备的实际生产速度更加接近设备最佳或可能的额定速度。造成设备的运转速度低于额定速度的原因有很多，其中包括印张斑纹、尺寸和套印精度不好等质量问题，水性上光干燥缓慢、UV 干燥缓慢、印张或书帖的收纸困难、输纸困难、纸张拉毛等工艺问题或材料问题，印刷机调整的机械问题等，以及担心设备过大磨损和对印刷质量的无效监测。只要适当提高印刷机的生产速度，也许就能够及时发现隐藏的问题，通过解决问题而提高设备生产速度，提高设备利用率。

⑤ 产品合格率造成的设备有效生产损失

产品合格率涉及印刷设备产出的印刷残品，以及由此造成的设备产量降低。产品合格率是指在所有生产产品中去掉不合格产品之后所剩的可接受的合格产品。

残品是一个令人烦恼的生产损失，有缺陷的成品所造成的损失包括材料、人员、设备、资金和时间等，处理不合格产品也需要人员、工具、时间和资金，并且会产生由于产品缺陷造成的生产瓶颈，使生产流程受阻。材料和劳动力成本应该被看作单独损失，应想方设法加以集中消除。

⑥ 设备产量降低造成的设备有效生产损失（开机损失）

设备开机损失的特征表现为印刷准备工作完成和正式印张生产开始计数后的时间损失和材料损失。设备经常需要在减速或低速状态下运转，进行纸堆中的残品（色偏、印版上脏、印张粘脏、折页位置变化等）识别，并从收纸台上取出并加以处置。同时，还要进行套印调整和颜色纠正，以稳定印刷生产运行。影响开机损失的因素包括设备的状态、材料是否合适，操作程序制定是否合理，以及操作人员的知识和技能。开机损失通常表现得相当隐蔽，但所造成的损失数量却往往很高。由于人们基本上已经把开机损失看作生产过程中的一个变量，所以大多数印刷商对开机损失几乎不太关注。

一旦了解了印刷设备的有效性、性能和产品合格率的概念及控制因素后，如何提高设备的实际利用率也就清楚了。造成印刷设备利用率六大损失的主要原因和设备无效的核心因素是设备管理者缺乏对效率的综合理解能力，未能克服不良的操作控制、缺乏针对性的培训和教育计划，不规范的操作技术和缺乏针对管理者和操作人员的标准操作程序。

（2）全面提高印刷设备生产利用率

① 提高印刷设备生产利用率的基本思路

全面提高印刷设备生产利用率的基本思路是：实现设备效率的最大化；制订彻底有效的设备预防性维护计划；建立持续改进设备利用率的实施小组；在企业内实施全面生产质量管理和激励政策。

在企业的生产过程中，制定并实施全面的设备生产保养，其设备生产保养战略主要包括：

- 设备性能的恢复和终止继续损坏。把设备恢复到符合原始设计和操作规范的性能状态，消除导致设备损坏的操作和环境因素。
- 追求设备理想的使用条件。持续改进设备操作水平，以超过行业和制造商推荐的条件进行印刷生产。
- 改进印刷准备工作，减少调整过程。在所有生产设备上实施快速印刷准备程序，采用印活更换（印刷准备）最有效的快速换模系统。
- 减少内部和最终的印刷残次品。消除内部生产的缺陷，如不完整的印活工作单信息、胶片、打样、制版和材料等，减少印刷和印后产品的缺陷，如废品率设置、图像尺寸和套印不准问题、印版上脏、背面蹭脏、油墨或上光抗摩擦性差、侧规控制不佳等工艺操作因素。
- 扩展操作人员的维护技能。寻求设备制造商的帮助，扩展设备维护人员和操作人员自主预防性的有效维护技能，制订一个切实有效的培训和教育计划，提高印刷操作人员的实际技能水平。
- 进行设备预防性维护分析。组建一个小组关注和制订有效的预防性维护计划。这个小组应该涵盖企业内的高层和中层管理人员、支持人员、所有班次的设备操作人员、设备制造商的技术支持人员等各级人员。小组的工作目标就是印刷设备的零故障。

②印刷设备利用率的最终目标是设备零故障

设备故障可以分为两个基本类型：操作失败故障和可减少的操作故障。

操作失败故障的特点是突然发生，大都是设备的机械/电子故障。一旦发生这种故障，设备的生产就会完全停止。如印刷机的凸轮从动件失灵、印刷机给纸装置的气泵失灵等。操作失败故障还包括设备加速老化以及不当的操作。

可减少的操作故障的特点是产品缺陷和短暂停机。这种故障不会造成设备的完全停机，但会引起设备效率的降低。

所有印刷商都期望实现设备零故障的最终目标，但是，现实情况是行业中只有少数印刷商的确真正在想方设法使其操作的每一台设备实现零故障。那些致力于实现零故障的印刷商通常十分关注设备的自主保养，如为实现恰当的设备维护而制定的设备操作程序，记录有效、切实的实际操作程序，清晰必需的设备状态，实行有效的设备操作，正确处理设备故障的产生原因等。实际上，就是企业的所有部门都必须实施自主保养，实现全面生产保养。

③印刷设备的自主保养维护

为了消除印刷设备的六大损失，必须制定并实施实现设备效率最大化的程序，即自主保养维护程序。

在自主保养中，设备操作人员和维护人员的任务和工作已交织在一起。设备操作人员的职责已经从原来的设备清洁和润滑工作扩展为防止设备故障。

自主维护要求设备操作人员成为维护部门的耳目。在每周对设备进行清洁和润滑保养时，必须检查所清洁和润滑的所有设备部件的老化和故障。操作人员能够处理和接触设备的每一个部件，可以寻找振动、不寻常噪声、不正常温度以及不牢固部件等产生的原因。在润滑主要设备部件时，及时去除灰尘、铁锈和其他污染物，可以大大减缓设备的老化。如果发现任何反常现象，就应记录并转交维护部门，区分优先次序并采取纠正措施。印刷设备的自主保养维护包括：

* 维持基本的设备状态

包括有效的清洁，适当的润滑，检查和进行正确的部件安装，保持螺栓的紧密配合、设置和连接。去除设备部件和装置内的灰尘和杂质污染物，保持设备的整洁。把润滑剂加到指定的设备部件上，使部件运转顺畅。

* 对运动机构和连接部件进行正确的检查

正确的检查能够帮助减少设备故障发生的频率。把对特殊设备部件的检查视为清洗过程的一部分，就会发现潜在的问题，如连接螺栓、叼纸牙排中的零件松动，最终就会引起损坏，甚至可能引起设备的整体操作故障。连接部件的松动会导致操作失常，从而造成设备的不正常摇动和振动。不正常的操作传送机构就可能造成不合格产品的产生。这些不正常的运动和振动可能会引起其他运动机构和连接部件的松弛和失常，从而引起不同设备部件灾难性的故障。

设备的运动机构和连接部件没有得到良好的维护，还会加快机械系统的老化，造成设备使用寿命的缩短。对印刷机上各部件也应该进行定期检查，包括像皮滚筒与印版滚筒及压印滚筒之间的压力、水墨辊的状态和装配情况、润版液的化学性质和温度、进纸装置和侧规的工作状况、收纸情况（卡纸或掉纸）、印版油墨上脏情况，以及一切特殊的噪声。设备操作人员所发现的任何异常必须记录在维护和操作人员的日志、维护申请表上，然后由管理和维护人员快速制定并执行纠正措施。

* 保持设备部件的正确设置

设备部件的正确设置将提高印刷机的印刷准备效率。快速的印刷准备取决于尽量减少装置的调整。对印刷机进行正确的设置，可使下一个活件在调整最少的情况下达到规范要求。

高质量的制版和快速、准确地上版将提高印刷准备速度，并使机器部件过度运转所造成的印刷机老化问题降至最小。正确的印刷压力包括选择合适的印版和橡皮布包衬，推荐的印版滚筒与橡皮布滚筒之间的压力，以及承印物和橡皮布之间适当的压力，以保证在网点增大最小的情况下实现正确的油墨图像转移。使着墨辊和着水辊保持正确的设置和状态，就能使辊子老化降至最小，并实现印刷机上有效的水墨控制。墨斗机构的操作和校准不良将延缓达到颜色匹配的时间，实质上是延长了印刷准备的时间。印刷准备的目标就是"第一张印张取得成功"。

- 保持设备运转状态

保持设备运转状态是指保持设备发挥最佳的设计潜能的状态。印刷机的计算机控制系统和电子控制面板的环境必须得到适当的维护，以预防设备部件发生故障。如温度和湿度应该保持在设备制造商建议的范围内，振动必须保持在设备设计的最小限定范围内，并且还要防止灰尘和喷粉等杂质的污染。采用空气过滤系统使空气中的纸粉和喷粉降至最低。印刷车间的环境必须保持与设备友好的温度和湿度。操作人员和维护人员如果没有对设备进行正确的调整和保养，设备就将处于不佳的状态，极大地加快设备的老化。

由于设备操作人员与设备朝夕相处，所以他们的行为非常重要。保持基本的设备状态（清洁、检查和润滑）及日常的监视和检查，将有助于防止设备的老化。

第四节　印刷质量管理

一、平版印刷品的等级评定

1. 影响图像质量的因素

图像质量是指以特定应用为目标，图像内容与特性符合相关标准，包括美学、技术、一致性三个因素。

（1）美学因素

印刷品是视觉产品，人们在对印刷品质量进行评价时，第一感受是印刷品的美学效果。设计时的字体，美术图案的色彩设计，图像位置，版面编排以及对纸张、油墨的选择等都与印刷品的美学效果有关。

（2）技术因素

技术因素渗透在印刷生产的各个工序中，在制版、印刷设备及印刷材料特性限定的范围内，尽可能忠实再现设计内容。印刷品质量的技术特性主要包括图像清晰度、色彩与阶调再现程度、光泽度和质感等。

（3）一致性因素

一致性因素是印刷中质量稳定性的主要问题，包括水墨平衡下的墨量的变化、网点的形态发展变化及由各种因素引起的印刷图文整体前后不一致，印刷质量就可能前后不一致。

2. 印刷产品质量等级的划分原则

本标准采用 CY/T 2—1999《印刷产品质量评价和分等导则》。依据该标准，可以科学地分析和评价产品质量水平，建立宏观评价质量和指标体系。其中，产品质量等级品率是该指标体系的主导指标，是产品质量水平的综合反映。

印刷产品质量水平划分为优等品、一等品和合格品三个等级。

（1）优等品

优等品的质量标准必须达到国际先进水平，实物质量水平与国外同类产品相比达到近五年内的先进水平。

（2）一等品

一等品的质量标准必须达到国际一般水平，实物质量水平应达到国际同类产品的一般水平或国内先进水平。

（3）合格品

按我国一般水平标准（国家标准、行业标准、地方标准或企业标准）组织生产，实物质量水平必须达到相应标准的要求。

3. 印刷产品质量等级的评定原则

（1）印刷产品质量等级的评定，主要依据印刷产品的标准水平和实物质量指标的检测结果。

（2）印刷产品质量等级的评定，由行业归口部门统一负责，并按国家统计部门的要求，按期上报统计结果。

- 优等品和一等品等级的确认，须有国家级检测中心、行业专职检验机构或受国家、行业委托的检验机构出具的实物质量水平的检验证明；合格品由企业检验判定。
- 印刷产品质量等级评定工作中标准水平的确认，须有部级或部级以上标准化机构出具的证明。
- 经国家、行业检验机构证明印刷产品的实物质量水平确已达到相应的等级水平，才可列入等级品率的统计范围。

（3）为使印刷产品实物质量水平达到相应的等级要求，企业应具有生产相应等级产品的质量保证能力。

4. 印刷产品标准水平的划分原则

（1）印刷产品标准水平划分为国际先进水平标准、国际一般水平标准和国内一般水平标准三个等级。

- 国际先进水平标准，是指标准综合水平达到国际先进的现行标准水平。
- 国际一般水平标准，是指标准综合水平达到国际一般的现行标准水平。
- 国内一般水平标准，是指标准水平虽然达不到国际先进和国际一般两个等级标准水平，但是符合中华人民共和国标准化法的规定，达到仍在使用的现行标准水平。

（2）标准综合水平是指对标准中规定的与产品质量相关的各项要求的综合评价。

对比标准的水平，也是指综合水平，不应将各国标准的高指标拼凑在一个标准中。

（3）标准水平的对比对象为现行的国际标准或国外先进标准。

无对比对象的标准水平的确认，采取与国际、国外类似标准对比的方法，完全取决于我国资源优势的标准，如其最低一级产品技术要求不低于国外先进标准的水平，即认为具有国际先进水平的标准，不低于国际一般水平，即认为具有国际一般水平的标准，也可与收集到的国外实物进行对比。

（4）与印刷产品质量相关的指标中任一项关键指标达不到国际先进标准水平或国际一般标准水平的，则不能认为是具有国际先进水平的标准或国际一般水平的标准。

二、印刷品质量管理

质量是企业的生存基础，质量管理是一个企业的基础管理，是企业的生命线，是企业管理的重中之重，就印刷企业而言，质量管理的难点在于过程控制，这是由印刷企业本身所决定的。

1. 印刷工序产品质量标准的制定

在进行质量管理的时候，到底执行国家标准、行业标准还是企业标准，一般来说，应根据企业的生产、技术设备和管理水平而定，原则上制定一个标准，这样做的优点是：

- 可以在员工的思想中形成固定的质量标准，强化质量意识。
- 执行标准等于给产品加上一个保险系数。
- 可打造核心竞争力。
- 国家标准和行业标准都具有效力。

在实际生产中，未必任何活件都必须套用国家标准和行业标准。例如，质量要求极为苛刻的高档精细印刷产品，还有创新设计的个性化产品以及印量极少的馈赠珍藏品。它们的质量标准就需要重新制定高于国家标准和行业标准的企业标准。而该标准是企业针对自身的情况和技术质量水平制定的，仅适用于本企业的标准，具体做法是：

（1）与客户沟通，充分了解客户的要求，虚心听取客户的意见，耐心细致地为客户介绍印刷加工的全过程，使客户放心。

（2）制定科学、合理、完善的生产工艺，并细化、贯串于整个生产环节，内容包括：质量标准，印前、印刷、印后的作业参数，注意事项等。

（3）要针对本企业情况组织制定企业产品质量标准。根据生产工艺质量标准，检查设备、材料以及合理调配机台操作人员，严密监控印刷全过程。

（4）印刷品质量管理标准来源于印刷实践，绝非空中楼阁。所以，一定要通晓印刷品质量控制的全过程。

2. 印刷品质量的控制

印刷工序是一个承上启下的工序，在原稿确定的前提下，产品质量既受到印前的影响又受到印后的制约。所以，印刷工序产品质量的控制必然与印前、印后有关。

（1）印前环节

印前是印刷品质量控制的第一关，所以，制版操作者要高度重视，认真做好以下各项工作：

①整理原稿

原稿的质量决定着印刷品的质量，所以，整理原稿是一项很重要的工作。原稿分为适用原稿、非适用原稿、不能复制的原稿。适用原稿的要求是：

- 密度范围为 0.3 ~ 2.8，亮、中、暗调层次丰富。
- 图像清晰度高。
- 画面色彩平衡、鲜艳。
- 图像细腻、干净、整洁。
- 原件平整、无破损、划痕，几何尺寸稳定。

②用色彩管理的程序进行阶调复制

③规范制版操作

（2）印刷环节

印刷品质量管理是一项烦琐而又细致的工作，尤其是在印刷方面，影响印刷品质量的因素实在是太多，但综合起来，可以总结为两种因素，即客观与主观因素。客观因素包括印刷材料、印刷设备、印刷环境、印刷工艺。而印刷操作者的技术素质则是主观因素。印刷工艺在印前已经设计完毕，它在印刷执行过程中的作用是对印刷过程进行监督、约束与评判，是不可改变的。所以，通常在印刷作业中不予过多考虑。

①影响印刷的客观因素

影响印刷品质量的客观因素主要是由印刷材料、印刷设备以及印刷环境等因素组成。这些因素有一个共性，就是可以用客观评述方法进行要求、规定。

印刷材料的性能将对印刷产生直接影响。印前设计人员和印刷操作者，在印刷之前要掌握各种印刷材料的性能与印刷适性，规避可能对印刷造成影响的因素，发现对印刷具有积极作用的特性。众多印刷产品对印刷效果的要求不尽相同，包装印刷产品一般要求颜色亮丽，而书刊印刷产品要求颜色柔和不刺眼，在选择印刷材料时要注意客户对印刷产品效果的需求，找出适合印刷的各类材料，例如一般印刷品光泽均随纸张吸收能力的增强而降低，即非涂料纸表面的吸收能力比涂料纸强，所以，同等情况下，非涂料纸印刷品的色彩，光泽均比涂料纸差。在印刷纸张的选用上，如果以印刷质量为标准，涂料纸（铜版纸）优先，轻涂纸次之，胶版纸最后。即使要全盘考虑，也不能为降低成本，随意使用低劣纸张。另外，在选择油墨、纸张、橡皮布时，要区分印刷产品是一般产品还是精细产品，是室内产品还是室外产品，是包装产品还是书刊产品，对不同种类的印刷产品，一定要关注印刷材料的性能指标，以便针对性地进行选择。

但是印迹干燥受环境温度、湿度的影响较大。当相对湿度低于 60% 时，湿度的变化对油墨干燥的影响不明显，但当相对湿度高于 80% 时，油墨干燥时间则会延长。

印刷设备对印刷质量的影响是比较大的，同一批印件在不同档次的胶印机上印刷，会得到不同的印刷质量，所以，印刷车间的生产调度人员应根据印件来选择设备，在选择设备时要注意生产过程中相关设备的正常运转率，各类辅助设备的投入以及相互的匹配关系是否达到要求，因为这些都会对印刷产品质量产生一定影响。

当然，操作者对设备是不能选择的，但要对设备的完好率及正常运转率负责。如果设备经常出现故障，将无法完全发挥出设备的各项功用，印刷出来的半成品将会出现各种质量缺陷，从而无法保证产品的最终质量，而这也正是保证设备正常运转率的关键所在。

印刷环境包括温度、湿度、尘埃度以及有无光照等诸多因素，这些因素将会影响印刷产品质量。在胶印中，尤其是单张纸胶印中，环境湿度的变化将直接导致纸张吸湿或是解湿，造成纸张变形，影响印刷过程的输纸与套印，使印刷产品质量降低；温度的变化以及印刷环境尘埃度的大小对于胶印中的油墨与纸张的各项性能也有一定的影响，会对印刷产品表面油墨层干燥与色彩均匀等质量要求产生不同程度的影响，使印刷产品质量出现不同程度的降低。

在印刷过程以及对印刷产品进行加工的各项工序中，要尽量保证环境温度、湿度的恒定，降低空气中的尘埃度，这样可以保证最终印刷产品质量稳定。

② 影响印刷的主观因素

影响印刷的主观因素只有操作者这一个因素，它对印刷产品质量将产生深远的影响。因为操作者直接左右着印刷的全过程，对印刷的客观因素施加着一定影响。不同操作者的技术水准、经验等各项综合素质也不尽相同，这些都将导致印刷产品质量参差不齐。由此来看，影响印刷的主观因素是一项不易控制的因素，在影响印刷产品质量的各项因素中，操作者这个内因是一项最主要的因素。在印刷过程中，操作者一定要规范操作，控制好水墨平衡与机器速度，尽量减少辅助时间，提高工作效率，控制好印刷质量。

（3）印后环节

任何一件包装或书刊印刷产品，大都是由几道或是十几道印后加工工序完成的，这些工序包括装订、上光、烫金、模切等，影响印后加工的因素和影响印刷的因素基本相同。

印后加工的对象是印刷半成品，它们经印后加工完成后，即作为商品与消费者见面。所以，印后加工一定要严格执行印前工艺制定的质量标准，在具体实施过程中一定要规范操作，杜绝不合格产品出厂。

3. 印刷质量管理措施

制定印刷质量管理措施是一项严肃、慎重的工作，其目的就是要提高印刷产品质量。所以，任何一个印刷企业都要结合本企业的实际状况，制定出保证质量的管理措施，并认真贯彻执行。在做这方面的工作时，应注意以下几个方面：

（1）树立"质量第一"的意识

"质量第一"是质量管理的指导原则，也是企业管理的主要内容，它是衡量印刷企业道德是否高尚的标准；它是励行节约，提高企业经济效益的重要途径，也是企业兴衰荣辱的关键，直接关系到企业员工的经济利益。所以，认真贯彻这一方针要靠经常的思想教育，现场说法，让员工牢固树立"质量第一"的意识。

（2）健全质量管理的基础工作

① 做好有关质量情况的原始记录工作

原始记录是通过填写对生产经营活动所做的最初直接记录，如产量、质量及设备运转等情况。原始记录要做到"数据准确、时间及时、情况完整"。

②做好测试和计量工作

在生产过程中做好测试和计量工作是认真执行质量标准，保证产品质量的重要手段，是企业管理的一项基础工作。

③重视标准化工作

标准化工作包括两方面的内容，一是技术标准，二是管理标准。要求所有员工都必须按照标准从事工作。

④要有严格的质量责任制

印刷工程是一个复杂的工艺过程，影响产品的质量因素很多，所以，必须要有严格的质量责任制，明确工作中的具体任务和责任，做到职责明确。

（3）加强现场管理

现场管理是保证和提高产品质量的关键。

①严格控制生产工艺过程

影响印刷产品质量的五大因素是：材料、设备、工艺、环境与操作。把五大因素切实有效地控制好，及时消除不良因素，就能保证产品质量的优良。

②定期综合分析，掌握质量动态

定期综合分析就是要认真查看原始记录，根据质量指标，寻找产品质量的缺陷，发现废品产生和变化的规律，以采取技术和组织措施，减少或杜绝废品。

③做好质量检验

检验是企业质量管理必不可少的内容，是保证产品质量最基本的职能。检验的内容包括进厂的原材料、生产过程中的机器设备、工艺装备、工艺规程、加工方式、半成品、成品及外包装等。检验的方法通常是预检、中间检验和最后检验。

（4）强化技能培训

培训是一种企业文化，是质量管理的一种方式。一般根据企业的情况来确定，有时全员培训，有时进行针对性的培训。其目的包括：

①提高专业理论水平

随着科技的发展，现代印刷业无论是材料、工艺、设备及自动控制技术都发生了很大的变化，所以，一定要注意专业理论知识的学习，不断更新知识，才能掌握和了解新工艺、新设备、新技术、新材料，才能跟上时代的步伐，才能胜任工作，产品质量才有保证。

②提高操作水平

现在新的设备，无论是结构还是控制技术都是超前的，所以，没有娴熟的操作水平和高超的技艺是做不出好活的，因此，既要认真学习理论又要提高操作水平。

第六章
印刷新技术

第一节　数字印刷技术

数字印刷是利用某种技术或工艺将数字化的图文信息直接记录在承印介质（纸张、塑料等）上，即直接将数字页面信息转换为印刷品，而不需经过包括制版在内的任何中介媒介的信息传递。数字印刷以数字信息代替传统的模拟信息，即输入的是图文信息数字流，输出的也是图文信息流，这使得数字印刷相对传统印刷而言更加灵活可控。

数字印刷的基本原理是印刷系统输入图文数字信息，在计算机上进行图文信息的创意、修改、编排，成为客户满意的数字化信息，经系统特殊输出处理，成为可控制输出设备的图文数字信息，将呈色物质（墨粉、墨水或油墨等）直接转移到承印物上的印制过程。数字印刷是一个图文输入、处理和输出完全数字化的数字化生产流程，从信息的输入到印刷、印后装订输出印刷品，都是数字流的信息处理、传递和控制的过程。

数字印刷主要采用数字成像技术，其种类很多，根据其成像的物理或化学原理，可分为以下几种：喷墨成像、静电成像、磁成像和热成像等。其中，喷墨成像技术和静电成像技术应用最多，技术最为成熟，被广泛地用于数字印刷系统中。

一、喷墨成像印刷技术

1. 喷墨印刷的原理

喷墨印刷是一种无接触、无压力、无印版的印刷复制技术。它具有无版数码印刷的共同特征，可实现"可变数据"印刷。喷墨印刷技术省去了传统印刷方法所需的制版设备、胶片以及印版等耗材，而且能在不同材质以及不同厚度的平面、曲面和球面等异型承印物上印刷，不受承印表面的限制。

喷墨印刷技术的基本原理是先将电子计算机存储的图文信息输入喷墨设备，再通过特殊的装置，在电子计算机的控制下，计算出相应通道的墨量，由喷墨成像装置向承印物表面喷射雾状的墨滴，根据电荷效应在承印物表面再现稳定的图文信息，生成最终的印刷品，如图6-1所示。

喷墨印刷的方式有20多种，按墨水喷射是否连续可分为连续喷墨和按需喷墨两类。

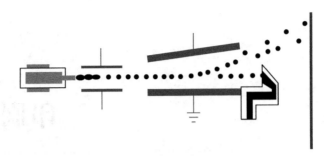

图 6-1　喷墨印刷原理

（1）连续喷墨技术

连续喷墨技术的基本原理是在设备工作期间，墨水在墨滴发生器的作用下从喷嘴连续不断地喷射出去，被引导进入充电电极之间分裂成细小的墨滴，并同时带上相同的电荷；带电墨滴进入偏转电场，依靠其在偏转电场中偏转幅度的不同，或被墨滴收集器捕获进入循环回路并最终被送回墨滴发生器供重复使用，或发生偏转避开墨滴发生器最终到达承印物表面形成图文。

连续喷墨印刷系统的印刷速度较快，但结构比较复杂，需要加压装置、充电电极和偏转电场，终端要有墨滴回收和循环装置，在墨水循环过程中需要设置过滤器来去除混入的杂质和气体等。

（2）按需喷墨技术

顾名思义，按需喷墨技术只在图文部分喷出墨滴，而在空白部分则没有墨滴喷出。这种喷射方式无须对墨滴进行带电处理，也就无须配备充电电极和偏转电场，所以喷墨头结构简单，可以使用多嘴喷头来达到更高的输出质量；通过脉冲控制，容易实现数字化；但按需喷墨的墨滴喷射速度较低。常见的按需喷墨技术有热发泡喷墨、压电喷墨和静电喷墨 3 种类型。

①热发泡喷墨技术

热发泡喷墨技术是在加热脉冲（记录信号）的作用下，使喷头上的加热元件温度积聚而急剧上升，将其附近的油墨溶剂汽化生成许多小气泡，随着温度的上升，气泡体积不断增加，到一定的程度时，气泡内部的压力将使油墨从喷嘴喷射出去，到达承印物表面再现图文信息。

②压电喷墨技术

压电喷墨技术是在喷墨头附近放置许多小型的压电陶瓷，压电晶体在电场的作用下会发生变形，达到一定程度时，墨水会借助于变形所产生的能量从喷嘴中喷出，图文数据信号控制压电晶体的变形量，进而控制喷墨量的多少。

③静电喷墨技术

静电喷墨技术应用于印刷中，其主要工作原理是在喷墨系统与承印物之间形成强度合适的静电场，该静电场与喷嘴口的墨水表面张力形成平衡。当图像信号控制的脉冲改变静电场时，静电场的变化导致喷嘴口墨水表面张力的失衡，在静电场吸引力的作用下，墨滴从喷嘴中喷射出去，到达承印物表面形成图文。

2. 喷墨数字印刷应用

喷墨印刷的分辨率很高，印刷质量接近于照片。因此，喷墨印刷能够制作彩色透明或不透明的图片，也能制作书刊、报纸校样以及彩色图像校样等，如果将喷墨印刷机连接于通信设备，还可进行远距离图文的传输。由于喷墨印刷机的幅面越来越宽，近年来利用喷墨印刷机制作大幅面的印刷品被广泛地应用于广告宣传画等，因此，喷墨印刷的用途越来越广。

二、静电成像印刷技术

1. 静电成像数字印刷原理

首先在涂有光导体的滚筒式感光鼓上均匀充电，接着由计算机控制的激光束对其表面曝光，受光部分的电荷消失，未受光部分仍然携带电荷形成电荷潜像；该电荷潜像与带有相反电荷的色粉相吸着墨成像，然后转移到承印物（如纸张）上；最后通过加热定影。上述印刷过程可以分为 6 个阶段：充电、成像、着墨、转移、定影和清洁，如图 6-2 所示。

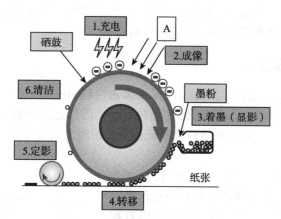

图 6-2 静电成像原理

①充电。利用电晕放电装置在涂有光导体的感光鼓表面均匀地充上一层静电，所充电荷的极性取决于光敏导体的类型，常用的光敏导体是有机光导体、OPC、单晶硅和三硒化二砷。多层涂布的有机光导体应用最广，单晶硅的应用正在增加。

②成像。由数字页面信号控制的激光对充电表面曝光后，见光部分的电荷随之消失，留下的未见光部位的电荷形成电荷潜像。

③着墨。静电成像的显影采用专门的油墨，它们可以是组分不同的粉状色粉或液体色粉。由于潜像带有电荷，着墨是通过电子潜像的电场，以非接触的方式进行，电场的作用使大小大约 5μm 的色粉微粒转移到光导鼓的潜像上，潜像着墨后显影可见。

④转移。色粉可以直接转移到纸上，也可以通过中介载体（如传导鼓或传导带）间接转移到纸上。通常是通过在转移处加以电场产生静电力，以确保光导鼓上的可见色粉影像转移到纸上。

⑤定影。刚转移到纸上的色粉不能牢固地附着在纸上，必须通过加热和加压，使油墨熔化并固定。

⑥清洁。印刷图像从光导鼓上转移到纸上之后，光导鼓上会残留有少量的电荷和色粉。要使光导鼓为下一次印刷做好准备，需要用机械或电子的方式进行表面清洁。机械的方式是利用刷子或强力吸附的方式来除去残留的色粉；电子清洁则采用对光导鼓表面施加相反电荷以中和表面残留电荷的方式清洁表面。通过清洁的光导鼓可以再次充电，准备进行下一次印刷。

2.静电成像数字印刷特点与应用

①典型的无版无压印刷方式，在成像印刷过程中，既不需要印版成像，也不需要通过压力转移油墨图文。

②可以在普通纸上成像，而且呈色剂采用颜料，与传统的胶印油墨非常相似，既可以实现黑白印刷，也可以实现彩色印刷。

③可以实现多值阶调再现，通过调节半导体二极管的发光强度，可输出不同网点强度，而得到多值图像（但范围有限）。

④印刷质量较好，其综合质量可达到中档胶印水平。

⑤印刷速度较快，其印刷速度可达到每分钟数十张至数百张。

⑥印刷成本较高，与其他成像系统比较，静电印刷的价格偏高。静电成像的价格在很大程度上取决于色粉的价格，而色粉价格偏高。

三、磁成像印刷技术

磁成像是利用磁信息记录的原理，即依靠磁性材料的磁子在外磁场的作用下定向排列，形成磁性潜影，然后再利用磁性色粉与磁性潜影之间的磁场力相互作用，完成潜影的可视化（显影），最后将磁性色粉转移到承印物上完成印刷。

1.磁成像原理

磁成像采用铁磁体（铁、钴、镍及其合金等）作为成像载体，铁磁体在没有外磁场作用时并不显示磁性，但在外磁场作用下因磁矩做有规则的排列而磁化，但受反向外磁场作用时又会发生退磁现象，如图6-3所示。在内核为非磁性的鼓体表面涂上铁镍层和钴镍磷层后，就变成了磁鼓，表现出具有铁磁体的特性。成像过程中，通过记录脉冲控制记录磁极，即将成像电信号加载到记录磁极的线圈上，外磁场使磁鼓表面被磁化；由于磁场受记录信息的控制，所以磁化部分形成与页面图文对应的磁潜像；磁潜像能吸附有磁性的记录色粉（一般为三氧化二铁），形成可视见的磁粉图像；然后再采用一定的方法，使吸

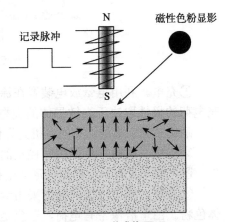

图6-3 磁成像原理

附到成像鼓上的记录色粉转移到纸张表面，并加热和固化，即完成印刷过程。磁鼓上的磁性潜像可以重复利用，印刷若干相同内容的印刷品。由于成像鼓表面涂覆的不是永久性磁铁物质，因而在转印结束后，可通过加反向磁场予以退磁，使成像鼓表面恢复到初始状态，准备为下一个印刷作业成像。

2.磁成像数字印刷特点

由于磁性色粉采用的磁性材料主要是颜色较深的三氧化二铁，所以这种成像体系一般只适合制作黑白影像，不容易实现彩色影像的再现。磁成像系统主要有以下几方面的特点：

①磁成像数字印刷可以在普通承印物上成像，采用磁性色粉颜料，多为黑白印刷。

②磁成像数字印刷可实现多阶调数字印刷，通过改变磁鼓表面的磁化强度，可印刷不同深浅的阶调（但变化范围较窄）。

③磁成像数字印刷的质量较差，其综合质量只相当于低档胶印的水平，适合于黑白文字和线条印刷。

④磁成像数字印刷速度一般为每分钟数百张。

⑤磁成像数字印刷价格较低廉。

四、热成像印刷技术

热成像数字印刷技术主要分为热转移和热升华两类。印刷油墨的载体（单张或卷筒材料）通过热能转移到承印物上，或者先将其转移到中间载体上，然后再转移到承印物上。在多色印刷中，热打印头与黑、黄、品红和青色油墨载体材料接触，并根据图文信息来控制打印头的加热元件，油墨则从载体材料上转移到纸张上。该工艺的载体材料直接与纸张或其他承印材料接触完成图像转印。为了印刷每一个颜色，需要使用与设备输出幅面相同的油墨载体材料。印刷时，载体材料只有一部分油墨转移到承印物上，而其余部分就不能再用于印刷，因此载体材料的利用率较低。热成像又可以细分为直接热成像和转移热成像，而转移热成像又可以分为热转移和热升华。

1.直接热成像

在直接热成像中承印材料都具有特殊涂层，常被称为热敏纸。当对承印材料施热时，其颜色会发生变化。这种特殊纸张常用于传真、标签和条码印刷中。

2.转移热成像

①热转移成像

热转移成像原理中（图6-4），油墨存储在载体中，被称为热转移纸。通过对载体加热使油墨转移到承印材料上。也就是部分的油墨层从载体上分离并转移到承印材料上。载体上的油墨为蜡或特殊聚合物树脂。

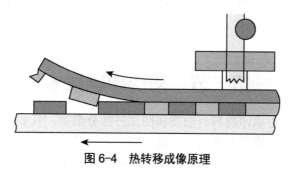

图6-4 热转移成像原理

②热升华成像

热升华成像的标准术语称为"染料扩散热转移"，它是通过加热载体上的染料油墨直接升华并扩散，从载体材料转移到承印物上，接着油墨熔化再扩散渗透到承印物中，如图6-5所示。

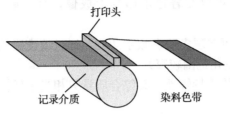

打印头

记录介质　　　　　　　　　　　　染料色带

图6-5　热升华成像原理

热升华需要具有专门涂层的承印材料来接收扩散的色料。一般单张或卷筒型的油墨载体厚度约为10μm，其中墨层本身厚度约为3μm，还有约为2μm的保护层。保护层可以起到更好地传递来自成像系统的热能的作用，并防止损伤载体材料。卷筒型的油墨载体上按照印刷顺序排列每个印刷的颜色，一般在彩色印刷中先转移青、品红、黄三色，其后再叠印黑色。

油墨载体也可以采用单张材料的形式，采用专门的输入装置进入印刷单元。在热升华印刷中，承印材料的涂层与载体材料油墨层必须匹配，染料才能扩散到承印物中。在热转移印刷中，承印材料与载体材料始终保持接触，而在热升华印刷中，接收层和油墨层之间存在着很小的间隙。

3. 各自特点

一般热升华和热转移的载体材料价格都要高于静电照相数字印刷的色粉和喷墨印刷系统中使用的墨水。但由于它不需要静电照相技术中提供色粉的显影装置，热打印头的设计更简单，而且系统也具有相对简单的结构。对热转移和热升华印刷进行比较可以发现，两者之间最显著的差异是在热转移中每个网点只有两个灰度值，而在热升华中每个网点可有多阶灰度，网点大小没有变化。由于热转移和热升华都是采用热能实现油墨转移，所以在一套系统中既可采用热转移处理工作方式，也可采用热升华处理工作方式。根据处理过程的需要，多种载体材料可与相同成像系统（热打印头）结合。例如，涂有蜡质的油墨载体用于热转移，而采用多层结构的油墨载体材料用于高质量热升华，以确保在扩散过程中在相同大小的网点尺寸上实现不同的灰度值。

第二节　防伪印刷技术

印刷品一般都是由承印材料、油墨和图文三部分组成，只要在任何一部分融入防伪技术，就可以实现印刷品的防伪。所以，印刷防伪技术可以归纳为防伪油墨、防伪印材和防伪图文技术。具体一件印刷产品，有可能仅仅采用了一种防伪技术，也有可能采用了多种防伪技术。

一、防伪油墨技术

防伪油墨是依赖油墨中的色料、连结料具有的特殊功能而起到防伪作用。主要有以下防伪油墨。

1. 热敏变色油墨

油墨色料随温度变化而改变颜色，防伪特征是受热时墨层颜色变化，如某种发票上印章触摸时根据手部温度而改变颜色。

2. 光敏变色油墨

油墨中加有光致变色化合物或光激活化合物，防伪特征是在阳光下无色变有色，或橘黄色变黑色，实际上是受紫外线照射本色，如某种防伪证件上的暗记印刷。

3. 湿敏变色油墨

油墨色料中含有随温度变化颜色的物质，防伪特征是干燥状态无色，潮湿状态变化为有色，颜色有限选择，如发票、标签上受湿度变化显示的防伪印记。

4. 压敏变色油墨

油墨中加有压致变色的化合物或微胶囊，防伪特征是在墨层受到硬质物件或工具的摩擦、按压下，墨迹发生化学的压力色变，如无碳复写纸等。

5. 紫外荧光油墨

油墨中加有紫外线激发可见荧光化合物，防伪特征是在紫外灯照射下墨迹发出有色可见光，如人民币防伪印刷中的紫外光照射可见的币值。

6. 红外荧光油墨

油墨中加有红外线激发可见荧光化合物，防伪特征是在红外灯照射下墨迹发出绿色可见光，如某种发票防伪印刷中的红外光照射可见标志。

7. 视觉变色油墨

油墨中的色料采用多层干涉光学碎膜，防伪特征是当改变观察角度时，墨迹颜色发生变化，当墨膜层厚控制不同时，会出现多组颜色变化，如人民币防伪印刷中的折光时可见币值颜色变化。

8. 磁记忆油墨

油墨中的色料采用磁性材料，如氧化铁和氧化铁中掺钴等，防伪特征是用磁检仪可以检出磁信号而解码，技术基础是磁性色料在磁场中可以均匀排列，如人民币防伪印刷中的磁性油墨印刷防伪线。

9. 防涂改油墨

油墨中加入对涂改具有显色化学反应的物质，如墨迹褪色、显色或变色等，防伪特征是遇到消字灵等涂改液时，防涂墨迹底纹消失或变色，如某种无碳复写纸在涂改复印数字时出现数字褪色变化。

10. 化学加密油墨

在油墨中加入设定的特殊化合物，如在不同温度、气压下有不同的编码、解码化学密写组分，防伪特征是在预定范围涂抹某种解密化学试剂后，立即显示出隐藏图文或产生荧光，如间谍传递的秘密情报，采用密写药水可以解码显色阅读。

二、防伪印材技术

防伪印材是指具有防伪功能的承印材料，如纸张、塑料和金属等，大都利用造纸、成膜和冶金加工中的特殊工艺赋予印材防伪功能。

1. 水印纸

在造纸过程中，用模板调制纸页的密度，形成透光度分布不同的图文显像。防伪特征是透光观察水印纸时，可以看见无色水印图文，如常见的百元人民币钞票上的主席头像水印和低币值人民币上的币值水印。

2. 安全线

抄纸加工时，在纸张的特定位置埋入特制材料的细线条，如金属线、各色聚酯线、缩微图文线、荧光线和磁性线等。防伪特征是对光观察时，可见一条完整的或开窗的窄条埋于纸基中，呈直线形、波浪形或锯齿形等，如新版人民币中的粗细两条防伪安全线。

3. 基因纸

利用生物具有抗原抗体特异反应原理，将微量抗原加入纸浆或纸张某一局部。防伪特征是用相应的特异性抗体与之结合，通过观察显色、荧光等标记物反应的有无进行判别，如在生物分析和检测中使用的 DNA 折纸。

4. 无荧光纸

严格选择纸浆原料，去除其中荧光物质的纸张。防伪特征是在紫外线照射下无任何荧光反应，因此较容易显现出附加暗记的荧光图文，如某些证件防伪纸。

5. 视角变色箔

具有多层光学镀膜，揭起时产生的应力导致反射波长的变化，以不同角度观察有多种颜色。其防伪特征是原有深色表面被揭起后，显现出暗藏的图文，如一些高档印刷品上的不干胶商标。

6. 揭显镂空膜

指松紧受隐蔽图文调制的复合图层结构，有镀铝和不镀铝之分。防伪特征是揭起显现出阴阳相对、内容相同的两图文，如一些高档印刷品上的烫箔商标。

7. 核微孔膜

在聚酯膜上用重离子辐射形成的微孔结构，有图文调制微孔膜和全微孔膜之分。防伪特征是其微孔膜结构的图文能够渗墨、染色和使滴水消失。

8. 光学回反膜

表面光学镀膜和玻璃微珠涂层，具有光学回反显像功能。防伪特征是在白光源照明下，沿入射光线的方向可观察到回反图像。如灯下观察时，彩色图文消失，隐形图文显现。

9. 分子标记

通过氢气和重氢气互换，产生一个重的同位素双分子对作为标记。防伪特征是用高精密光学质谱仪可以清晰地检测、追踪为数稀少的标记，精度达百万分之一。

三、防伪图文处理技术

防伪图文是指具有防止伪造和假冒功能的图像和文字，它不仅包括常规图文印刷，还包括非常规印刷获得的图文，这些图文都具有易识别、难仿冒的防伪功能。

1. 折光潜影

利用横竖不同的凹印线条对不同入射光角度产生的反射效应，在同一部位印刷两种图文。防伪特征是对着光源平放眼前，凸起的横线因反光及阴影成为可见图文，否则只能见到竖条图文。特点是线条精度高，胶印或复印的图文没有折光作用，如老版人民币正面右上角的币值折光潜影。

2. 安全底纹

采用计算机图形设计系统，通过线条及图形的变换组合制作出复杂的图案，有对折线、矩形、圆、椭圆、正弦曲线、多边形、Bezier 曲线等基本图形。防伪特征是创造出对象混合、带色扭索变形、浮雕图文、不透明纽结体等底纹图案，如防伪证件、人民币钞票等都有安全底纹。

3. 隐形图像

利用雕刻制版的线条深浅的多变性或增加细微的特征，隐藏潜在的图文。防伪特征就是粗看为一种图形，仔细看发现还隐藏着另一种或多种图形、图像，使人产生错觉。这种隐藏图形在照相制版或扫描仿制时，图形会发生变形、模糊不清或特征消失，如色弱色盲检查所用的隐藏图形图像的图册。

4. 缩微印刷

又称微小字符印刷，是指将特定的图像和文字以缩微的方式印刷到承印材料表面，缩微的图文只有通过放大镜或显微镜才能将其清晰再现。缩微的特点是能以"字"代"线"，一条细细的线段，仔细看却是由文字构成的，因此缩微印刷对印刷技术有极高的要求。

缩微印刷是一种在纸币、银行支票以及其他有价印刷品和证件上广泛使用的防伪技术。在纸币或者其他一些印刷品上的不起眼的地方，通常都会使用缩微印刷技术，一些文字使用极小的字号来印刷，以致肉眼很难辨认。

5. 多色叠印

在接线印刷的基础上，再用几种颜色油墨对同一图案叠印。防伪特征是叠印图案的花纹五彩缤纷、鲜艳夺目，同一线条上出现两种以上的颜色时，其变色处既不分离也不重合；这是一种高难度的胶印技术，一般难以仿制。

6. 模压全息

采用激光记录、白光下再现的浮雕型彩虹全息图技术。其防伪特征是全息图在白光照明下，能显现三维、二维图像，图案与颜色随视角变化而变化，如许多烟包上的模压全息商标。

7. 莫尔图像

利用两个周期性光栅相干涉将会产生莫尔图的原理，将用光栅调制的图文进行制版印刷。防伪特征是用光栅调制的图文呈隐蔽状态，只有当用调制光栅叠在图文上时，才会显示出莫尔图文，如新版军官证上的莫尔图像。

8. 微雕图文

利用精密微雕机或激光将图案雕刻出局部深浅不一，以原始图案的负像为数据，将图案暗处部分雕刻偏深，亮处部分雕刻偏浅。其防伪特征是印刷图案具有手感的浮雕图文，直接观察可见漫反射光线的变化。

9. 纹理图像

在纸浆中掺入有色纤维丝，形成随机分布的纹理图，然后拍摄采集，存入数据库供鉴别。防伪特征是每幅纹理图像都不会一样，可以通过电话、传真和互联网进入数据库查询真伪。

10. 查询数码

随机编码，一物一号，存入数据库，电话查询。防伪特征是电话拨号、语音验证或条形码扫描、图文验证。形式有随机码、顺序码、条形码、二维码、查询码和验证码，如电子商务中的货款支付二维码。

第三节　印刷设备新技术

一、无轴传动技术

1. 基本概念

无轴传动是指以相互独立的伺服电机驱动系统代替原有的机械长轴传动的传动方式，也被称为电子轴传动、虚拟电子轴传动、电子齿轮传动、独立驱动、无机械长轴传动等。

2. 工作原理

无轴传动系统是由中央控制台通过一定的控制方式对各个伺服模块进行同步控制，结合了同步驱动技术、电力电子学技术、计算机网络技术等的综合传动系统。无轴传动系统的各个传动轴在运动过程中不断接受电子主轴发送的数据，并将实时的运动参量反馈给机器控制器 PLC，再由控制器修正其运动参数返回给伺服电机，伺服电机的运动由软件程序控制。无轴传动系统的硬件主要由 PC 机、伺服电机、电机驱动器、运动控制器、执行机构等组成，如图 6-6 所示。

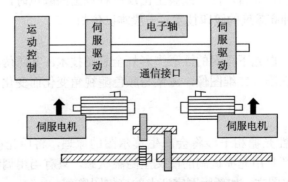

图 6-6　无轴传动系统主要硬件组成

3. 特点及应用

无轴传动系统具有简化机械结构、传动精度提高、配置灵活、使用便捷、操作方便、可实现远程诊断等优势。无轴传动系统的应用使得印刷机的设计更为简便，系统扩展更为容易，增强了机器的易操作性，降低了设备的维护成本。已广泛应用在报纸卷筒纸胶印机、软包装凹印机、卡纸凹印机、柔性版印刷机、票据印刷机、单张纸胶印机等各类印刷设备上。

二、自动上版技术

1. 基本概念

能够在印刷机机组上，通过控制台上的控制按钮或者触摸屏操作，完成印刷机自动卸版、装版的印刷机辅助装置，如图 6-7 所示。

2. 工作原理

自动上版装置主要由装版盒、输送导轨、导向辊及印版版夹开闭机构组成，如图 6-8 所示。自动上版之前，将新印版预先放入装版盒中。自动上版程序开始时，印版滚筒转至装版位置，版夹遥控打开，印版进入版头版夹内并夹紧。在数字式电位计检测控制的情况下进行印版位置的校正，同时导向辊和导轨转动并移动到靠紧版夹位置，印版滚筒转动，印版在滚筒压力和导向辊压力下紧紧包在印版滚筒上，当托梢转至版尾版夹位置时，由导轨将其压入版夹，随后遥控版夹夹紧并张紧印版。印版装完后，装版盒、导向辊和导轨均恢复到垂直位置，为下一次自动卸版做好准备。自动上版在滚筒合压状态下进行，印版在紧包滚筒体表面的状态下进行自动装版。

图 6-7　自动上版装置

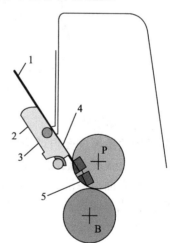

1- 新印版；2- 装版盒；3- 导向辊；4- 输送导轨；
5- 印版版夹开闭机构

图 6-8　自动上版装置主要组成

3. 特点及应用

采用印刷机自动上版方式，不仅能够实现单机组的快速装、卸印版，还能多个机组同时装、卸印版，提高印刷机的自动化水平和生产效率，提高装版的位置精度，节省印刷机调节时间，减少印刷废品率，提高印刷机生产率和企业经济效益。目前自动上版装置已成为许多高速单张纸或卷筒纸胶印机的标配。

三、自动清洗技术

1. 基本概念

利用清洗液和清洗刷、清洗布或清洗刮刀与印刷滚筒（印版滚筒、橡皮滚筒、压印滚筒）、印刷墨辊之间的轻微摩擦或刮擦，以预设程序不断将滚筒或墨辊表面的污物溶解和移除的清洗装置。

2. 工作原理

（1）墨辊自动清洗

墨辊自动清洗装置通常为喷刮方式，主要由清洗液喷洒装置、供液装置、清洗刮刀装置、离合机构、排污装置和控制装置组成，如图6-9所示。控制装置启动自动清洗程序后，供液装置加压传输清洗液到喷洒装置，由高雾化喷嘴往墨辊上喷洒清洗剂，溶解干结油墨与杂物，然后离合机构将清洗刮刀合压靠向墨辊，刮刀将墨辊上的余墨和杂物刮入排污装置，再由清水清洗后刮刀离压。

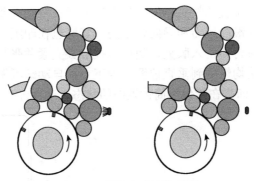

图6-9　墨辊自动清洗装置

（2）滚筒自动清洗

目前常用的滚筒表面自动清洗装置通常为清洗布式印刷滚筒自动清洗装置，如图6-10所示。当控制装置启动自动清洗程序后，带有清洗剂的清洗布在气动机构控制下靠向印刷滚筒表面，清洗布放卷机构输出干净清洗布，清洗布以线速度大于印刷滚筒表面速度的方式与印刷滚筒做同向运动，对印刷滚筒表面进行洗擦，清洗使用的脏污清洗布回收到废布卷轴上。

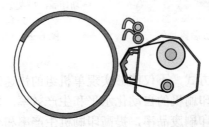

图6-10　清洗布式印刷滚筒自动清洗装置

3. 特点及应用

自动清洗装置不仅可以降低操作工人的劳动强度，还可以大大缩短清洗时间，提高生产效率，有利于短版印活。更为重要的是清洗系统具备一定的封闭性，清洗剂使用量更少，有助于减少 VOCs 的挥发。目前被越来越多的印刷企业作为清洁生产的实施方案，应用越来越广泛。

四、联线加工技术

胶印机生产线上除印刷机组外，还附加了一些有助于提高生产效率、减少废品率、提高印刷质量的联线加工技术，如上光、冷烫、检测等。

1. 联线上光

上光能够增加印品表面的平滑度，使纸呈现出更强的光泽，获得良好的印刷效果，美化产品；增强油墨的耐光性能，增加油墨层防热、防潮的能力，对印刷图文起到保护作用；提高印刷品的附加值。

联线上光是将上光机组连接于印刷机组之后，可实现印刷、上光一次完成。联线上光具有速度快，效率高，加工成本低等特点。

联线上光装置主要有两种方式：辊式上光和腔式上光。辊式上光由辊子从光油容器中取光油，与辊子采用挤压方式或不同运转速度方式控制光油的供给量，交给印版滚筒，见图 6-11。腔式上光由刮刀组成容腔，刮刀既负责给网纹辊上光油，又负责控制印版滚筒上的光油供给量，如图 6-12 所示。

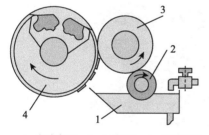
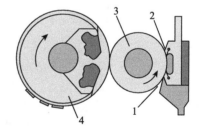

1- 光油容器；2、3- 辊子；4- 印版滚筒　　　　1、2- 刮刀；3- 网纹辊；4- 印版滚筒

图 6-11　辊式上光　　　　　　　　图 6-12　腔式上光

2. 联线冷烫印

冷烫印是利用专用胶水（油墨）将冷烫电化铝除基层以外的其他部分黏附在承印物表面，从而实现烫印的效果。冷烫印具有制版成本低、烫印精度高、烫印图文面积大、适用基材广泛、易于实现先烫后印、可联线生产、速度更快、效率高等优点。

在印刷机上增加冷烫印装置，将冷烫印与印刷联合，能够实现一次走纸完成印刷和烫印两种工艺。

联线冷烫印装置主要由印箔开卷装置、上胶装置、压印装置、收卷装置组成，如图 6-13 所示，并通过增加跳步或步进功能，最大限度地有效利用冷烫箔。

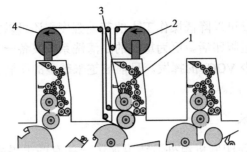

1-上胶装置；2-开卷装置；3-压印装置；4-收卷装置

图 6-13　联线冷烫印

3.联线检测

联线印品质量检测可在印刷设备上实时检测印刷品质量。不同检测装置对印刷品的检测内容有所不同。一般检测内容主要包括套印误差、色偏、重影、飞墨、墨杠、墨斑、水油和溶剂污点、刮痕、折痕、卷角、皱折、纸张破损和孔洞及其他缺陷等。

联线印品质量检测系统（图 6-14）是一种基于视觉的在线检测系统，是通过 CCD 摄像机在线扫描印品图像，然后送至内存通过图像处理软件处理，将其结果与标准数据比较，找出两者之间的差异，并分析其产生误差原因，进而重新设计参数，用于减少废品率，提高印刷质量。

图 6-14　联线印品质量检测系统

第七章
印刷理论培训

第一节 培训方法

理论培训是保证完成确定培训目的和任务所采用的方式，常用的培训方法有五种。

一、讲授法

1. 讲授法

讲授法是通过讲解向学员传输知识、技能等内容的培训方法。讲授比较依赖个人的语言基础和讲授技巧。如果没有高超的传播艺术、良好的语言基础和丰富的专业知识，讲授法会黯然失色。讲授法是一种最基本的知识培训方法。

2. 基本要求

（1）讲授内容要有科学性、系统性和思想性。

（2）讲授中要注意启发、引发学员思考。

（3）要讲求语言艺术，不仅正确表达，而且善于表达。

（4）善于设问解疑，启发学员积极的思维活动。

（5）讲授过程中辅之以其他教学手段和方法，与讲授相互补充。

3. 主要优缺点

（1）优点：传授知识系统；有利于大规模培训；对环境要求不高；有利于培训教师的发挥；费用较低。

（2）缺点：单向传授，不利于双向互动，比较枯燥；不能满足学员个性需求；培训教师水平直接影响培训效果。

二、讨论法

1. 讨论法

讨论法是在培训教师的指导下，组成学习小组，充分调动学员参与的积极性，就既定议题，通过学员与学员之间的交流发表对问题的认识和看法，进行探讨和争辩，找出个性化的解决方案，这种培训方法以学员活动为主。讨论法可分为定型讨论、自由讨论、专题讨论等形式。

2.基本要求

（1）要求培训教师选择有吸引力的讨论题目，并提前做好充分准备。

（2）培训教师要善于在讨论中启发、引导学员，围绕中心议题发言，切勿偏离主题。

（3）讨论结束后，培训教师要做好讨论小结，概括总结正确观点和系统知识，纠正错误、片面或模糊的认识，肯定学员各种意见的价值。

3.主要优缺点

（1）优点：强调学员的积极参与，有利于学员培养综合能力；多向式信息交流易于加深对知识的理解，提高运用能力；形式多样，适应性强，可针对不同的培训目的。

（2）缺点：对讨论题目和内容的准备要求高，对培训教师的要求高；要把握讨论主题的代表性、启发性和适宜的难度，还需提前将讨论题目告知培训学员，使其充分准备。

三、演示法

1.演示法

演示法是运用一定的实物和教具进行示范，让受训者掌握某项活动的方法和要领，从而掌握职业技能的培训方法。

2.基本要求

（1）做好演示前的准备。

（2）用于演示的对象要有典型性。

（3）要使学员明确演示的目的、要求和过程。

（4）通过演示，使所有学生都能清楚、准确地感知演示对象，并引导他们在感知过程中进行综合分析。

3.主要优缺点

（1）优点：为学员提供观察学习的机会；缩短理论与实践的距离；培训教师和学员可同时进行言语交流和视觉呈现。

（2）缺点：费时费力；学员的注意力容易分散，难以达到预期目标；对培训教师要求高；环境影响教学效果；演示失败会影响学员的学习状态和情绪。

四、影视培训法

1.影视培训法

影视培训法指运用影视片、光盘等方式来进行培训。它是目前印刷企业应用最广泛的培训方法。它通过组织收看、讨论再由培训教师诠释的方法进行培训。

2.基本要求

（1）应提前准备和审查影视素材，确保与教学目标相符。

（2）应避免仅仅播放而缺乏讲解，使培训陷入单调。

（3）尽可能制作或选择模块化影视素材，便于与其他培训方法交互使用。

（4）应尽可能增加互动环节，使学员加深对重点内容的理解和掌握。

3. 主要优缺点

（1）优点：充分发挥影视的优点，直观、形象、感染力强，能观察到许多过程细节，便于记忆；可以形象地表现难以用语言或文字描述的特殊情况；培训教师和学员可以共同观察现场状况，对学习目标进展给予快速的反馈。

（2）缺点：学员的反馈和实践较差，且制作和购买的成本高，内容易过时。

五、个别指导法

1. 个别指导法

个别指导法也被称为师带徒法，一般都是在工作中进行，没有课堂培训环节，学习不离岗，是一种传统的在职培训方法。

2. 基本要求

（1）教学双方签订协议，规定责任与义务，从制度上保证培训效果。

（2）培训老师（师父）是培训效果的保障，应具备优秀的品德，过硬的技术和良好的表达能力。

（3）应在讲授前对讲授内容精心准备、缜密规划，保证讲授效果。

（4）应在讲授前对讲授对象有充分的了解，做到有的放矢。

3. 主要优缺点

（1）优点：新员工可以避免盲目摸索；有利于新员工快速融入团队；消除新员工的紧张感，有利于优良传统的延续；新员工可获得相关经验。

（2）缺点：指导者可能保留自己的经验，使指导流于形式；受指导者本身水平的影响；不良的习惯会影响新员工；不利于技术创新。

第二节　教学文件的编写

教学文件是教学活动的重要组成部分，主要包括培训大纲、培训讲义、培训指导书、培训习题等教学文件。

一、编写培训大纲

1. 什么是培训大纲

培训大纲是指导培训的纲领性文件，是培训计划的具体化文件，是授课者讲授培训课程的依据、编写培训讲义的依据、学员培训考核的依据，也是培训质量检查、评估的依据。培训大纲是依据培训计划的要求，以纲要的形式规定该培训课程的地位、培训的目的和任务、培训的内容范围及选择内容的主要依据。

2. 培训大纲的基本结构

培训大纲可以分为四个部分：基本信息、培训目的、培训内容及要求和其他。

（1）基本信息

基本信息主要包括培训课程名称、培训课程简介、培训教材或培训讲义的选用。

（2）培训目的

培训目的包括培训在工作中的意义和作用，学员经过培训后需要达到的目标和要求。

（3）培训内容及要求

涉及培训的基本内容及培训内容中必须了解、理解和掌握的内容和要点。

（4）其他

其他部分包括培训作业内容和要求、培训考核方式和培训成绩评定。

二、编写培训讲义

1. 培训讲义的特点

培训讲义是培训教材的前身和基础，是教学的依据和教师授课最主要的备课资料，是学员获得知识的重要来源和学习中最重要的参考资料。培训讲义与培训教材不同，培训教材更强调教材的通用性、内容的完整性和体系上的科学性，而培训讲义则更强调内容的针对性和具有明确的目标定位。培训讲义是讲课文本的体现，但又是正规的书面语言，虽不是正式的出版物，但却有一定规模的受众，因此，同样要求体系的科学性、内容的正确性、语言的规范性和编排的合理性。

2. 培训讲义的编写方式

培训讲义可以有以下几种编写方式，即学科方式、问答方式、模块方式、自学方式、案例方式。

（1）学科式培训讲义

注重对学员学历的教育，对特定专业的理论体系教育，因此在编写内容上，强调内容的系统性、理论性和完整性。在编写形式上是传统的章节式编排方式，注重章节内容之间的联系与延续。使用这种培训讲义学习内容针对性差，学习形式适应性不强。

（2）问答式培训讲义

针对生产实际中的不同操作问题编写教学内容，采用一问一答形式，有较强的内容针对性，但将它用于周期较长的强化性技术培训，则显得内容零散，深度不足。

（3）模块式培训讲义

模块式培训讲义突出培训目标的可操作性，主张采用直线式教学方法对受训学员实施技能训练。在模块内容的编排上有较强的灵活性，适应不同的培训需求，在培训内容的选择上强调按需施教。

（4）自学式培训讲义

强调学员在学习中的主导作用及在学习中的及时反馈原则。学员在学习中可自行确定学习步骤，循序渐进地加大学习难度，并可根据练习册及测验考核册检验自己对知识的掌握程度，以便及时修正自己的学习进度。这种讲义应用在培训中可能会产生教师的主导作用与学员的主体作用相矛盾的问题。

（5）案例式培训讲义

这种培训讲义依靠的不是传统的"知识"体系，而是一个个教学案例。搜集案例素材的渠道一般有深入现场直接收集，通过学员收集，从企业内部提供的各种信息资料中收集，从教材、报纸、杂志中搜集四种主要方法和强调以能力为中心、采用模块式编写体例、与学员实际联系紧密、可操作性强四个突出特点。案例式培训是能力训练的最好载体之一。

3.培训讲义的编写要求

（1）明确受众

培训讲义不同于一般教材，有明确的受众和极强的针对性。因此，编写讲义时要始终牢记编写对象，无论是内容的选择还是表达的方式，无论是涉及的基础理论还是解决问题的具体方法，必须与培训内容和培训者密切相关。培训的目的不是将具体的工作内容做简单的重复，而是要提高受训者的基本素质和理论修养，提高实际的分析问题和解决问题的能力，不仅学会解决生产中的实际问题，还要学习新技术、新方法和新理论。

（2）确定内容

培训内容是在培训需求分析的基础上确定的，而培训讲义的内容则是根据培训内容来确定的，也是培训讲义编写的核心。在确定培训讲义的编写内容时应考虑以下几个方面作为原则。

①以岗位规范为准绳，突出针对性、实用性。岗位培训的职业性和定向性，决定了培训讲义的内容指向，岗位规范、岗位标准、工人技术等级标准、职业技能鉴定标准的具体要求和岗位生产工作的实际需要，是确定培训讲义内容深度、广度的准绳和依据。

②遵循教学规律，强调科学性。培训讲义应与教学过程有机结合，把启发式教学思想和教学方法融于其中。讲义内容应由浅入深，由易到难，由简到繁，由表及里，由特殊到一般，由基本技能、专业技能到综合技能。在学员已有的知识和技能的基础上，提出新问题，分析和解决新问题，循序渐进，使学员易于理解和掌握知识与技能。

③讲义内容必须经过认真精选和提炼，把那些符合科学规律，经过实践检验证明，适应生产工作需要，具有典型性和代表性的知识和技能编入其中，使学员能够举一反三、触类旁通。

④讲义内容具有先进性和超前性。不仅要包含当前生产工作所需要的知识和技能，还应包含未来所需要的知识和技能。适时增加有关的新技术、新工艺、新材料、新设备、新手段和新方法的内容，反映新生产技术和经营措施、新的经验和发明创造、新的工作进展和取得的成果，帮助学员增强适应能力和竞争能力。

⑤讲义内容科学、正确、准确、清楚。讲义中概念的说明、原理的表述、公式的应用都应力求正确；数据、事例的引用，现象的叙述，生产工作经验的介绍，都应认真选择、核对，有充分可靠的依据；技能、工艺必须标准、正确；示例、案例的编选应正确，并有典型性和示范性；图表正确、清晰；名词、术语、符号、代号、编码等的选用符合国家标准；计量单位采用国家法定单位。

（3）掌握原则

在编写培训讲义时，应注意知识内容的编写。知识是能力训练的基础和支持系统，没有知识就不能形成能力，所以理论知识是构成讲义内容极其重要的组成部分。第一，编写理论知识要坚持"必须"和"够用"的原则。所谓"必须"就是围绕能力训练的需要，是必不可少的理论知识，少了就说不清、学不会，没法进行能力训练；

所谓"够用"就是以满足需要为原则，不能把关系不大的，甚至可有可无的都加上，掩盖了主题。第二，编写理论知识要注意把新理论、新思想、新知识、新工艺、新技术、新方法、新的研究成果等写进去，使培训讲义具有鲜明的时代气息，增强实用性。第三，编写理论知识时，不要忽略对重要的概念和基本原理的叙述，因为这些不仅是学员必须要掌握的知识，也是与能力训练密切相关的。

（4）学会方法

在编写培训讲义时还要学会相应的编写方法，掌握撰写技巧。编写时文字表述要深入浅出、生动活泼、图文并茂、直观性强，融科学性、知识性、趣味性于一体，把抽象的内容化为具体可感的形象，把难懂的科学原理阐述清楚明白。可借助图表和实例来表述单用文字不易说清的原理、概念、技能技巧。用原理图、结构图、示意图、系统图、工艺图、立体图、表格、照片及不同的色彩，使培训讲义不仅满足内容编写要求，还具有直观、形象、生动的特点。

4. 培训讲义的主要内容

（1）课题

一般指课程的名称，课题范围。

（2）培训目的

通常是指某门课程或课程某一部分总的意图或预期要达到的结果，即要回答为什么培训的问题。

（3）培训目标

指培训计划或者单元课时所要达到的学习效果的总称，主要解决要达到什么样的标准的问题。它是在培训目的的基础上，对培训具体成效的预期。

（4）培训对象

主要为三级至五级平版印刷员（初级工、中级工、高级工）。

（5）培训时间

一般按课时计算，标准时间为 50 分钟。

（6）培训重点与难点

培训必须重点突出，难点反复讲解。

（7）培训内容

按照培训的核心和目录添加内容。

（8）板书设计

通常左板书为标题及内容要点，右板书 1/3 为图解、提示语。

（9）小结、讨论、习题

培训结束时要进行要点小结，并留出适当的时间采用互动方式讨论。

备课不仅要进行文字备课，更重要的是要进行心理备课。提倡总述—分述—总结的三段提纲式备课法。

三、编写其他教学文件

1. 教学日历

教学日历是培训课程中能够展示每一次教学内容的教学文件，是在培训课程前提供给培训人员最详细、最明确的教学计划安排。教学日历包括培训课程名称、授课时间、讲授内容、讲授者、课程教材（讲义）以及涉及培训课程的其他方面，如培训参考书、课程思考题等。教学日历是规范授课教师讲课内容和进度的规范性文件，是提供给受训者关于培训课程安排的最详细的教学文件。教学日历的形式是多种多样的，以下提供了可供参考的教学日历模板。

培训课程教学日历

培训课程名称 ___×××× ___　培训对象 ___×××/×××___

授课教师姓名 ___×××× ___　职称/职务 ___×××/×××___

培训时间 ___×××～×××___　总学时 ___×××___

培训时间	时间（小时）			讲授内容	参观/实操内容	课外作业	参考书目
	讲授	参观/实操	其他				
××（第一次培训时间）	××	××	××	××（第一次讲授内容目录）	××（内容及安排）	××（作业内容）	×××
××（第二次培训时间）	××	××	××	××（第二次讲授内容目录）	××（内容及安排）	××（作业内容）	×××
……	……	……	……	……	……	……	……

2. 练习题

练习题是用于受训者课下复习培训课程内容、检查培训效果的思考题，也可作为课前预习的指导。练习题的编写是根据培训大纲要求，参考培训讲义内容而编纂完成的。练习题反映了培训内容的重点和难点，往往涉及的都是需要学员重点掌握的知识和技能，也常常成为考核的题型和主要内容。练习题形式主要包括填空、问答、说明、论述几种常见类型。

第三节 培训课程的准备

一、教案的准备

1. 编写目的

教案是讲授者根据自己对教学内容的全面理解，为每堂培训课程制订的详细讲授计划。教案编写的目的是使讲授者明确讲授目标，熟悉讲授内容，厘清讲授重点和难点，设计讲授过程，思考讲授模式，分配讲授时间。教案的编写过程就是教学准备和教学设计的过程。

2. 编写内容

教案编写的内容是按照组织好一次课程讲授所需思考的问题而准备的。主要包括本次课程的教学内容名称、教学目标、教学的重点和难点问题，还包括教学所采用的媒体及教学过程的设计。

教学过程设计是教案中最重要的教学方案，主要包括讲授内容的顺序、教学内容设计的指导思想、所采用的教学模式和方法、教学的过程及要点、每一阶段教学所需要的时间。

3. 编写框架

正因为教案是讲授者对教学内容的深刻理解和讲授方式的独特设计，讲授的内容也千差万别，所以教案的编写是没有固定模式的。但教学中所遵循的规律是一致的，所涉及的方法也是可以借鉴的，以下给出了一种教案编写的框架，可以作为教案编写和教学活动组织的一种借鉴。

第××次课××学时（××分钟）

一、教学内容　××××（教学内容名称）
二、教学目标 （主要涉及本次课程使学员了解、掌握的主要内容）
三、教学重点 （主要涉及本次课程学员必须掌握的重点内容）
四、教学难点 （主要涉及本次课程较难理解和掌握的教学内容）
五、教学媒体 （主要涉及采用的教学表现方式）

六、教学过程

	内容顺序	设计思想	教学模式	教学过程及要点	时间安排
1	（具体内容名称）	（这一部分内容讲授的目的，与前后内容的衔接关系）	（便于理解和接受的讲解方法和表现形式）	教学过程： （教学过程中的主要教学内容） 重点讲解： （重点讲解内容）	（所需教学时间）
……	……	……	……	……	……

二、课件的准备

1. 教学课件内容

教学课件是教学讲授过程中的展示文件，是讲授者在课堂讲授之前已经准备好，在教学过程中需要使用的教学内容文件。教学课件需要根据教学内容准备好讲授中需要用到的重要文字（如定理、要点、结论等）、相关公式、图表和影像资料。

2. 教学课件表现形式

教学课件分为纸质教学课件、电子教学课件和多媒体教学课件。

（1）纸质教学课件

纸质教学课件是一种纸质文件，将讲课过程及主要内容书写在纸张上，既是讲授前的详细准备，也是讲授中的参考文件。采用纸质教学课件一般使用黑板或投影仪辅助教学，由讲授者课前设计好，在教学过程中将讲授内容的题目、要点、公式、图表等用黑板或投影仪进行展示。利用黑板或投影仪展示讲授内容，特别是黑板上推导公式、绘制图表都是在教学现场一步一步完成的，易于学员跟上讲授的内容和讲解速度，可以使讲授过程循序渐进。

（2）电子教学课件

电子教学课件是目前很常用的课件类型，是将相关的展示内容用电子文件进行制作，最为常用的是采用 PowerPoint 软件为基础制作的教学软件。由于这种电子展示文件是在教学前的准备时间完成的，教学过程中可以直接使用，大大节省了讲授辅助时间，降低了课堂讲授难度。由于有充裕的时间进行精心设计，还可以利用计算机的处理功能、展示功能和软件丰富的表现手法，提高教学内容的表现效果，增加教学信息量。电子教学课件中能够非常方便地链接视频图像、三维动画和影片，因此，增强了讲授内容的表现力，使教学内容更加生动、形象，易于理解。

（3）多媒体教学课件

多媒体课件是依托计算机技术、电视技术，将图、文、声、像等信息根据教学内容的需要有机地组合为一体，形成具有集成性、多维性、交互性特征的电子教材。这种教学课件图文并茂的特点使教学过程变得生动活泼，能够提高学员的感知水平和学习兴趣；图形演示的功能可以为讲授者提供形象的表述工具，使许多抽象的教学问题变得具体形象，提高知识的可接受性；所具有的模拟仿真功能，可以使教学中一些无法做到的演示变得轻而易举。但是多媒体课件的制作是一门集教育、技术、艺术于一体的"综合性"创作，要求制作者具有较高的素质和较强的技艺表现能力。因此，如何完美地将教学内容与媒体表现形式紧密地结合为一体，更好地服务于教学，是多媒体课件制作的核心问题。常用的多媒体制作软件有 Authorware、Toolbook、Hongtool、Director 等。

3. 授课的准备

教学课件的准备过程也正是讲授者进行课程准备的过程。教学课件的准备应包括以下主要内容。

（1）正确使用讲授方法

针对不同的课程内容和授课对象，应选用不同的讲授方法。当讲授不同内容的课程时，可选择采用课堂讲授教学、生产现场教学、录像演播教学、课堂讨论教学等教学方法；当面对不同的授课对象时，可分别或同时采用提问式、启发式、引导式等讲授方法。

（2）精心准备讲授内容

根据培训目标，应首先明确讲授内容，讲授内容应与受训者的工作内容一致。讲授内容主要来自培训教材，并汇集了多本相关参考资料内容，总结了讲授者在相关方面的知识和经验。讲授内容应在培训大纲的指引下，凝练相关理论和知识，结合实际生产问题，尽可能多地使用教学案例，做到理论联系实际。

（3）合理分配讲授时间

在确定了讲授方法和准备了讲授内容后，还必须合理规划讲授时间。理论培训是在规定的时间内完成的，因此，每一节培训课都必须在确定的时间内完成相应的培训任务。根据培训的主要内容和重点、难点问题，必须仔细划分时间，对讲授内容有科学的取舍，在规定的时间内圆满完成预定的任务。

三、教学规范

培训课程的教学规范是保证培训质量、圆满完成培训计划的重要内容。讲座中必须注意以下教学规范，主要包括教师规范、讲课形式规范、课堂规范和课后规范几个方面。

1. 教师规范

教师规范主要涉及授课教师的风范。教师是教学培训的主导，是教学活动最主要的设计者，是培训工作的主要执行者。良好的教师规范有助于学生集中精力，认真听课。在教学活动中，教师应该遵守以下规范。

（1）良好的精神面貌。课堂上精神饱满，充满激情。

（2）端庄的仪容仪表。上课时着装得体，仪态端庄。

（3）规范的语言表达。语言规范，语音、语速正常，使用普通话。

（4）正确的形体语言。正确使用形体语言，得体而不夸张，有助于课堂讲授的生动性，避免学生听课疲劳。

2. 讲课形式规范

讲课形式包括课堂讲授内容的组织、表达方式的利用和讲课手段的使用。讲课形式的规范有助于受训者对培训内容的深刻理解和良好的记忆，也是讲授者授课能力的体现。

（1）讲课系统性、完整性和条理性

每一堂的讲授内容都有很好的逻辑性，内容完整有条理，表达清晰。

（2）合理利用教学表现方法

针对不同的讲授内容，合理地采用文字、示意图、结构图、原理图、表格、三维图等形式进行表达，有助于复杂内容的理解和认识。

（3）表现形式设计合理

合理设计板书和多媒体课件，清晰、规范，方式合理。

3. 课堂规范

课堂规范的目的是掌握课堂讲授节奏，营造课堂学习氛围，提高受训者学习积极性，使课堂教学生动、活泼。

（1）掌控课堂气氛

教学内容组织合理，讲究教学艺术，贯彻启发式教学，发挥教师的主导作用，吸引受训者的关注力。

（2）把握因材施教

针对受训者特点和讲授内容的难易，采用合理的教学方法及手段，有效利用课堂教学时间，使受训者能够较好地理解教学内容。

（3）调动学习积极性

采用讨论式、研究式、案例式等教学方法，激发受训者的学习兴趣，引导积极思考，活跃课堂气氛。

4. 课后规范

课后规范主要指课后对学生的教学活动，如批改作业、答疑等。从作业获取受训者的反馈信息，对共性问题在课堂上进行必要讲解。答疑时需做到准确、耐心，有问必答，启迪受训者的思维，对一些难以解答的问题，应本着严谨的科学态度尽快查找资料后，予以答复。

第八章
绿色印刷

绿色印刷是指印刷品本身，印刷材料、工艺及装备的使用，印刷生产过程、印刷品使用、回收处理及循环利用对环境无害或损坏最小、节约资源、保障消费者和员工健康的印刷方式。即印刷品从设计、原材料选择、印刷生产、使用、回收等整个生命周期均应符合环保要求。

第一节　绿色印刷产业发展

绿色印刷既是科技发展水平的体现，同时也是替代产生环境污染和高耗能的传统印刷方式的有效手段。在国家新闻出版业"十二五"发展规划中，将实施绿色印刷作为印刷产业结构调整、转型发展的一项重点工程。

无论是国家发展的宏观需求还是最终消费者的根本需求，绿色印刷都将是未来中国印刷行业发展的主要方向，数字化、网络化、智能化将是实现绿色印刷的重要手段。

一、印刷已被列入国家大气污染防治重点行业

2012 年 9 月 27 日，国务院批复了原环境保护部制定的《重点区域大气污染防治"十二五"规划》，这是我国第一部综合性大气污染防治规划，标志着我国大气污染防治工作逐步由污染物总量控制向以改善环境质量为目标转变。环境保护部确定了工业挥发性有机物（VOCs）治理重点工程项目，包装印刷企业在列。

我国印刷业以中小企业为主，各种传统的制版、印刷、印后加工工艺仍占据很大的份额。从制版工序的胶片定影液，到印刷过程中的溶剂型油墨、酒精润湿液、溶剂型洗车水，再到印后加工中的即涂膜、装订胶黏剂、上光油等，对环境都存在着不同程度的污染。

为改善区域大气环境质量，促进印刷业工艺和污染治理技术的进步，各省市分别制定了印刷行业大气污染物排放标准，北京市环境保护局、北京市质量技术监督局于 2015 年 5 月 13 日发布了国内最严格的地方标准 DB11/1201—2015《印刷业挥发性有机物排放》。该标准规定了印刷生产活动中挥发性有机物排放的控制要求，并规定对于现

有印刷企业以及新建、改建、扩建印刷生产线建设项目的环境影响评估、环境保护设施设计、验收及其投产后的排放均需达到标准。其中，单张纸冷固胶印油墨的挥发性有机物含量限值为3%，热固胶印油墨的挥发性有机物含量限值为10%，印刷生产过程中的润湿液中醇类溶剂添加量要求≤5%，清洗剂不得使用煤油或汽油，上光油不应使用溶剂型上光油，不应使用溶剂型胶黏剂。书刊装订用胶黏剂中总挥发性有机物限量为100g/L（见HJ2541—2016《环境标志产品技术要求　胶黏剂》）。

二、印刷源头污染治理是绿色印刷关键

绿色印刷的目标之一是获得绿色印刷品，因此绿色印刷品设计从承印材料选用、印刷油墨选择、印刷工艺选用、印后加工方法都是直接影响印刷品是否能够实现绿色的关键因素。选用环保绿色印刷材料、工艺和技术，就是从源头限制了印刷品的污染。尽管绿色印刷设计必定会造成印刷成本的提高，但是随着人们环保意识的提高，追求绿色印刷品的需求，对绿色印刷的社会效益更加看重，也深刻认识到源自绿色印刷设计的印刷源头污染治理才是最有效、最低成本的方法。业界也开始开发印刷材料生产、印刷工艺应用领域的先进技术，抓住源头治理关键，推进绿色印刷，如中小学教材的绿色印刷。

三、印刷过程污染治理技术不断前行

有些印刷工艺过程无法在源头实现污染治理，就需要在印刷过程中采用先进的技术方法，实现污染治理。近年来，针对胶印工艺的废气、废水、废物，采用了多种污染治理技术，取得了有效的成绩。如印前制版推广环保免冲洗CTP技术、推行数字打样技术、数字化油墨预置、集中供墨、集中供气、有组织废气回收、自动清洗、润湿液循环使用、UV印刷工艺、水性上光工艺、无轴驱动技术等，并且还在不断引进其他行业的先进技术，使得胶印工艺的过程污染治理技术持续改进和提高。

四、印刷末端污染治理技术亟待规范化

无论如何从源头和过程治理印刷污染，在印刷末端仍然会产生一些污染，如废气、废物、废水等。尽管人们知道在末端开展污染治理并非是根本性的治理，但是至少也是解决印刷源头和过程无法解决的问题的污染治理措施。但是，由于印刷末端的污染是多种污染源的集合，污染处理显然复杂得多，污染处理技术也绝非单一技术可以解决的。废水处理主要采用浓缩技术，将废水中的固化物滤除作为固废处置，过滤后的中水可以回收使用。废物处理主要采用分类处理技术，废纸、废版回收再利用，废墨、废清洗布、废活性炭等统一组织回收销毁。废气处理主要采用吸附技术、吸收技术、冷凝技术、膜技术、催化燃烧技术、光催化技术、生物降解技术、等离子体技术等。以上印刷末端污染处理技术都还处于技术与成效探索之中，投入较大，效果不一。正确的印刷末端污染治理技术应是一厂一策，依据印刷末端污染物的数量、类型、浓度、大小、位置、成分等，以及污染治理技术的原理、方法、时间、条件等，科学合理地设计、实施、检测和评估污染治理成效，要尽快探索出规范的末端污染治理方案，避免重复投入、二次污染等问题。

第二节　绿色印刷技术

一、环保材料制备技术

印刷过程涉及的原材料种类繁多，印刷所采用原材料的环保性不仅决定了印刷最终产品的环保性能，而且直接影响印刷生产过程的环境友好性。材料性能及使用方法是印刷加工过程中废水、废渣、废气排放与否，排放量大小的直接影响因素，是评价印刷是否绿色化的重要方面。

1. 版材

胶印版材研究方向是在保证原有质量基础上，提高版材加工的环保性。重点发展方向有免冲洗版材、无水胶印版材和纳米版材。

（1）免冲洗版材

免冲洗版材的本质是免化学处理，版材在制版机上成像后，在上机印刷前需要经过显影处理，但此处理过程不使用化学显影液，而是通过清水清洗、给印版过胶或在印刷机上润版过程完成印版的显影。相对于传统概念的 CTP 版材，免化学冲洗版材节省了化学显影液，无须复杂和昂贵的显影机，只需要简单处理就可得到与传统 CTP 印版一样性能的可上机印刷的印版。免化学处理版材还是会产生一些废液，但是废液产生量只有传统 CTP 版材的 5%～10%。

（2）无水胶印版材

无水胶印是一种平凹版印刷技术，印刷时不使用水或传统润湿液，而是采用不亲墨的硅橡胶表面的印版、特殊油墨和一套温控系统。采用无水胶印版材印刷，不用传统胶印润湿液等含有挥发性溶剂的化学药剂，不会向空气中排放挥发性有机物，减少了环境污染，也节省了水资源。此外，印刷过程中也不必考虑水墨平衡，大大提高了版材的耐印力及生产效率。

（3）纳米版材

该技术基于纳米研究和应用的基础，引入喷墨作为版材图案化的实现手段，在制版过程中使用按需打印的加式生产方式取代了 CTP 版材必须经过激光曝光显影方式形成图案化的减式生产方式。

不同于上述感光化学版材，纳米版材是将新型功能性纳米涂层均匀涂布在未做砂目化处理的铝基板表面，实现普通版材所具备的高耐印力和保水性等印刷要求，从根本上解决了版材制备过程中的污染和资源浪费问题。纳米喷墨制版技术不仅在制版过程中实现了免冲洗、零排放，而且彻底解决了版材生产的耗能和污染问题。但是，目前纳米喷墨制版技术还处于产业化初级阶段，制版精度有待提高。

2. 油墨

要使印刷油墨符合环保要求，首先应从油墨的基本成分改变入手，即油墨呈色剂、连结料与助剂，采用环保型材料配制新型油墨。

我国胶印油墨的生产和应用有着 30 多年的历史，技术上比较成熟，高、中、低档产品齐全，基本上能够满足国内印刷市场的需求，在印刷油墨市场中占有主要地位。随着对油墨环保性能要求的提高，胶印油墨未来发展方向主要有：

- 胶印无芳油墨。
- 大豆油型胶印油墨。
- 混合型油墨。
- UV 胶印油墨。

3. 润湿液

在胶版印刷的润湿液中，酒精（异丙醇，IPA）的作用主要是：

- 降低液态润湿液的表面张力，使水变得更"湿润"，以利于其在印版的亲水部分扩散展开。
- 增加润湿液的黏度。
- 可以对润湿液进行消毒。

但是酒精的问题也很明显：

- 挥发快，润湿液中的酒精 40% 挥发浪费。
- 价格昂贵。
- 易燃易爆。
- 毒性很高，一般要求印刷车间内异丙醇含量低于 400ppm，但往往超过此标准。

如今，全世界的印刷企业都在努力创造环保印刷环境和降低印刷成本，希望在印刷过程中不使用工业酒精或异丙醇，因为这种润湿液严重污染环境并且价格也在不断攀升，于是免酒精润湿液应运而生。简单地说，免酒精润湿液就是用其他无毒化学成分替代酒精或异丙醇。

使用免酒精润版液的优点是生产综合成本显著下降：

- 润版液本身费用的降低。
- 胶辊不易硬化老化，使用寿命显著延长，养护成本降低。
- 使用较少的油墨就可以得到所需的色密度，更薄的墨膜能实现更清晰的墨点和更明亮的色彩还原，节省油墨消耗，印品质量提升。
- 印后墨膜干燥更快，交货速度提高。
- 车间内更安全、更环保。
- 保证了一线生产工人的健康。

免酒精工艺成功的两个关键调整点：

（1）表面张力

常规润湿液中加入酒精是为了降低表面张力。使用免酒精润湿液就必须精心调整化学成分，使得表面张力在 30 ～ 35 达因 / 厘米，使其与采用异丙醇印刷时的表现特性相同。

（2）黏度

使用免酒精润湿液时，黏度的降低使得润湿液变得更稀薄，润版系统将不能充分地为印版提供润湿液，造成水墨平衡被打破，产生不良后果，需要认真地调节胶辊间的压力，提供更多的润版液。实际上，随着酒精的去除，润湿胶辊的橡胶会逐步变软，直到回到最初的设计硬度，水位计量就可以慢慢降低至最佳状态。表8-1为免酒精湿润液的参考配方。

表8-1　免酒精润湿液参考配方

组成	百分含量	成分作用
甘油	8%～15%	
阿拉伯树胶	5%～8%	增稠剂
乙二醇单丁醚	2%～5%	
丙二醇	5%～10%	
2，4，7，9-四甲基-5-癸炔-4，7-二醇	1%～3%	泡沫抑制剂
聚醚	2%～5%	表面活性剂
异构醇聚氧乙烯醚	2%～5%	表面活性剂
戊二酸	1%～4%	
柠檬酸钠	3%～8%	缓冲剂
柠檬酸	3%～8%	缓冲剂
苯甲酸	1%～4%	防腐剂
水	50%～60%	

4. 洗车水

洗车水是印刷业"印刷油墨清洗剂"的俗称，广泛应用于胶印工艺中的油墨清洗，是传统汽油煤油清洗剂的替代品。近年来，虽然专用洗车水在胶印中的应用越来越广泛，但仍有不少印刷企业认为专用洗车水的价格偏高。事实上，选用优质环保洗车水清洗墨辊、印版和橡皮布，具有环保、安全、清洗成本低等多项优点。

随着人们环保意识的加强，现在很多印刷企业改用环保洗车水。环保洗车水主要是环保溶剂加上高效乳化剂配制而成，在使用时，配成一定比例的浓度。质量合格的洗车水清洗效果好，安全性能高，并且对人体及环境的危害小，但是价格较高。一般来说，处于即用状态的洗车水一般是由90%以上的水和洗车水原液配制而成的，洗车水原液的主要成分包括有机溶剂35%～55%、有机羧酸10%～25%、乙醇30%～40%、少量乳化剂。

环保洗车水具有以下优点。

（1）清洁效能高

溶剂与水混合而成的洗车水比汽油的清洁能力更强，可使无机盐与阿拉伯树胶的结构松散、分散，便于最后用刮墨器刮下来。

（2）闪点高、安全

印刷工艺一般要求洗车水有较高的闪点，闪点越高越安全。优质洗车水配制好后是油水混合的乳液，在正常情况下，即使明火也不能引燃，安全性较高。

（3）延长胶辊寿命

优质洗车水一般加有使胶辊橡胶柔顺的成分，长期使用对橡胶材料的墨辊有保养作用。

（4）用量少、成本低

表面上，优质洗车水的价格较高，但因为其使用量及副作用少，所以整体的印刷成本是减少的。

（5）环保性能好

洗车水乳液是以油包水为主的乳化状态，溶剂挥发面积很小，挥发量少，对人体的危害也相对较小。

（6）印刷质量稳定

优质洗车水能较为彻底地清洗墨辊表面的残余油墨，恢复墨辊的印刷适性，不需要经常停机清洗。既能保证墨辊的功能发挥良好，也保证了印刷质量的一致性和稳定性，印刷的效率和效益也得以提高。

二、节能技术及设备

1. 智能控制节能技术及设备

耗能较大的干燥系统采用风量智能控制，可以根据印刷活件的难易长度、色彩数量自动调节风力大小强弱，从而减少能耗和噪声。水冷系统采用循环冷水降温，通过水的循环使用减噪节能，大大优化生产车间环境。

2. 环保干燥技术及设备

采用具有二次燃烧和余热回收的干燥装置，可以大大提高生产力，减少浪费，节约能源。采用滤短波、留长波的技术大幅提升红外干燥的效率。

3. 印刷设备能效评价、监测技术

我国绿色印刷标准中，仅有印刷装备效能的定性描述及单元环保部件的配制评价指标，至于印刷装备的实际效能定量检测方法仍属于空白。印刷装备能效评价是指印刷机原动件输出的机械能沿运动链到达各个执行构件经过的路径的印刷装备能量流状态。完善印刷装备综合能效评价及测试技术，将会完善我国的绿色印刷标准，实现印刷全过程的环保性能客观评价。同时，为印刷企业、印刷装备制造业等产业链中的相关环节的技术升级提供支撑。

4. 印刷工艺过程节能关键技术

除了一些高耗能的关键环节外，整个印刷工艺流程还有许多关键节能技术已经得到应用和推广，如电源优化管理系统、变频驱动技术、节能照明技术、车间温度控制技术、新能源利用技术、污水回收处理技术、高效干燥技术、中央供气技术、车间能效检测技术等。

三、减排技术及设备

1. 油墨固化技术及设备

（1）油墨固化技术

油墨固化涉及物理、化学、光学等基础学科技术，但是传统的油墨固化技术主要

采用挥发、渗透、氧化、反应等减材加工方式，必然对环境、产品、人员造成伤害，并产生各种废弃物。近年来，光固化技术得到重视和研究，采用电子束（EB）、紫外线（UV）或可见光使承印物上的油墨单体或低聚物聚合的能量型固化技术，可以使得油墨、黏合剂、上光油或其他产品快速固化，具有环境友好的优点，几乎无 VOCs 排放，节能、无汞、不产生臭氧。EB 印刷比之 UV 印刷具有更低的迁移率，固化效果更有效。

（2）UV-LED 固化原理及工艺

UV-LED 固化技术是指在紫外（UV）光谱区的发光二极管（LEDs）输出能量对油墨、黏合剂、涂布液和其他 UV 固化材料处理的技术。该能量通过 UV 光触发液体原材料聚合固化。由于它是基于 LED 的半导体发射紫外光，在红外波长范围没有任何能量输出，相对于传统紫外灯是一种冷光源。UV-LED 固化技术消除了复杂的干燥冷却系统，可以应用于热敏基材。其光电转换效率高，可以节约 50% ~ 70% 的电能，既不产生臭氧且不含金属汞，更加环保。

2. 绿色印刷减排关键技术

绿色印刷除了从源头的印刷材料减排入手，还可以从印刷技术入手，针对印刷工艺的每一个排放环节，研究和应用减排关键技术。目前，已经开发并得到应用的印刷业减排技术主要有集中供墨技术、无水胶印技术、水性上光技术、水性覆膜技术、油墨污水回收再利用技术、溶剂回收技术、粉尘回收技术、车间降噪技术、计算机直接制版技术和碳足迹及补偿技术。

3. 印刷生产环境保护设备

对印刷企业的废水、废气、废物和噪声四大类主要环境污染源需要进行严格的处置，非常有必要引进专门技术和设备。如 CTP 系统、污水回收处理装置、集中供墨系统、无水胶印机、自动清洗装置、墨色遥控系统、水性上光机、水性覆膜机、车间溶剂回收装置、印刷机粉尘回收装置、降噪装置、回收溶剂处置装置等。

四、增效技术及设备

1. 数字化工作流程

数字化工作流程管理系统代表着印刷数字化和自动化的发展方向，它以 CTP 为基础，涵盖了印前、印刷、印后过程，甚至覆盖了印刷企业信息管理的整个流程。印刷工作流程的数字化才能使印刷流程的数据化、标准化、规范化和绿色化的实现成为可能。

2. 印刷服务工程

印刷服务工程是指以完善的印刷解决方案，帮助客户生产、提高效率、维护设备高效运转和降低损耗浪费，从而降低生产运营成本，扩展效益空间。采用印刷远程诊断技术，确保印刷设备全生命周期的绿色生产，使得印刷机具有更高的利用率，通过优化整个工艺流程，使得生产率得到进一步的提高。

3. 增值印刷工程

印刷设备通过直接驱动、快速转换、联线加工、联机检测、联网加工等技术创新，以先进的设备系统、稳定的加工工艺、优异的印刷质量和超值的印刷效益，为企业实现增值印刷提供强有力的保障。

4.印刷装备再制造及绿色化

应用成熟的环保技术提升现有印刷装备能效是印刷产业制备绿色化的一条经济途径。它是在对原有印刷装备进行性能失效分析及寿命评估的基础上，进行再制造工程设计。采用一系列相关的先进制造技术，使再制造印刷装备产品接近新品，包括旧印刷设备的综合性能和环保性能评价方法、再制造关键检测技术、印刷装备再制造体系、绿色化单元技术及装置开发，使得通用印刷装备通过绿色化升级提升环保性能。

第三节　绿色印刷产业与认证

一、绿色印刷发展技术路线

绿色印刷共性关键技术包括环保印刷材料关键制备技术、印刷节能关键技术、印刷减排关键技术、印刷增效关键技术和实施绿色印刷环保体系五大方面。主要目标是减少三废，重点是 VOCs 排放，节约生产能源，减少废气排放，提升设备效能，促进节能减排，从而保障环保目标的实现。

主要思路是：

（1）达标排放第一要务。采用技术和制定方案必须保证达标排放，避免技术缺陷或未来标准提高增加二次投资。

（2）排放分析深入细化。深入细致地分析好每个排放源，做好各种工况监测，为过程优化打好基础。

（3）投资运行综合考量。投资成本和运行成本要综合考量，不要一味贪图初始投资小。

（4）源头替代去除根本。转变观念，坚定使用环保材料的决心，从源头削减 VOCs 排放是根本措施。

（5）过程控制减风浓缩。尽可能对排风系统进行优化，争取节约投资和运行成本。

（6）末端治理适用为上。选择适合本企业条件的末端治理技术，不可盲目效仿。

（7）系统解决不留后账。选择系统解决方案，不要为了少花钱而留后遗症。

二、绿色印刷产业链构建

绿色印刷是一个系统工程，涉及印刷设备、器材和各种原辅材料以及印刷企业生产环境和技术工艺。我国是世界第二印刷大国，但不是印刷强国。从行业分布看，存在产业集成化程度不高、企业小而散的情况；从产业链看，产业各环节为单个孤岛，尚未形成无缝集成的产业体系，目前处于微利的印刷企业难以投入资金实施绿色印刷。所以，印刷产业亟待绿色印刷引领构建完整的产业链。

1.印刷装备绿色化改造

传统印刷设备的绿色化是达到产业绿色印刷目标的迫切问题和现实选项。在印刷装备再制造过程中，通过开发无水胶印系统单元、短墨路供墨单元、印刷机预置装置、无溶剂复合单元等，对传统印刷制备进行绿色化升级，提升整个印刷产业印刷装备的环保性能，同时形成印刷装备再制造产业。

2.印刷工程增值服务

印刷工程增值服务已不同于简单维护、修理和耗材供应，而是主动了解印刷企业需求，通过为印刷企业提供盈利的增值印刷服务，成为产业链的重要环节，使得绿色印刷产业链通过减排增效而间接实现产业链增值服务。

3.印刷生产的能效评价

能效评价是印刷生产绿色化改造工程，也是实现印刷车间能耗监测的基础工作，国内印刷企业必须予以重视。只有对整个印刷产业链实现全面的能效评价，做到投入与产出的定量化评价，才是印刷产业链绿色化的强有力基础。

4.重视印刷过程的数据化监测

绿色印刷生产过程对印刷设备、器材的环保性有严格要求，相关制造商要注重自身产品的能耗与排放问题，并以数据化的方式测定相关技术指标，提供给印刷客户作为参考，并作为技术改进的基础。要依靠第三方组织对印刷设备、器材的环保性能进行测试。

三、绿色印刷认证与管理

（1）完善绿色印刷标准体系，提高适用性。绿色印刷标准体系要逐步建立，为企业的绿色印刷提供量化参考时间标准，通过标准化的数据将各个绿色要求具体化，使得印刷企业的绿色发展有章可循。

（2）优化绿色印刷监测服务体系。

（3）建立绿色印刷认证体系分星级制，以适应中小企业需求。

（4）加强绿色印刷技术研发平台建设，开发和推广绿色印刷适用的新技术、新材料、新工艺和新装备等，发挥规模以上印刷企业技术中心优势，通过产学研合作，实施绿色印刷技术开发，建立和完善环保技术和回收体系。

（5）拓展绿色印刷培训体系。将绿色印刷要求纳入各级教学内容中，使得全民建立起绿色印刷理念。并且，通过社会媒体宣传，扩大普通民众的绿色印刷观念，使得人们认识和喜欢绿色印刷产品。

（6）充分发挥绿色印刷认证企业的示范作用。通过绿色印刷教材补贴、政府采购等形式，使认证企业获得部分收益，从而更好地发挥绿色印刷认证的示范作用。

第二部分
平版印刷员
（一级／高级技师）

第一章
色彩理论

第一节　色彩学说起源

一、杨－赫姆霍尔兹（Young-Helmholtz）的三色学说

1807 年，英国的杨（T.Young）和德国的赫姆霍尔兹（H.L.F.von Helmholtz）（图 1-1）根据红、绿、蓝三原色可以产生各种色调及灰色的颜色混合规律，假设在视网膜上有三种神经纤维，每种神经纤维的兴奋都会引起一种原色的感觉。光作用于视网膜上，自然能同时引起三种神经纤维的兴奋，但由于光的波长特性，其中一种神经纤维的兴奋会特别强烈。例如，光谱长波端的光同时刺激"红""绿""蓝"三种纤维，但"红"纤维的兴奋最强烈，产生红色感觉。中间波段的光会引起"绿"纤维最强烈的兴奋，产生绿色感觉。同理，短波端的光产生蓝色的感觉。光刺激同时引起三种纤

图 1-1　德国的赫姆霍尔兹

维强烈兴奋的时候，就产生了白色感觉。当发生某一颜色感觉时，虽然一种纤维兴奋强烈，但另外两种纤维也同时会兴奋，也就是说有三种纤维的活动，所以每种颜色都有白光成分，即有明度的感觉。

1860 年赫姆霍尔兹补充杨的学说，认为光谱的不同部分引起三种纤维不同比例的兴奋。赫姆霍尔兹对这个学说做了一个图解。图中给出三种神经纤维的兴奋曲线，对光谱的每一波长，三种纤维都有其特有的兴奋水平，三种纤维不同程度地同时活动，就产生相应的色觉。"红"和"绿"纤维的兴奋引起橙黄色感觉，"绿"和"蓝"纤维的兴奋引起蓝紫色感觉。这个学说现在通常称为杨－赫姆霍尔兹学说，也叫作三色学说。

二、赫林（E.Hering）的对立颜色学说

赫林（E.Hering）的对立颜色学说也叫作四色学说。1878 年，赫林观察到颜色现象总是以红—绿、黄—蓝、黑—白的成对关系发生，因而假定视网膜中有三对视素：白—黑视素、红—绿视素、黄—蓝视素。这三对视素的代谢作用包括建设（同化）和

破坏（异化）两种对立的过程，如图 1-2 所示。图 1-2 中，a 为白—黑视素，b 为黄—蓝视素，c 为红—绿视素，光刺激破坏白—黑视素，引起神经冲动产生白色感觉。无光刺激时，白—黑视素便重新建设起来，所引起的神经冲动产生黑色感觉。对红—绿视素，红光起破坏作用，绿光起建设作用。对黄—蓝视素，黄光起破坏作用，蓝光起建设作用。因为每种颜色都有一定的明度，即含有白色成分，所以每一颜色不仅影响其本身视素的活动，而且也影响到白—黑视素的活动。

当补色混合时，某一对视素的两种对立过程形成平衡，因而不产生与该视素有关的颜色感觉，但所有颜色都有白色成分，所以引起白—黑视素的破坏作用而产生白色或灰色感觉。同样情形，当所有颜色都同时作用到各种视素时，红—绿、黄—蓝视素的对立过程都达到平衡，而只有白—黑视素活动，就引起白色或灰色感觉。

对负后像的解释是，当外在颜色刺激停止时，与此颜色有关的视素的对立过程开始活动，因而产生原来颜色的补色。

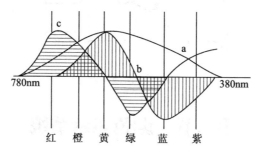

图 1-2　赫林学说的视素代谢作用

当视网膜的一部分正在发生某一对视素的破坏时，其相邻部分便发生建设作用，而引起同时对比。

色盲是由于缺乏一对视素（红—绿或黄—蓝）或两对视素（红—绿、黄—蓝）的结果。这一解释与色盲常是成对出现（红—绿色盲或蓝—黄色盲）的事实是一致的，缺乏两对视素时，便产生全色盲。

赫林学说的最大困难是对三原色能产生光谱的一切颜色这一现象没有给予说明。而这一物理现象正是近代色度学的基础，一直有效地指导着颜色技术的实践。

三、阶段学说

一个世纪以来杨－赫姆霍尔兹的三色学说和赫林的四色学说一直处于对立的地位，如要肯定一个学说似乎必须否定另一学说。在一个时期，三色学说曾占上风，因为它有更大的实用意义。然而，近一二十年，由于新的实验材料的出现，人们对这两个学说有了新的认识，证明二者并不是不可调和的。事实上，每一学说都只是对问题的一个方面获得了正确的认识，而必须通过二者的相互补充，才能对颜色视觉获得较为全面的认识。

颜色视觉过程可以分成几个阶段。第一阶段，视网膜有三组独立的锥体感色物质，它们有选择地吸收光谱中不同波长的光辐射，同时每一物质又可单独产生白和黑的反应。在强光作用下产生白的反应，无外界刺激时是黑的反应。第二阶段，在神经兴奋由锥体感受器向视觉中枢的传导过程中，这三种反应又重新组合，最后形成三对对立性的神经反应，即红或绿、黄或蓝、白或黑反应。总之，颜色视觉的机制很可能在视网膜感受器水平时是三色的，符合杨－赫姆霍尔兹的学说；而在视网膜感受器以上的视觉传导通路水平时则是四色的，符合赫林的学说。颜色视觉机制的最后阶段发生在大脑皮层的视觉中枢，在这里产生颜色感觉。颜色视觉过程的这种设想常叫作"阶段"学说，如图 1-3 所示。我们看到，两个似乎完全对立的古老颜色学说，现在终于通过颜色视觉的阶段学说统一在一起了。

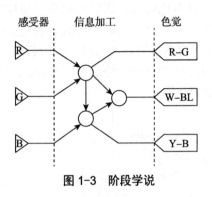

图 1-3　阶段学说

第二节　颜色表示系统

一、孟塞尔颜色系统

孟塞尔颜色系统（Munsell Colour System）是用立体模型表示出物体表面的亮度、色调和饱和度作为颜色的分类和标定的体系方法。

孟塞尔颜色系统是在 1905 年由美国美术教师和画家孟塞尔（A.H. Munsell）所创立的，于 1915 年确立其表色系，并于 1927 年出版 *Munsell Book of Color*，1940 年美国光学学会之测色委员会将此书加以修正，于 1943 年发表《修正孟塞尔色彩体系》，成为国际通用的色彩体系。

孟塞尔所创建的颜色系统是用颜色立体模型表示颜色的方法。它是一个三维类似球体的空间模型，把物体各种表面色的三种基本属性色相、明度、饱和度全部表示出来。在立体模型中的每一个部位各代表一特定的颜色，并给予一定的标号。以颜色的视觉特性来制定颜色分类和标定系统。目前国际上已广泛采用孟塞尔颜色系统作为分类和标定表面色的方法。

为了便于理解颜色三特征的相互关系，用三维空间的立体来表示色相、明度和饱和度。如图 1-4 所示，垂直轴表示黑、白系列明度的变化，上端是白色，下端是黑色，中间是过渡的各种灰色。色相用水平面的圆圈表示。圆圈上的各点代表可见光谱中各种不同的色相（红、橙、黄、绿、青、蓝和紫），圆形中心是灰色，其明度和圆圈上的各种色相的明度相同。从圆心向外颜色的饱和度逐渐增加。在外圆上的各种颜色饱和度最大，由圆圈向上（白）或向下（黑）的方向变化时，颜色的饱和度也降低。在颜色立体的同一水平面上颜色的色相和饱和度的改变，不影响颜色的明度。

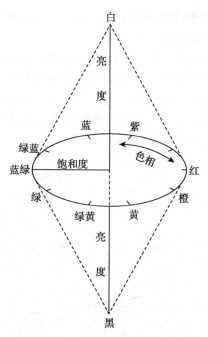

图 1-4 孟塞尔颜色立体 1

孟塞尔颜色立体如图 1-5 所示，中央轴代表无彩色黑白系列中性色的明度等级，黑色在底部，白色在顶部，称为孟塞尔明度值。它将亮度因数等于 102 的理想白色定为 10，将亮度因素等于 0 的理想黑色定为 0。孟塞尔明度值由 0～10，共分为 11 个在视觉上等距离的等级，每一明度值对应于一定的亮度因素。在孟塞尔系统中，颜色样品离开中央轴的水平距离代表饱和度的变化，称之为孟塞尔饱和度。饱和度也分成许多视觉上相等的等级。中央轴上的中性色饱和度为 0，离中央轴越远，饱和度数值

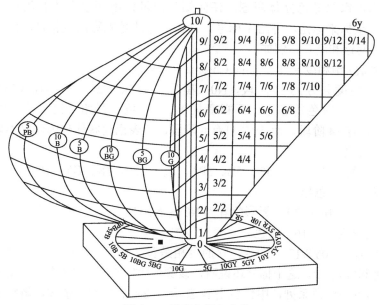

图 1-5 孟塞尔颜色立体 2

越大，该系统通常以每两个饱和度等级间隔制作一个颜色样品。各种颜色的最大饱和度是不相同的，个别颜色的饱和度可达到 20。

孟塞尔颜色立体水平剖面上表示为 10 种基本色，如图 1-6 所示，每色相再细分为 10，共有 100 个色相，色相之多几乎是人类分辨色相的极限。它包含 5 种原色：红（R）、黄（Y）、绿（G）、蓝（B）、紫（P）和 5 种间色：黄红（YR）、绿黄（GY）、蓝绿（BG）、紫蓝（PB）、红紫（RP）。在上述 10 种主要色的基础上再细分为 40 种颜色，全图册包括 40 种色相样品。

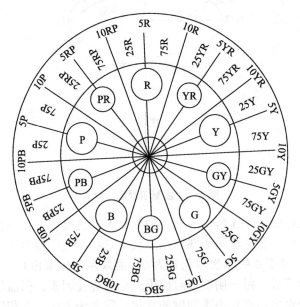

图 1-6 孟塞尔色相的标定系统

图 1-7 为孟塞尔颜色立体彩图，任何颜色都可以用颜色立体的色相、明度值和饱和度这三项坐标来标定，并给予标号。标定的方法是先写出色相 H，再写出明度值 V，在斜线后写饱和度 C。例如：

色相明度值 / 饱和度 = Hue Value/Chroma = H V/C

孟塞尔的明度共分为 11 阶段，N0（黑色）、N1、N2、…、N10（白色），N 是 Neutral 的缩写，是灰色的意思。而彩度从 0（无彩色）开始，也因各纯色而长短不同，如 5R 纯红有 14 阶段，而 5BG 只有 6 阶段，其表色树状体也因而呈不规则状，其表示法为 /1、/2 等。

H：5 个主色（5R、5Y、5G、5B、5P），其间插入 YR、GY、BG、PB、RP 成 10 阶，再细分为 100 阶色相。

V：0（黑）～ 10（白）（无彩色者为 N0 ～ N10）。

C：0（无彩色）～ 16（艳色）。

例如，标号为 10Y8/12 的颜色，它的色相是黄（Y）与绿黄（GY）的中间色，明度值是 8，饱和度是 12。这个标号还说明，该颜色比较明亮，具有较高的饱和度。

对于无彩色的黑白系列，中性色用 N 表示，在 N 后标明度值 V，斜线后面不写饱和度。

NV/ ＝中性色明度值 /

例如，标号为 N 5/ 的中性色，它的颜色是灰色，明度值是 5 。

另外，对于饱和度低于 0.3 的中性色，如果需要作精确标定时，可以采用下式：

NV/（H，C）＝中性色明度值 /（色相，饱和度）

例如，标号为 N 8/（Y，0.2）的颜色，该色是略带黄色的浅灰色。

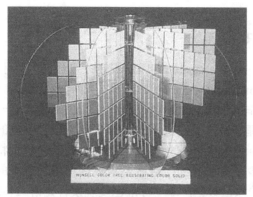

图 1-7 孟塞尔颜色立体彩图（附彩图）

二、颜色匹配实验

把两个颜色调整到视觉相同的方法叫颜色匹配，颜色匹配实验是利用色光加色实现的。图 1-8 中左侧是一块白色屏幕，上方为红 R、绿 G、蓝 B 三原色光，下方为待配色光 C，三原色光照射白屏幕的上半部，待配色光照射白屏幕的下半部，白屏幕上下两部分用一黑色挡屏隔开，由白屏幕反射出来的光通过小孔抵达右方观察者的眼内。人眼看到的视场如图 1-8 右下方所示，视场范围在 2° 左右，被分成两部分。图 1-8 右上方还有一束光，照射在小孔周围的背景白板上，使视场周围有一圈色光作为背景。在此实验装置上，可以进行一系列的颜色匹配实验。待配色光可以通过调节上方三原色的强度来混合形成，当视场中的两部分色光相同时，视场中的分界线消失，两部分合为

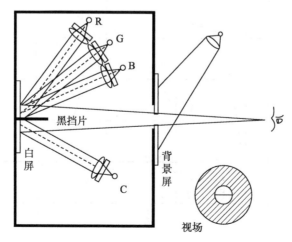

图 1-8 颜色匹配实验

同一视场，此时认为待配色光的光色与三原色光的混合光色达到色匹配。不同的待配色光达到匹配时，三原色的光亮度不同，可用颜色方程表示：

$$C = R (R) + G (G) + B (B)$$

式中，C 表示待配色光；（R）、（G）、（B）代表产生混合色的红、绿、蓝三原色的单位量，R、G、B 分别为匹配待配色所需的红、绿、蓝三原色的数量，称为三刺激值。

三、1931 CIE RGB 系统

CIE（Commission Internationale de l'Eclairage）是国际照明委员会的法语简称。CIE 色品图（CIE Chromaticity Diagram）是指以二维的方式绘出的 CIE 三维彩色空间。

由于外界光辐射作用于人的眼睛，因而产生颜色感觉。这一事实说明，物体的颜色既决定于外界的物理刺激，又决定于人眼的视觉特性。颜色的测量和标定应符合人眼的观察结果。为了标定颜色，首先必须研究人眼的颜色视觉特性。然而，不同观察者的颜色视觉特性多少是有差异的，这就要求根据许多观察者的颜色视觉实验，确定为匹配等能光谱所需的原色数据，即"标准色度观察者光谱三刺激值"，以此代表人眼的平均颜色视觉特性，用于色度计算，标定颜色。

CIE 规定红、绿、蓝三原色的波长分别为 700nm、546.1nm 和 435.8nm。在颜色匹配实验中，当这三原色光的相对亮度比例为 1.0000:4.5907:0.0601 时就能匹配出等能白光，所以 CIE 选取这一比例作为红、绿、蓝三原色的单位量，即（R）:（G）:（B）= 1:1:1。尽管这时三原色的亮度值并不等，但 CIE 却把每一原色的亮度值作为一个单位看待，所以色光加色法中红、绿、蓝三原色光的等比例混合结果为白光，即（R）+（G）+（B）=（W）。

CIE RGB 光谱三刺激值是 317 位正常视觉者，用 CIE 规定的红、绿、蓝三原色光，对等能光谱色从 380nm 到 780nm 所进行的专门性颜色混合匹配实验得到的，见图 1-9。

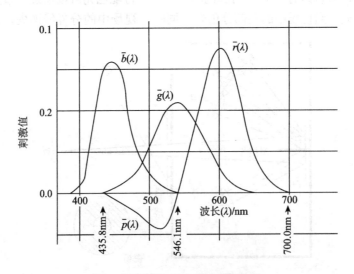

图 1-9　CIE RGB 光谱三刺激值

四、1931 CIE XYZ 颜色空间

CIE 在进行了大量正常人视觉测量和统计后，于 1931 年建立了"标准色度观察者"，从而奠定了现代 CIE 标准色度学的定量基础。由于"标准色度观察者"用来标定光谱色时出现负刺激值，计算不便，也不易理解，因此，1931 年 CIE 在 RGB 系统基础上，改用三个假想的原色 X、Y、Z，建立了一个新的色度系统。将它匹配等能光谱的三刺激值，确定其名称为"CIE1931 标准色度观察者光谱三刺激值"，简称为"CIE1931 标准色度观察者"，这一系统叫作"CIE1931 标准色度系统"或称为"2°视场 XYZ 色度系统"。CIE XYZ 颜色空间稍加变换就可得到 Yxy 色彩空间，其中 Y 取三刺激值中 Y 的值，表示亮度，x、y 反映颜色的色度特性。定义如下：在色彩管理中，选择与设备无关的颜色空间是十分重要的，与设备无关的颜色空间由国际照明委员会（CIE）制定，包括 CIE XYZ 和 CIE LAB 两个标准。它们包含了人眼所能辨别的全部颜色。而且，CIE Yxy 测色制的建立给定量地确定颜色创造了条件。但是，在这一空间中，两种不同颜色之间的距离值并不能正确地反映人们色彩感觉差别的大小，也就是说在 CIE Yxy 色彩空间中，在不同位置、不同方向上颜色的宽容量是不同的，这就是 Yxy 颜色空间的不均匀性。这一缺陷的存在，使得在 Yxy 及 XYZ 空间不能直观地评价颜色。

如图 1-10 所示的色度图中，x 色度坐标相当于红原色的比例，y 色度坐标相当于绿原色的比例。由图中马蹄形光谱轨迹各波长的位置可以看到，光谱的红色波段集中在图的右下部，绿色波段集中在图的上部，蓝色波段集中在图的左下部。中心的白光点 E 的饱和度最低，光源轨迹线上饱和度最高。如果将光谱轨迹上表示不同色光波长的点与色度图中心的白光点 E 相连，则可以将色度图划分为各种不同的颜色区域。因此，如果能计算出某颜色的色度坐标 x、y，就可以在色度图中明确地定出它的颜色特征。例如，青色样品的表面色色度坐标为 x=0.1902、y=0.2302，它在色度图中的位置为 a 点，落在蓝绿色的区域内，如图 1-11 所示。当然，不同的色彩有不同的色度坐标，在色度图中就占有不同位置。因此，色度图中点的位置可以代表各种色彩的颜色特征。

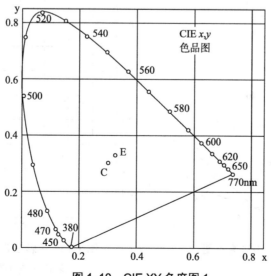

图 1-10　CIE XY 色度图 1

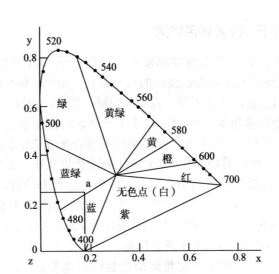

图 1-11　CIE XY 色度图 2

　　色度坐标只规定了颜色的色度，而未规定颜色的亮度，所以若要唯一地确定某颜色，还必须指出其亮度特征，也即是 Y 的大小。我们知道，光反射率 ρ = 物体表面的亮度 / 入射光源的亮度 = Y/Y_0，所以亮度因数 $Y = 100\rho$。这样，既有了表示颜色特征的色度坐标 x、y，又有了表示颜色亮度特征的亮度因数 Y，则该颜色的外貌才能完全唯一地确定。为了直观地表示这三个参数之间的意义，可用图 1-12 立体图进行形象的表示。

　　Y、x、y 是色彩在 CIE XYZ 标准色度系统中的三个变量，Y 表示色彩亮度，取值范围在 0 ～ 100 之间，Y=0 表示黑色，Y=100 表示白色。x 和 y 分别表示色彩的色相和饱和度，x 表示红色的数量，y 表示绿色的数量，如图 1-13 及表 1-1 所示。

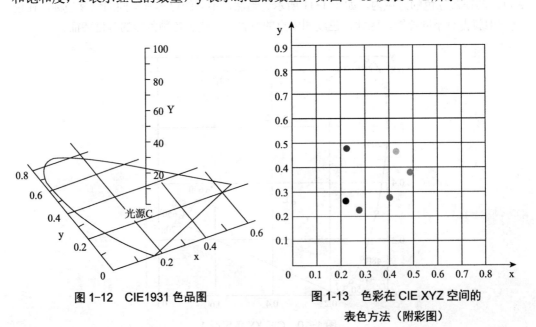

图 1-12　CIE1931 色品图

图 1-13　色彩在 CIE XYZ 空间的
表色方法（附彩图）

表 1-1　色彩在 CIE XYZ 色彩空间中的数值

色彩	Y	x	y
青色	26.5	0.21	0.27
品红色	21	0.4	0.27
黄色	58	0.42	0.47
红色	20	0.49	0.38
绿色	22	0.28	0.48
蓝色	10	0.26	0.23

五、CIE Lab 颜色模型

Lab 颜色模型是由国际照明委员会（CIE）于 1976 年公布的，Lab 颜色模型弥补了 RGB 和 CMYK 两种色彩模型的不足。Lab 颜色模型由三个要素组成：亮度（L）和两个颜色信道 a 、b。a 包括的颜色是从深绿色（低亮度值）到灰色（中亮度值）再到亮粉红色（高亮度值），b 是从亮蓝色（底亮度值）到灰色（中亮度值）再到黄色（高亮度值）。因此，这两种颜色混合后将产生具有明亮效果的色彩。

Lab 颜色空间是由 CIE 制定的一种色彩模型。自然界中的任何一点颜色都可以在 Lab 空间中表达出来，它的色彩空间比 RGB 空间还要大。另外，这种模型是以数字化方式来描述人的视觉感应，与设备无关，所以它弥补了 RGB 和 CMYK 模型必须依赖于设备色彩特性的不足。由于 Lab 的色彩空间要比 RGB 模型和 CMYK 模型的色彩空间大。这就意味着 RGB 以及 CMYK 所能描述的色彩信息在 Lab 空间中都能得以影射。图 1-14 表示了 CIE Lab 颜色空间，其中，L 代表亮度，a* 的正数代表红色，负数代表绿色；b* 的正数代表黄色，负数代表蓝色。

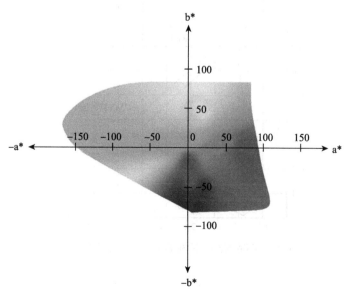

图 1-14　CIE Lab 颜色空间（附彩图）

图 1-15 代表了 CIE Lab 颜色立体空间，L 表示明度，L 轴又称灰度轴；+a 轴表示红色数量，–a 轴表示绿色数量，a 轴又称红绿轴；+b 轴表示黄色数量，–b 轴表示蓝色数量，b 轴又称黄蓝轴。若两种色彩看上去有差别，称这两个色彩之间存在色差，色差用 ΔE 表示，如图 1-16 所示。

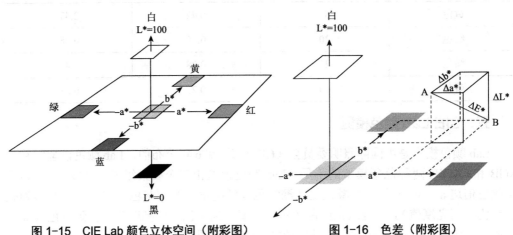

图 1-15　CIE Lab 颜色立体空间（附彩图）　　　图 1-16　色差（附彩图）

如图 1-17 所示，在 RGB、CMYK 和 Lab 中编辑图像时，其本质的不同是在不同的色域空间中工作。自然界中可见光谱的颜色组成了最大的色域空间，该色域空间中包含了人眼所能见到的所有颜色。在色彩模型中，Lab 色域空间最大，它包含 RGB、CMYK 中所有的颜色。

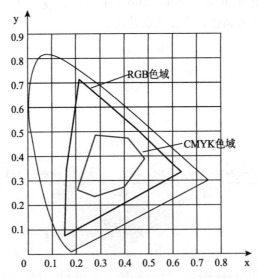

图 1-17　不同复制方法在 CIE Lab 系统中的色域

第三节　色彩管理原理与技术

色彩管理是一项与颜色传递紧密相关的重要技术，它的基本目标是使颜色在各种色彩相关设备、材料和工艺上准确传递。计算机操作系统级的色彩管理技术出现于20世纪90年代，它以色度学及色彩复制原理为理论基础，以数学模型建立和数值计算方法为处理依据，以计算机技术为实现手段，逐步发展成广泛应用于多种色彩复制、再现和传递领域的重要技术。

一、色彩管理的基本原理

需要建立一种色彩匹配转换机制，在传递的过程中对色彩进行转换，使色彩的再现状况不因设备、材料、工艺条件的差异而变化，即可保证色彩的准确和稳定传递，这正是色彩管理要达到的目标。

色彩管理在实现方式上分为经验匹配型和颜色模型计算匹配型两类。

经验匹配型依赖长期积累的色彩经验对色彩进行匹配，利用经验数据对设备进行调节、对工艺状况进行控制、选择适当的材料，可以达到很高的匹配水平。但是色彩经验的积累绝非一日之功，也非每个人都能胜任，且色彩匹配的状况有可能因人、因时而异。

利用色彩模型进行匹配计算的方式是当今色彩匹配的主流。这种方式以颜色基本理论为基础，依赖颜色数据测量、色彩匹配模型提取、用计算机进行色彩匹配运算，使色彩数据符合色彩匹配的要求。这种方法具有计算精度高、波动小的特点，在颜色数据测量准确，模型建立完善的情况下，同样能够达到很高的匹配准确度。

1. 色彩空间的设备相关性和设备无关性

色彩至少由三个变量表示，三维立体空间内的每个坐标轴各与一个自变量对应，而因变量则以某种视觉外观表示。

不同设备对色彩的响应特性不同，由设备获取的色彩数据或者用色彩数据控制设备输出的色彩就不同，亦即不同的色彩设备所具有的色彩空间存在差异。可以将这类与设备紧密相关的色彩空间称为"设备相关空间"。常见的红/绿/蓝、青/品红/黄/黑等色空间就属于此类。

以人类视觉系统的颜色感觉为基准，用心理量或心理物理量构建的色彩系统和色彩空间称为"设备无关颜色空间"。CIE 1931 XYZ、CIE 1976 Lab、孟塞尔色空间等属于此类。设备无关的色空间内，表示色彩的数据只与色彩的视觉感受相关，而与用何种设备、工艺、材料呈现这种色彩无关。

色彩管理技术涉及各种色彩设备，需要进行色彩的匹配转换，显然，对色彩空间类型和特性的认识是必不可少的。

2. 色彩管理的不同匹配方案

色彩管理需要实现的目标是：原始色彩经过传递到达目标设备，目标设备上所呈现的色彩，其外观与原始色彩一致或十分接近。

为了达到这种目标，存在两种不同的色彩匹配方案。

（1）在每两台不同设备之间建立匹配关系，对色彩进行双向匹配转换，使色彩传递达到视觉一致或接近。但是，此方案需要建立的转换关系数量较多，而且每增加一台设备就需要新建多组匹配转换关系，较为烦琐。

（2）以设备无关色空间为核心，建立各设备颜色空间与设备无关颜色空间之间的匹配转换关系，并实施相应的匹配转换，达到色彩管理的目标。此方案不在设备之间建立转换关系，而在每一台设备与一个与设备无关的颜色空间之间建立双向转换关系，每增加一台设备只需新建一组双向匹配转换关系。基于这种以设备无关颜色空间为枢纽、设备之间不直接进行匹配转换的特征，这种方案称为"设备无关色彩转换方案"，其应用较为广泛。

3. 操作系统级色彩管理的框架结构及其色彩匹配机制

操作系统级色彩管理的机制是由国际色彩联盟 ICC（International Color Consortium）建立的，ICC 的工作目标是：建立一种色彩管理机制，使色彩在设备、应用软件、操作系统之间传递时，能够达到匹配。

ICC 建立了系统级色彩管理的框架结构（图 1-18），并制定了 ICC 色彩特征文件（ICC Profile）的格式规范。ICC 色彩特征文件是用来保证设备色彩特性、色彩匹配转换关系的数据文件。在进行色彩匹配转换的过程中，将设备相关的色彩数据转换到设备无关的色度数据，或者将设备无关的色度数据转换到设备相关的色彩数据，都必须依据特性文件所提供的匹配转换关系，可见其在色彩管理技术中具有重要地位。

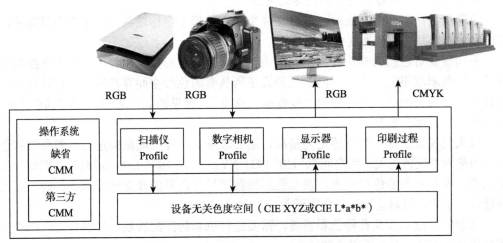

图 1-18 ICC 系统级色彩管理的框架结构

ICC 色彩管理的框架结构包含以下几个要素：

①设备无关的色彩空间：ICC 称为"联结特征文件的色彩空间"（Profile Connection Space，PCS），实际采用的是 CIE Lab 或 CIE XYZ 系统。

②色彩特征文件：用以提供各个设备与 PCS 之间的双向转换关系以及设备的色彩属性，是色彩匹配的重要依据。

③操作系统的色彩匹配模块（Color Matching Method 或 Color Management Module，CMM）：由操作系统或应用软件提供。这一模块负责进行色彩的匹配转换。一般而言，每种操作系统都确定了缺省的 CMM，但是色彩管理系统并不排斥其他 CMM 的应用。

④各种色彩相关的设备、材料和工艺：如扫描仪、数字相机、数字摄像机、显示器、电视机、打印机、各种印刷工艺等。

在这种框架下，某设备所产生的色彩要传递到另一台设备上，则在操作系统下，先由 CMM 负责将色彩转换到与设备无关的 LAB 或 XYZ 系统下，依据第一台设备 A 的色彩特征文件，将色彩转换成与设备无关的色度数据 [L，a，b] 或 [X，Y，Z]。随后，再按照另一设备的色彩特征文件，将色度数据转换成与设备 B 相关的色彩数据。如果两个色彩特征文件所提供的转换关系准确，CMM 的计算正确无误，则原色彩与 [L，a，b] 或 [X，Y，Z] 匹配。而最终获得的色彩与 [L，a，b] 或 [X，Y，Z] 匹配，这样，原始色彩与传递到第二台设备上的色彩匹配。

二、色彩管理模块与特征文件

在色彩管理技术中，色彩特征文件（ICC Profile）为操作系统的色彩管理模块（CMM）提供了设备基本颜色属性、颜色匹配转换的对应关系以及一些相关的色彩管理设置信息。依据这些信息，操作系统才能正确地进行色彩管理需要的各种处理。ICC 组织将色度空间称为 PCS，即"联结特征文件的色彩空间"（Profile Connection Space），也从某种角度阐明了色度空间与特性文件的关系。

为使色彩管理的信息能够在多种不同操作系统之间交换，ICC 组织在其成立之初就制定和公布了色彩特征文件格式规范（ICC Profile Format Specification）并进行版本升级，以满足色彩管理技术发展的需要。符合这种格式规定的文件可以在 Windows、MacOS、Unix 等操作系统上应用，实现跨平台 / 跨操作系统的色彩管理。

三、色彩管理的应用

1. 实施色彩管理的基础

从原理和机制上，色彩管理是以与设备无关的颜色空间为中介，以色彩特征文件为依据，对需要传递的色彩进行匹配转换，是色彩在传递中保持一致的系统和技术。

显然，从原理上，建立色彩管理系统有如下几个组件：设备无关的色彩空间、色彩特征文件、色彩匹配转换模块。

要有效地应用色彩管理技术，使色彩传递真正满足应用的要求，还必须建立稳定的设备、材料、工艺状况，这是有效应用色彩管理技术的基础。这一基础不稳固，会导致色彩管理系统颜色匹配的偏差。原因是色彩特征文件携带的匹配转换关系反映了生成该特性文件时的设备、材料、工艺状况，而色彩管理系统还无法实时跟踪状态的变化，如果设备、材料、工艺状态不稳定而频繁波动，则色彩匹配转换关系无法真正反映当时的色彩匹配状态，因此会造成色彩匹配准确度下降。

在实际应用中，保持设备状态的稳定性是较为关键的。为了保证输入色彩的准确性，应保证扫描仪状态的稳定，针对不同的扫描设置，生成不同的色彩特征文件。对数字照相机，针对不同的白色平衡设置和光源条件，制作不同的色彩特征文件。对彩色显示器，保证其环境光线的正常和稳定，可以依照色彩特征文件生成软件的提示，将其反差、亮度、色温调整到合适的状态下并保持稳定。对彩色打印设备，针对不同纸张、墨粉/墨水、墨量等基础设置，制作不同的色彩特征文件；对喷墨打印机，打印前要进行喷头检测，避免喷墨断线；在喷墨样张打印完毕后，需要晾干一定的时间后再进行色彩测量。

印刷复制工艺是一个多步骤、受多种因素影响的色彩传递过程。保持其色彩传递状态的稳定性需要各工艺步骤的设备、材料稳定以及操作方式的规范。特别是，记录输出设备的线性化、印版网点传递、油墨纸张等材料的状况、印刷实地密度、相对反差值、网点增大等状态的稳定是非常重要的。要保证这些参数和状态稳定，需要进行细致的工艺数据化和规范化管理。同时，应针对不同印刷设备、不同纸张/油墨、不同分色设置制作不同的一整套色彩特征文件，在印前分色转换时按需要正确选择。

由于各种设备、材料、工艺的色彩传递特性会随时间发生一定变化，因此，需要以某种时间间隔重新制作色彩特征文件，以便使计算机色彩匹配处理适应设备、材料、工艺状态发生的变化。

2. 色彩特征文件的应用

获得色彩特征文件以后，可在操作系统和应用软件中应用。

应用色彩特征文件时，可以将其复制到操作系统的色彩文件夹下，以便操作系统和应用软件调用。对扫描仪，可以在扫描软件中加入其色彩特征文件，这样即可在扫描获得的图像中嵌入之。如果为嵌入，则可以在图像处理应用软件中为扫描图像指定正确的色彩特征文件。对数字照相机，同样可以在图像处理应用软件为扫描图像指定正确的色彩特征文件。

对显示器，可以在计算机操作系统的显示器设置界面中，选用正确的显示器色彩特征文件。

对印刷复制过程，其色彩特征文件主要用于图像分色。在图像分色之前，从图像处理软件的分色设置界面中选择与印刷条件吻合的色彩特征文件，随后即可进行分色处理。

对采用彩色打印机进行彩色样张制作的数码打样过程，至少需要两个色彩特征文件，即印刷复制过程的色彩特征文件和彩色打印机的色彩特征文件。利用前者，印刷的分色数据（如 CMYK）可以转换到色度空间下，再利用后者将色度数据转换到彩色打印机的色彩数据，用其控制彩色打印机，即可在打印纸张上完美地或近似地呈现出印刷品的色彩。

归结起来，色彩管理技术的应用建立在与设备无关的色度空间、色彩特征文件、计算机色彩匹配处理、色彩测量、稳定正常的设备 / 材料 / 工艺状态基础上。这种技术的广泛应用，必将推动色彩复制领域技术水平的迅速提高。

第二章
印刷设备购置与维修

第一节　印刷设备的选型

所谓设备选型即是从多种可以满足相同需要的不同型号、规格的设备中，经过技术经济的分析与评价，选择最佳方案以做出购买决策。合理选择设备，可使有限的资金发挥最大的经济效益。

一、设备选型基本原则

1. 生产上适用

所选购的胶印设备应与印刷企业扩大生产规模或开发新产品等需求相适应。

2. 技术上先进

在满足生产需要的前提下，要求其性能指标保持先进水平，以提高产品质量和延长其技术寿命。

3. 经济上合理

设备价格合理，在使用过程中能耗、维护费用低，并且回收期较短。

胶印设备选型首先应考虑的是生产上适用，只有满足印刷产品的生产要求，才能发挥设备的最大投资效果；其次是技术上先进，技术先进应以生产适用为前提，以获得最大经济效益为目的；最后，最大限度地将生产上适用、技术上先进与经济上合理统一起来。尽管在一般情况下，技术先进与经济合理是统一的，但有时两者也是矛盾的，因此，还必须考虑印刷企业的实际生产情况和资金状况来进行取舍。

二、印刷设备选型的考虑因素

1. 主要参数选择

（1）生产率

设备生产率是指功效、规格、速度、精度等一系列技术参数，它是以单位时间内能够生产的产品量来表示的，是由设备的效率和工作时间决定的。胶印设备的生产率一般用每小时生产印刷品的数量来表示（单张纸为印张 / 小时，卷筒纸为对开张 / 小时），与胶印设备的大型化、高速化和自动化密切相关。设备生产率应与企业的经营方针、工厂的规划、生产计划、运输能力、技术力量、劳动力、动力和原材料供应等相适应，不应盲目追求生产率。因为生产率高的胶印机，一般都具有自动化程度高、投资多、能耗大、维护复杂的特点，如不能达到计划的产量，单位产品的平均成本就会增高。

（2）工艺性

胶印设备必须符合印刷产品的工艺要求，设备满足生产工艺要求的能力称为工艺性。胶印设备应满足印刷产品的印刷精度、印刷速度、印刷尺寸和加工要求，如是否需要上光、模切等，是否满足设备自动化程度、环境保护等要求。

2. 可靠性和维修性

（1）可靠性

可靠性是保持和提高印刷机生产率的前提条件。投资购置的设备能无故障地工作就是设备可靠性的概念。可靠性在很大程度上取决于印刷机的设计与制造。因此，在进行设备选型时必须考虑设备的设计制造质量。

（2）维修性

设备的维修性就是指购置设备一旦发生故障后能方便地进行维修。胶印设备的维修性可以从以下几个方面进行判定：技术图纸、资料是否齐全；胶印机结构设计是否合理；在满足使用要求的前提下，结构是否具有简单性；是否符合标准化原则；是否具备结构先进性；自动状态监测与故障诊断能力如何；是否提供特殊工具、仪器、适量的备品备件或有方便的供应渠道等。

3. 安全性和操作性

（1）安全性

安全性是设备对生产安全的保障性能，印刷设备必须具有必要的安全防护设计与装置，避免带来人、机事故和经济损失。

（2）操作性

操作性要求印刷机的操作方便、可靠、安全，符合人机工程学原理。

4. 环保性和节能性

（1）环保性

胶印设备的环保性主要是指噪声、振动、粉尘、有害溶剂挥发、废液排放等对周围环境的影响程度。

（2）节能性

印刷设备的能源消耗通常以单位开动时间的能源消耗量来表示。

5. 经济性

印刷设备的经济性主要包括设备购置投资、对产品的适应性、生产效率、耐久性、能源与原材料消耗、维护修理费用等。

能源消耗一般用设备单位开动时间的能源消耗量来表示，原材料消耗则是指印刷过程中对原材料的利用程度。设备的能源利用率越高、能耗越低，适应能源供应条件越好，则设备的经济性就会越好。

设备档次越高，精度越高，则维修和护理的难度越大，费用也会越高。在满足使用要求的前提下，设备结构越简单，互换性越好，则维护的难度也就越低。

第二节　印刷设备的配置

印刷厂在进行胶印机配置时，首先应该根据印刷活件决定胶印机的类型，根据已有和将有的印刷品类型、印活的数量、交活时间和印活的基本要求决定配置胶印机的类型。同时还应考虑印刷活源批次和批量规律；考虑企业的资金来源、财务状况；考虑印刷机的设计水平、制造质量、自动化程度；考虑印刷产品质量要求；考虑设备商的售后服务、备品备件、消耗材料；考虑印刷企业环境条件等进行胶印机配置。

一、依据印刷品类型

单张纸胶印机最适合的产品主要包括包装印刷品（如烟包、酒标、包装盒等）、出版印刷品（如书籍、刊物、画册等）、商业印刷品（如招贴、手册、宣传品等）和其他印刷品。卷筒纸胶印机最适合的产品主要包括出版印刷品（如书刊、报纸等）、商业印刷品（如票据、宣传品等）等。因此，如果以印刷书刊为主，则配备标准尺寸的四色单张纸胶印机、卷筒纸书刊印刷机均可；如果以包装印刷品为主，则可选择大尺寸的四色或多色单张纸胶印机、带有联机加工（如上光等）的多色胶印机；如果以印刷报纸、刊物为主，则可配备卷筒纸新闻轮转印刷机和卷筒纸半商业轮转印刷机；如果以印刷招贴、宣传品为主，则可选择卷筒纸商业轮转印刷机和大幅面单张纸胶印机；其他零件印活可选择对开或四开印刷机。

二、依据活源批量规律

胶印机是服务胶印生产的载体，显然应该依据印刷活件的生产规律选配。印刷生产活源一般分为少批次大印量印活和多批次小印量印活两大类，前者印活俗称长版活，特点是活源稳定，印刷机调整较少，工艺变化少，质量要求较一致，印刷速度高等；对胶印机的配置注重印刷速度、精度、稳定性等，配置必要的选配件，完善胶印机的持续生产运行。后者印活俗称短版活，特点是活源类型杂，印刷幅面变化多，使用纸张、油墨及耗材杂，印刷质量要求有高有低，工艺控制较为复杂，印刷机调整频繁，变化因素多等；对胶印机的配置注重设备的灵活性、自动化程度等，应考虑选配自动化装置（自动清洗、遥控操作、自动上版等）、色彩控制软件、工作流程系统和CIP4接口等，提高胶印机换活时的工作效率，减少非生产停机时间，提高胶印机的利用率。

三、依据企业资金状况

现代胶印机的投资成本都较高，无论是常规四色单张纸胶印机，还是卷筒纸胶印机，基本配置所需的投入资金都在几百万元至上千万元人民币。特别当加配选配装置、高自动化装置及高端控制软件时，胶印机的资金投入往往成为印刷企业投资的重头，是制约企业购置不同档次胶印机的最主要因素。企业购置胶印机的投资来源大都为自有资金、银行贷款、政府投资、融资等多种途径，都需要在一定时限内收回投资或还贷。因此，如何科学论证胶印机配置，充分发挥胶印机配置的功能利用，取得最佳的性价比配置就成为企业选购设备的一个重要方面，既不能因为暂时的资金紧张而偏低配置，影响企业今后的长远发展，也不能过高配置，占压过多生产运行资金，造成高技术配置的浪费。

四、依据设备技术水平

目前，高速单张纸胶印机印刷速度高（15000～17000张/时），套准精度高（进口胶印机不低于0.01mm），纸张厚度变化较大（通常必须满足0.04～0.8mm或0.03～1.0mm甚至更厚的纸张），纸张幅面范围广（以对开为例，最小纸张幅面280mm×420mm，最大纸张幅面720mm×1050mm），印刷机对纸张控制的各个环节要求有更合理的方案配置和更优化的结构设计。

胶印机的制造水平越高，意味着印刷机的性能越好，印刷精度、印刷速度、印刷平稳性、自动化程度等会越高，停机时间、材料损耗等也会越低。当然，随之也会带来设备成本高、耗材贵、对操作者水平要求高等问题。

胶印机的技术水平反映在胶印机各机构的设计和控制方式上。胶印机设备的五个机械组成部分和控制系统的设计制造水平，成为衡量胶印机质量和先进程度的最重要内容。

五、依据印刷产品质量

胶印产品随着印刷质量的要求不同，采用的纸张、油墨、耗材不同，印前处理的精细程度不同，设计的印刷工艺也不同。如报纸胶印，其纸张、油墨、加网线数、印刷速度、印刷工艺等决定了其印刷质量标准与单张纸胶印机有较大不同。书刊印刷与包装印刷的质量要求有所不同，彩色印刷与黑白印刷也有较大不同，对胶印机的配置侧重点就不同，如是否配置在线联机质量检测装置、翻面印刷装置和UV上光装置等。显然，高质量印刷产品要求高质量的胶印机，需要其具有提高印刷质量的选配装置。

六、依据设备商售后服务

胶印机作为集光、机、电、计算机技术的高精密生产设备，绝非像家用电气那么简单的购买后使用，需要设备供应商的良好安装、调试和培训，以及在未来使用期间的及时售后服务，如上门检修、远程故障诊断和按时升级等。在胶印机出现故障需要更换零配件时，能够在当地或较近范围内有零配件库，及时提供更换；为印刷企业良好使用胶印机、保证印刷质量，能够提供印刷耗材的完整解决方案，确保胶印机配置的功能发挥。特别对一些高科技配置，供应商的优质服务是胶印机完美生产的重要保障。

七、依据印刷生产环境

近年来，为保证胶印产品质量，对胶印机的温度、精度、灵敏性等技术要求越来越高。胶印机上配置的微电机、传感器、光纤、控制器和软件日益增多，也就对胶印机运行的环境提出了更高的要求，如温度、湿度、尘埃、挥发气体等。同时，印刷车间的尺寸、高度、承重、成品和半成品堆放位置、设备集中程度等，都应成为胶印机配置时的考虑因素，如卷筒纸胶印机的集中供墨装置、单张纸胶印机的加长收纸装置和联机加工装置，都受到印刷企业环境条件的制约，必须在进行胶印机配置时加以考虑。

第三节　印刷设备的布局

一、布局的原则

1. 满足工艺流程

按照生产过程的流向和工艺顺序布局印刷设备，尽可能使印刷品通过各加工设备的加工路线最短，便于工人操作并方便运输。以单张纸印刷机印刷图书为例，印刷前需要通过切纸机获得所需规格的承印材料，单色双面印刷机适合印刷黑白书芯，彩色印刷机适合印刷彩色封面，书芯需要折页机折成页帖，书芯与封面可以通过平装生产线完成平装书籍的加工。

2. 满足效益最大

便于物料运输，加速设备间的物料流动，使各工序间设备的生产能力达到综合平衡。充分考虑不同类型印刷设备的工作特点和质量要求，尽可能将同类设备统一布局，减少环境投资，如多色印刷设备印刷彩色印刷品，比单色印刷机需要更稳定的环境温湿度以保证印刷品质量。

3. 满足环保效果

充分考虑印刷设备的环保治理需要，设备布局有利于废气等的收集及末端治理，避免多台套环保治理设施的投入。

二、布局的设计

印刷企业的设备布局通常很难做到完美，因为生产具有复杂性，建设具有时间延续性，基建具有互相干扰性。但设备布局的设计需要考虑以下主要内容。

（1）印刷流程的设计：包括技术的选择、设备的选择、安装与环境等。

（2）印刷设施的设计：包括供热、采光、输电、供水、仓库和环境等。

（3）工作场所的设计：包括建筑模式和服务设施的保养等。

（4）印刷产品的设计：包括印刷产品的规格、材料、技术和复杂性等。

（5）操作运行的设计：包括人力资源配置、设备配置和工作方法等。

三、布局的形式

1. 工艺专业化形式

工艺专业化形式是指把相同类型的设备集中布置在一起，又称为机群式布局。

2. 产品专业化形式

产品专业化形式是指将所有生产设备和工作地按照产品加工装配的工艺路线顺序排列，又称为对象专业化布局。

3. 综合式布局

一般来说，上规模的工厂很难只用一种方式布局为数众多的设备，而是两种布局形式相结合，形成综合式布局，以满足企业生产的不同要求。

第四节　印刷设备购置

印刷设备的选购应在广泛搜集信息资料的基础上，经多方分析、比较、论证后，进行决策。

一、选择步骤

1.收集市场信息

通过广告、样本资料、产品目录、技术交流等各种渠道，广泛收集所需设备以及设备的关键配套件的技术性能资料、销售价格和售后服务情况，以及产品销售者的信誉、商业道德等全面信息资料。

2.筛选信息资料

将所收集到的资料按自身的选择要求，进行排队对比，从中选择几个产品厂作为候选单位。对这些单位进行咨询、联系和调查访问，详细了解设备的技术性能（效率、精度）、可靠性、安全性、维修性、技术寿命以及其能耗、环保、灵活性等各方面情况；制造商的信誉和服务质量；各用户对产品的反映和评价；货源及供货时间；订货渠道；价格及随机附件等情况。通过分析比较，从中选择几个合适的机型和厂家。

3.选型决策

对初步选出的几个机型进一步到制造厂和用户处进行深入调查，就产品质量、性能、运输安装条件、服务承诺、价格和配套件供应等情况，分别向各厂仔细地询问，并做详细记录，最后在认真比较分析的基础上，再选定最终认可的订购厂家。

二、采购方法

大中型印刷设备属专用设备，特别是进口胶印机是价值较高的单台专用设备，规定采用招标方式确定。招标形式包括公开招标、邀请招标、竞争性谈判、单一来源采购、询价采购、竞争性磋商等。

1.公开招标

公开招标是政府采购的主要方式，是指采购人按照法定程序，通过发布招标公告，邀请所有潜在的不特定的供应商参加投标，采购人通过某种事先确定的标准，从所有投标供应商中择优评选出中标供应商，并与之签订政府采购合同的一种采购方式。

2.邀请招标

邀请招标也称选择性招标，是由采购人根据供应商或承包商的资信和业绩，选择一定数目的法人或其他组织（不能少于3家），向其发出招标邀请书，邀请其参加投标竞争，从中选定中标供应商的一种采购方式。

3.竞争性谈判

竞争性谈判是指采购人或代理机构通过与多家供应商（不少于3家）进行谈判，最后从中确定中标供应商的一种采购方式。

4. 单一来源采购

单一来源采购也称直接采购，是指采购人向唯一供应商进行采购的方式。适用于达到了限购标准和公开招标数额标准，但所购商品的来源渠道单一、或属专利、首次制造、合同追加、原有采购项目的后续扩充和发生了不可预见的紧急情况不能从其他供应商处采购等情况。该采购方式的最主要特点是没有竞争性。

5. 询价采购

询价采购适用于采购的货物规格、标准统一、现货货源充足且价格变化幅度小的政府采购项目。

6. 竞争性磋商

竞争性磋商适合于政府购买服务项目；技术复杂或者性质特殊，不能确定详细规格或者具体要求的；因艺术品采购、专利、专有技术或者服务的时间、数量事先不能确定等原因不能事先计算出价格总额的；市场竞争不充分的科研项目，以及需要扶持的科技成果转化项目；按照招标投标法及其实施条例必须进行招标的工程建设项目以外的工程建设项目。

三、经济评价

企业在选购新设备时，还应采用科学的方法对设备投资进行经济评价。经济评价的方法主要有投资回收期法、年费法和净现值法。

1. 投资回收期法

计算设备的投资回收时间，投资回收期越短，经济性越好。投资回收期的计算公式如下：

$$投资回收期（年）= \frac{投资费用总额（元）}{采用该设备后年节约总额（元）}$$

投资费用总额由设备原始费用和使用费用组成。原始费用包括设备购置价格、运输费用、备品备件费、安装调试费等。使用费用是指设备在整个寿命周期内所支付的能源消耗、维修费、操作工人工资以及固定资产占用费、保险费等。

2. 年费法

年费法是从设备的寿命周期角度来评价和选择设备的一种方法。将设备的购置费用依据设备的寿命期，按一定的复利利率计算换算成相当于每年的平均费用支出，再加上每年平均使用费，得出设备在寿命周期内平均每年支出的总费用。年平均总费用越低，经济性会越好。年投资费用的计算公式如下：

年投资费用 = 一次购置费用 × 资金回收率系数 + 每年维持费 − 设备残值
　　　　　　 × 资金存储系数

$$资金回收率系数 = \frac{i(1+i)^n}{(1+i)^n - 1}$$

式中，i 为年利率；n 为设备的寿命周期。

3. 净现值法

净现值法是把设备投资方案在有效期间逐年发生的经营费用折算为现值，然后，将收入现值减去支出现值得出净现值，净现值越大，经济性越好。

净现值法与年费法相反，后者是把投资成本化为年值后与每年维持费相加组成设备的年度总费用后再进行比较。而前者则是在每年维持费转化后与当初的投资费相加，组成总现值后进行比较。净现值法与年费法可以相互进行验证。

第五节　胶印机的验收

一、胶印机验收标准与条件

（1）用合格反射密度计测试带有彩色测试条的印张，来检测印刷效果。

（2）符合合同规定的安装要求。

（3）性能指标和技术指标满足合同要求。

（4）每天按 8 小时计算，空载运行 1 天，正常负载运行 1 天。

（5）印刷品质优良、运转正常、不漏油、不漏水、不漏墨。

（6）网点清晰、光洁、角度准确、无重影。

（7）测量 50% 和 75% 的半色调网点，网点增大率不大于 12%（进口机标准）～ 15%（国产机标准）。

（8）与黑版比较，黄、品红、青能达到彩色灰平衡。

（9）检查每一印刷单元的彩色实地版密度：黄 1.2、红 1.5、青 1.5、黑 1.8。

（10）圆周方向无重影（50% 网点）。

（11）测量 25%、50% 和 75% 的半色调网点，墨色均匀性相对误差不大于 12%。

（12）四色套准精度不大于 0.01mm（进口机标准）～ 0.1mm（国产机标准）。

（13）符合国家设备安装和安全标准。

二、胶印机验收内容

1.技术指标审核

（1）机器规格主要包括决定胶印机性能的关键参数，如最高印刷速度、套印精度、最大和最小纸张尺寸、最大印刷面积、承印纸张厚度范围、印版尺寸、橡皮布尺寸、给纸和收纸纸台高度、印刷机尺寸、主电机功率等。

（2）技术要求主要涉及招标文件中所列出的相关技术要求，如计算机控制技术、飞达技术、套准技术、输墨技术、润湿技术、印刷技术、收纸技术等。

2.胶印机验收指标

（1）空转试验指标

低速运行 30 分钟，检查各部件工作情况。再以低、中、高三种速度各运行 1 ～ 3 小时，检查运动部件的运行状况、润滑情况、异常声响、轴承温升、安全罩可靠性等。检查机器润滑情况，采用点温计进行测量，轴承温升应低于 35℃。

（2）走纸试验指标

用 90 ～ 120g/m² 胶印机所允许的最大纸张，在最高速度下，连续走纸 500 张，不出现断纸、撕纸、收纸不齐等现象，检测装置工作可靠。

（3）印刷试验指标

①套印准确度检测

根据国家行业标准规定，检验精细印刷品套印精度小于 0.1mm，进口胶印机的套印精度不大于 0.01mm。

②网点增大值检测

根据国家行业标准规定，检验国产印刷机网点增大值小于 15%，进口印刷机网点增大指标不大于 12%。

③墨色均匀性检测

选用 25%、50% 和 75% 的网点印刷，墨色均匀性相对误差应小于等于 12%。墨色均匀性相对误差由下式计算：

$$W = \frac{D_1 - D_2}{D_1}$$

式中　W——墨色均匀性相对误差；

　　　D_1——某一点密度；

　　　D_2——另一点密度。

④条痕检测

根据国家标准规定，检验印刷机速度 4500r/h，在 25%、50% 和 75% 的平网印刷和实地印刷时，检查印刷品无明显条痕。

（4）噪声试验指标

在胶印机周围 1 米处的多个位置，用声级计测量值应小于 85dB（A）。

（5）部件验收指标

按照国家标准，主要回转件的检测指标应为：印刷滚筒轴径径向跳动精度小于 0.016mm；印刷滚筒工作面径向跳动精度小于 0.018mm；印刷滚筒的轴向串动精度小于 0.01 mm；印刷滚筒滚枕径向跳动精度小于 0.016mm；印刷滚筒齿轮轮毂径向跳动精度小于 0.016mm；印刷滚筒工作面尺寸精度小于 0.012mm；串墨辊的径向跳动精度小于 0.08mm；墨斗辊的径向跳动精度小于 0.03mm；递纸牙的轴向串动精度小于 0.03mm。

（6）外观及油封检查指标

主要检查胶印机的外观有无划伤，有无漏油等现象。

第六节　胶印机的大修

胶印机的大修是工作量最大的计划维修。大修时，对胶印机的全部或大部分部件解体；修复基准件，更换或修复全部不合格的零件；修复和调整设备的电气及液、气动系统；修复设备的附件以及翻新外观等；达到全面消除维修前存在的缺陷，恢复胶印机原有的功能和精度。大修需要的工作量较大，停机时间长，对印刷厂的生产影响较大，因此，制订大修计划时，应该仔细考虑大修的维修原则。

一、大修的原则

胶印机精度降低到多少，生产运转多长时间，机器磨损到什么程度就可以进行大修，这要看胶印机主要生产的是哪些种类的产品，不能一概而论。设备大修的质量标准，是衡量设备维修后整机技术状态的标准，包括大修后应达到的设备精度、性能指标、外观质量及环境保护等方面的技术要求。它是检验和评定设备修理质量的主要依据。

1. 印刷产品的质量

通过对印刷产品质量的检验与分析，来确定是否需要大修。其方法是用150线5成点子平网版印刷，然后观察印品是否有杠子、网点是否变形、输纸机走纸是否正常（输纸机在正确调整之后）、套印误差的大小等。若印品有明显的条杠，网点严重变形，套印误差较大，则应考虑印刷机的大修问题。应该注意的是，在检验产品质量时要分清产品质量原因是机器本身，还是其他因素（如机器的调整、纸张或油墨等印刷材料的原因）造成的。

2. 胶印机的使用时间

胶印机在使用过程中，不可避免地会产生自然磨损，机器的精度和技术性能都会发生变化，使用效率及产品质量也会降低。图2-1为某胶印机使用价值变化的曲线图。从图中可以看出，当胶印机的使用价值（由产品质量、产量等决定）降低时，就应对该机进行大修，否则它的使用价值会明显降低。因为此时机器的效率下降，能量消耗急剧增加，生产能力显著下降，印品质量也明显下降，最后机器只能停止工作。

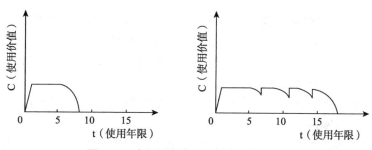

图2-1　胶印机的使用价值与使用时间

3. 胶印机的精度指数

胶印机的精度指数是衡量胶印机磨损状况的综合指标。精度指数越大则表明胶印机的磨损越严重，因此，该数值是胶印机大修的重要依据。

通过对胶印机的某些关键部位进行检验，取得数据，掌握各部件的磨损情况，然后利用精度指数计算公式进行计算和分析。其计算公式为：

$$T = \sqrt{\frac{\sum (T_P / T_S)^2}{n}}$$

式中　　T——机器的精度指数；

　　　　T_P——精度指数的实际测量值；

T_S——精度指数的许可值；

n——检验的项目数。

计算结果应按以下规定进行评定：

$0.5 < T \le 1$ 时，为胶印机大修后的验收条件；

$1 < T \le 2.5$ 时，机器仍可继续使用，但需要加强维护保养和调整工作；

$2 < T \le 2.5$ 时，胶印机应进行大修或重点项目的修理；

$2.5 < T$ 时，胶印机应大修或更新。

4. 维修的价值

如果确认印刷机应该大修了，还应考虑机器的维修价值。以进口胶印机为例，如果大修时的人工维修费加配件费（全进口原装配件）超过同规格新机的一半时，或人工维修费加配件费（国产配件）超过同规格新机的 1/3 时，这样的大修是没有价值的。

二、大修的基本类型

印刷设备的大修可以有不同的分类，如按照管理方式分为计划性大修和非计划性大修，按照维修方式分为机器上大修和整体更换式大修。

1. 按照管理方式分类

（1）计划性大修

机器连续运转一个大修周期后，主要零部件的自然磨损使其尺寸精度和装配精度大大降低，就应该进行零件的更换。这些零件主要是那些易损、易磨和经常活动部位的零件。

决定零件是否需要被更换是一个复杂的问题。根据零件安装的部位不同，对零件的精度要求也就不同，有些零件虽然出现磨损但不是特别严重，对机器精度和产品质量影响不大，这类零件还可以继续使用，但有些零件只要有一点磨损就必须进行更换，否则，对胶印机的性能就会产生影响。零件更换的原则是：

①如果该磨损零件对产品的印刷质量有直接的影响，明显地降低印刷机器的精度时，就应该更换该零件。

②如果该零件的磨损程度影响到其他接触件，而加速了其他接触零件的磨损，就算该零件不直接影响印刷质量和精度也应更换。

③如果零件虽已磨损，也还是能使用一段时间，但它却降低了机器的性能和生产效率，这类零件也必须更换。

（2）非计划性大修

这种类型的大修是设备管理部无法预期的。非计划性大修又可分为事故性大修与失修性大修两类。主要表现在操作人员不注重安全操作规程、机器清洁保养制度、润滑制度和日常维护制度，机器调节不当引起事故；或者就是机器长期带病运转，造成机器提前进入大修周期。

总体来说，对于管理规范的印刷厂，通常会遵循计划性大修。非计划性大修不仅影响工厂的正常生产运行，还会增加维修成本，加速设备的报废，因此，无论从经济上还是管理上，印刷厂都应极力避免非计划性大修。

2. 按照维修方式分类

（1）机器上大修

机器上大修就是在修理过程中将零件从机器上依次拆下，经过清洗、检测、分类和修复或更换，最后再重新装配，以达到恢复性能的修理方法。机器上大修是一些印刷厂进行印刷机大修常用的方法之一。机器上大修的缺点是占用的停机修理时间较长。

（2）整体更换式大修

整体更换式大修是指在修理过程中除将原来机架进行整修外，只需将其余已损坏的部件或零件全部拆下，换上已预先准备（或修理）好的部件或零件，装配成整机的修理方法。整体更换式大修也是印刷厂进行印刷机大修常用的方法，这种方法可以大大减少停机修理时间，有利于提高修理工效、降低成本和保证维修质量。

总体来说，印刷机大修时往往会同时用到上述两种维修方式，对墙板上的轴承、轴套，甚至齿轮通常采用机器上大修，对水辊、墨辊甚至递纸牙排就会用到整体更换式大修方法。

第三章
印刷质量与评价

平版印刷标准常见的有国际标准、国家标准和行业标准。在推行标准化的过程中主要以国际标准、国家标准和行业标准为依据。国际标准 ISO 12647-2 是有关平版胶印质量标准；国家标准 GB/T 17934.2 是有关印刷技术中的胶印质量标准；行业标准 CY/T 5—1999 是有关《平版印刷品质量要求及检验方法》标准。

第一节　平版印刷品质量评价标准

平版印刷品从实用的方面来看，主要有平版纸质图像印刷品和平版装潢印刷品，对应这两种平版印刷品已有制定的行业质量标准。

一、平版纸质图像印刷品行业标准（CY/T 5—1999）

1. 产品分类

（1）精细印刷品：使用高质量原辅材料经精细制版和印刷的印刷品。

（2）一般印刷品：符合相应质量要求的印刷品。

2. 质量要求

（1）阶调值

原稿密度与印刷品密度对应表现的印刷品阶调如图 3-1 所示。

① 暗调

印刷品暗调密度范围如表 3-1 所示。

表 3-1　暗调密度范围

色别	精细印刷品实地密度	一般印刷品实地密度
黄（Y）	0.85～1.10	0.8～1.05
品红（M）	0.25～1.50	1.15～1.40
青（C）	1.30～1.55	1.25～1.50
黑（BK）	1.40～1.70	1.20～1.50
叠加色	>1.5	>1.30

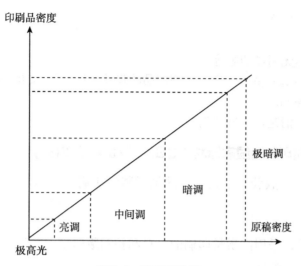

图 3-1 印刷品阶调

② 亮调

亮调用网点面积表示，精细印刷品亮调再现为 2%～4% 网点面积，一般印刷品亮调再现为 3%～5% 网点面积。

（2）层次

亮、中、暗调分明，层次清楚。

（3）套印要求

多色版式图像轮廓及位置应准确套合，精细印刷品的套印允许误差≤0.10mm。一般印刷品的套印允许误差≤0.20mm。

（4）网点要求

网点清晰，角度准确，不出重影。精细印刷品 50% 网点的增大值范围为10%～20%；一般印刷品 50% 网点的增大值范围为 10%～25%。

（5）相对反差值（K 值）

印刷品相对反差 K 值应符合表 3-2 的规定。

表 3-2　相对反差值

色别	精细印刷品K值	一般印刷品K值
黄	0.25～0.35	0.20～0.30
品红	0.35～0.45	0.30～0.40
青	0.35～0.45	0.30～0.40
黑	0.35～0.45	0.30～0.45

（6）颜色

颜色应符合原稿，真实、自然、协调。

① 同批产品不同印张的实地密度允许误差为：青（C）、品红（M）≤0.15，黑（B）≤0.20，黄（Y）≤0.10；

② 颜色符合付印样。

（7）外观

① 版面干净，无明显的脏迹；

② 印刷接版色调应基本一致，精细产品的尺寸允许误差 ＜ 0.5mm，一般产品的尺寸允许误差 ＜ 1.0mm；

③ 文字完整、清楚，位置准确。

二、平版装潢印刷品国家标准（GB/T 7705—2008）

本标准适用于平版胶印工艺生产的纸质装潢印刷品，其他平版印刷品也可参照使用。

1. 产品分类

（1）精细产品：采用高质量印刷的材料和精制版印刷工艺生产、质量符合精细产品要求的高档装潢印刷品。

（2）一般产品：除精细产品以外的其他装潢印刷品。

2. 技术要求

（1）成品规格尺寸偏差

① 裁切成品规格尺寸偏差如表 3-3 所示。

表 3-3　裁切成品规格尺寸偏差　　　　　　　　　　单位：mm

裁切成品规格	尺寸极限偏差	
	精细产品	一般产品
390×543 及以下	±0.5	±1.0
390×543 以上	±1.0	±1.5

② 模切成品规格尺寸偏差如表 3-4 所示。

表 3-4　模切成品规格尺寸　　　　　　　　　　单位：mm

模切成品规格	尺寸极限偏差	
	精细产品	一般产品
135×195 及以下	±0.4	±0.5
135×195 以上	±0.8	±1.0

③ 有对称要求的成品图案位置偏差如表 3-5 所示。

表 3-5　有对称要求的成品图案位置偏差　　　　　　　　　　单位：mm

成品规格	对称图案位置极限偏差	
	精细产品	一般产品
135×195 及以下	±0.4	±0.5
135×195 以上	±0.8	±1.0

④ 套印误差如表 3-6 所示。

表3-6　套印误差　　　　　　　　　　　　　　单位：mm

套印部位	套印允许误差	
	精细产品	一般产品
主要部位	≤ 0.10	≤ 0.20
次要部位	≤ 0.20	≤ 0.25

⑤ 实地印刷要求如表 3-7 所示。

表3-7　实地印刷要求

项目名称	单位	符号	指标值			
			精细产品		一般产品	
同色密度偏差		D_S	≤ 0.05		≤ 0.07	
同批同色色差	CIEL*a*b	ΔE_{ab}^*	L* > 50.00	L* ≤ 50.00	L* > 50.00	L* ≤ 50.00
			≤ 4.00	≤ 3.00	≤ 6.00	≤ 5.00
墨层光泽度	%	G_s（60°）	≥ 30		—	
墨层耐磨性	%	A_S	≥ 40			
墨层上光后印面的耐磨性	%	A_S	≥ 70			

⑥ 网点印刷要求

亮调网点再现百分率：精细产品≤ 3%；一般产品≤ 5%。

正常墨量 50% 网点增大值如表 3-8 所示。

表3-8　正常墨量 50% 网点增大值

指标名称	指标值	
	精细产品	一般产品
50% 网点增大值（ΔF）	≤ 15%	≤ 20%

（2）印品外观

精细产品：

① 成品应整洁，每件成品主要部位上不能有直径大于 0.3mm 的墨皮、纸毛等脏污，直径小于或等于 0.3mm 的墨皮、纸毛等脏污，不能超过 2 点；次要部位上不能有直径大于 1mm 的墨皮、纸毛等脏污，直径小于或等于 1mm 的墨皮、纸毛等脏污，不能超过 3 点。

② 文字印刷应清晰完整，小于 7 号的字应不影响认读。

③ 印面不应存在划伤和条痕。

④ 图像应清晰，层次清楚，网点应清晰均匀无变形和残缺。

⑤ 印刷色相应符合付印样张要求。

一般产品：

① 成品应整洁，每件成品主要部位上不能有直径大于 1.5mm 的墨皮、纸毛等脏污，直径小于或等于 1.5mm 的墨皮、纸毛等脏污，不能超过 2 点；次要部位上不能有

直径大于 2mm 的墨皮、纸毛等脏污，直径小于或等于 2mm 的墨皮、纸毛等脏污，不能超过 5 点。

② 文字印刷应清晰完整，小于 7 号的字应不影响认读。

③ 印面不应存在明显条痕。

④ 网点应较清晰均匀，应无明显残缺和花糊版。

⑤ 印刷色相应符合付印样张要求。

（3）印面烫箔外观

（4）印面凹凸印外观

（5）印面覆膜外观

（6）印面上光、压光外观

第二节　平版印刷质量标准要点

一、印前制版相关质量要求

1. 图像网线数

（1）对于四色印刷，加网线数应在 45 ～ 80 l/cm。

（2）卷筒纸期刊印刷，加网线数应在 45 ～ 60 l/cm。

（3）连续表格印刷，加网线数应在 52 ～ 60 l/cm。

（4）商业、特种印刷，加网线数应在 60 ～ 80 l/cm。

国际标准中网线数的要求比国家标准要高，过去常用 l/in 表示，现在统一为 l/cm，换算关系为：1in=2.54cm，即 60 l/cm=150 l/in，80 l/cm=200 l/in。

2. 网线角度

（1）单色印刷网线角度应为 45°。彩色印刷有两种网线角度，一是无主轴的网点，即圆形与方形网点；二是有主轴的网点，即椭圆形与菱形网点。

（2）无主轴的网点 C、M、K 角度差是 30°，Y 与其他色版的角度差应是 15°，主色版的网线角度应是 45°。

（3）有主轴的网点 C、M、K 角度差是 60°，Y 与其他色版的角度差应是 15°，主色版的网线角度应是 45°或 135°，Y 版的网线角度为 0°。

3. 网点形状与阶调值的关系

一般应使用圆形、方形和椭圆形网点。对于有主轴的网点，第一次连接应发生在不低于 40% 的阶调值处，第二次连接应发生在不高于 60% 的阶调处。

4. 图像尺寸误差

在环境稳定的情况下，一套印版各对角线长度之差不得大于 0.02%。

5. 阶调值总和

单张纸印刷阶调值总和小于或等于 350%，卷筒纸印刷阶调值总和小于或等于 300%。

6. 灰平衡

灰平衡指的是用黄、品红、青三原色油墨不等量混合，并在印刷品上形成灰色的各色比例关系。

如无特别说明，灰平衡阶调值如表 3-9 所示。

表 3-9　灰平衡阶调值

	青 /%	品红 /%	黄 /%
1/4 阶调	25	19	19
2/4 阶调	50	40	40
3/4 阶调	75	64	64

二、印刷品相关标准

1. 图像的视觉特性

（1）承印物颜色

传统打样用的承印物应与印刷用的承印物相同。若是数码打样，应尽可能选用与生产承印物在光泽度、颜色、表面特性等方面接近的打样用纸；若是印刷机打样，应从有光涂料纸、亚光涂料纸、光泽涂料卷筒纸、白色涂料纸和微黄色涂料纸中选取最接近的纸张。

（2）承印物光泽度

如果最终产品要进行表面整饰，对光泽会有一定影响。在要求苛刻的情况下，为了使样张与最终印品更好地匹配，最好选用样张表面光泽度与经过表面整饰的印品相匹配。典型纸张的 CIE L*a*b* 光泽度、亮度及允差见表 3-10。

表 3-10　典型纸张的 CIE L*a*b* 光泽度、亮度及允差

纸 型	L*	a*	b*	光泽度 /%	亮度 /%	克重 / (g/m²)
1. 有光涂料纸，无机械木浆	93	0	−3	65	85	115
2. 亚光涂料纸，无机械木浆	92	0	−3	38	83	115
3. 光泽涂料卷筒纸	87	−1	−3	55	70	70
4. 无涂料纸，白色	92	0	−3	6	85	115
5. 无涂料纸，微黄色	88	0	6	6	85	115
允差	±3	±2	±2	±5		
基准纸	95	0	5	70～80	80	150

① L*a*b* 测量方法按 GB/T17934.1 中 5.6：D_{50} 光源，2°视场，黑色背景，几何条件为 0/45 或 45/0。

② 光泽度测量方法按照 GB/T8941.3 的规定。

③ 亮度 460nm 处的反射率，仅供参考。

④ 克重仅供参考。

⑤ 基准纸按 CT/T 31 规定的基准纸，仅供参考。

（3）油墨颜色

打样上的 C、M、Y、K 四个实地及双色叠印获得的 R、G、B 实地色的 CIELAB 色度值 Lab 应符合规定值。允许色差值如表 3-11 所示。

表 3-11　色序为 C-M-Y 叠印的实地色 CIEL*a*b* 值

类型＼颜色	有光涂料纸	亚光涂料纸	光泽卷筒涂料纸	白色无涂料纸	微黄色无涂料
	L*a*b*	L*a*b*	L*a*b*	L*a*b*	L*a*b*
黑	18 0 -1	18 1 1	20 0 0	35 2 1	35 1 2
青	54 -37 -50	54 -33 -49	54 -37 -42	62 -23 39	58 -25 -35
品红	47 75 -6	47 72 -3	45 71 -2	53 56 -2	53 55 1
黄	88 -6 95	88 -5 90	82 -6 86	86 -4 68	84 -2 70
红	48 65 45	47 63 42	46 61 42	51 53 22	50 50 26
绿	49 -65 30	47 -60 26	50 -62 29	52 -38 17	52 -38 17
蓝	26 22 -45	26 24 -43	26 20 -41	38 12 -28	38 14 -28

在印刷过程中，付印样实地块印刷原色与打样样张之间的色差不应超过表 3-12 中规定的相应偏差值。

由于印刷原色实地块的变化受后工序条件的限制，因此，至少应有 68% 的印刷品与付印样之间的色差不超过表 3-12 中的规定，且最好不要超过规定值的一半。

包装印刷或专色印刷允许的色差值应低于表 3-12 所列值，尤其当色差是由 L 的差别引起时。

表 3-12　印刷原色实地的色差值 ΔE_{ab}

	黑	青	品红	黄
偏差	4	5	8	6
允差	2	2.5	4	3

注：1. CIE LAB色空间，当一种颜色用CIE L*a*b*表示时，L*轴表示明度（明度指数），黑在底端，白在顶端。a*、b*轴表示色度（色度指数），+a*表示红色，-a*表示绿色，+b* 表示黄色，-b*表示蓝色。任何颜色的色彩变化都可以用a*、b*值来表示。

2. 任何颜色的明暗层次变化可以用L*值来表示，用 L*、a*、b* 三个数值可以描述自然界中的任何色彩。

色差就是用数值的方式表示两种颜色给人眼色彩感觉上的差别，见表 3-13。

表 3-13　色差正负值的物理含义

	正值（＋）	负值（－）
ΔL^*	偏淡	偏深
Δa^*	偏红	偏绿
Δb^*	偏黄	偏蓝

注：ΔE^*_{ab} 代表总色差，ΔE^*_{ab} 值越小，代表色差越小，相反 ΔE^*_{ab} 值越大，代表色差越大。

（4）油墨光泽度

如有必要可以规定实地颜色的光泽度，应在 75°入射角（与承印物表面成 15°的夹角）和 75°的接收角的条件下测量承印物或单色实地区域的镜面光泽度，所用测量仪器应符合 GB/T 8941—2013，测量值用百分数表示。

2. 阶调复制范围

加网线数介于 40 l/cm 到 70 l/cm 时，分色片网点面积率为 3% 至 97% 的网点能完全再现在印刷品上。分色片上，非主体图像部位的网点再现应取决于上述范围之外的阶调值。

3. 图像误差

任意两色印刷图像中心之间的最大位置误差不得大于四色分色片最小网线宽度的一半。

若由于设备等方面的原因达不到上述套印精度时，生产者与客户之间应签订必要的协议。

4. 阶调值增加

（1）目标值

应规定各印刷原色打样和印刷的阶调增加值，黑版的阶调增加值通常比其他色版大 2% ～ 3%，通常先印。

（2）误差与中间调扩展

样张或付印样的中间调阶调值增大的误差应不超过表 3-14 规定的误差。

在最坏的情况下，样张与付印样在中间调会有 7% 的变化。

对于印刷生产，中间调平均值与确定的目标值之差应在 4% 以内。阶调值的统计标准偏差应不超过表 3-14 规定的误差，且最好不要超过一半。打样和印刷的中间调增大值应不超过表 3-14。

表 3-14　样张和印刷品阶调值增大容差与最大中间调增大值

印版上阶调值	样张的允许误差 /%	付印样的允许误差 /%	印刷品的允许误差 /%
40% 或 50%	3	4	4
70% 或 80%	2	3	3
最大中间调增大值	4	5	5

注：表中的数据是在网线数为 50 l/cm 到 70 l/cm 的测控条上，用密度计或色差计测量的结果，其中的容许误差是测量值减去目标值得到的结果。

第三节　印刷品质量检测规则

一、印刷产品质量评价和分等原则

印刷行业应按照 CY/T 2—1999《印刷产品质量评价和分等导则》的规定，确定分等产品目录。

1. 印刷产品质量内容

（1）产品设计评价

- 装帧设计。
- 原稿质量。
- 产品总体要求。

（2）原辅材料评价

- 印刷用原辅材料质量。
- 印后加工用原辅材料质量。

（3）加工工艺评价

- 各工序加工工艺。
- 各工序的质量标准。

（4）产品外观的综合评价

（5）牢固程度和是否便于使用

2. 印刷产品质量等级

印刷产品质量水平划分为优等品、一等品和合格品三个等级。

（1）优等品的质量标准必须达到国际先进水平，实物质量水平与国外同类产品相比达到近五年内的先进水平。

（2）一等品的质量标准必须达到国际一般水平，实物质量水平应达到国际同类产品的一般水平或国内先进水平。

（3）合格品按照我国一般水平标准（国家标准、行业标准、地方标准或企业标准）组织生产，实物质量水平必须达到相应标准的要求。

二、书刊印刷品检测抽样规则

抽样检验是以概率论和数理统计学为基础的科学检验方法。它是从批量产品中抽取样本，以样本检验结果来判定产品整个批质量是否合格的检查方法。

由于提交检查批的产品中不可能绝对保证没有不合格品，因此在判断产品的批质量是否合格时，首先要确定不合格品率的标准值。对于单个提交检查批，规定每百单位产品不合格品数；对于一系列连续提交检查批，则需规定供货方可接受的平均每百单位产品最大不合格品数，该值在抽样检查中称作合格质量水平，以 AQL 表示。

不合格品率的标准值越小，相同样本的合格判定数则越小，提交检查批则越难以合格。

CY/T 12—1995《书刊印刷品检验抽样规则》标准规定，对于单个提交检查批或连续提交检查批，不合格品率的标准值为4%，即每百单位产品最大不合格品数为4.0或合格质量水平（AQL）为4.0。

（1）样本的抽取

以随机抽样方法抽取样本，抽取样本的时间可以在检查批的形成过程中，也可以在检查批组成之后。抽取样本可以在企业的产品库中抽取，也可以在市场任一经销单位的仓库中抽取，必要时还可以在生产线上已经过检验尚未入库的产品中抽取。抽取样本的数量见表3-15。

表3-15　抽样方案

批量	151～500	501～1200	1201～10000	10001～35000	35001～50000	≥50001
样本大小	13	20	32	50	80	125
合格判定数	1	2	3	5	7	10
不合格判定数	2	3	4	6	8	11

　　产品质量要求特别严格、批量不大于150或当生产过程中出现严重欠缺、需要全部检查的，要逐个产品进行百分之百的检查。

　　（2）样本的检测

　　逐批检查合格或不合格的判断是逐个对样本单位进行检查并累计不合格品总数。当采用一次抽样方案时，根据样本检验结果，若在样本中发现的不合格品数小于或等于合格判定数，则该批为合格批；若在样本中发现的不合格品数大于或等于不合格判定数，则该批为不合格批。采用二次抽样方案时，经检验，若在第一样本中发现的不合格品数小于或等于第一合格判定数，则该批为合格批；若在第一样本中发现的不合格品数大于或等于第一不合格判定数，则该批为不合格批。若在第一样本中发现的不合格品数，大于第一合格判定数，同时又小于第一不合格判定数，则从整批中抽第二样本进行检查。若在第一和第二样本中发现的不合格品数总和小于或等于第二合格判定数，则该批为合格批；若在第一和第二样本中发现的不合格品数总和大于或等于第二不合格判定数，则该批为不合格批。

　　（3）检查严格度的确定

　　检查严格度有正常检查、加严检查和放宽检查三种不同严格度的检查。

　　在检查开始时，应采用正常检查。除需按转移规则改变检查的严格度外，下一批检查严格度继续保持不变。检查的严格度越宽，同一批量产品所需样本越小。

第四节　印刷质量故障解决方法

一、胶印技术故障概述

　　所谓技术疑难故障，它是在实践工作中出现的非常规的问题，有些已经成为影响印刷质量的难点。在印刷生产过程中，出现疑难故障并不奇怪，而发现疑难故障、排除故障才是操作者能力的体现，这需要时间和实践，对此，操作者必须了解胶印故障的特殊性。

　　1.胶印故障的分类

　　对胶印故障的分类有多种方法，有的以故障发生的原因划分类别，有的以故障发生后的现象划分类别，也有的以印刷生产程序的先后次序分类，任何分类方法都不是绝对的，有合理部分，也有不尽合理部分，还有交叉和重复的部分，一般将胶印故障归纳为两大类，即设备故障和工艺故障，如图 3-2 所示。

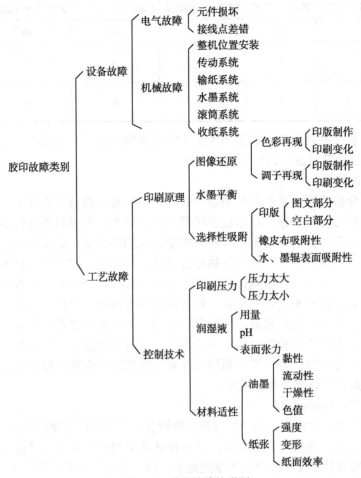

图 3-2　胶印故障的类别

设备故障主要包括电气故障和机械故障，工艺故障涉及的范围较广，印刷产品出现的弊病一般都为典型的工艺故障。工艺故障和设备故障的分类并非绝对，往往许多工艺故障都是由设备故障引起的。

2.胶印故障的特点

现代胶印机是复杂的机器，它的动力系统由电机和气泵组成，其运动由输纸、定位、输墨、输水、压印、收纸等机构合成，在这中间又有众多配合与交接，加之还有印刷材料的使用，最后使图文印刷在承印物表面。在这个过程中，故障随时可在任何一个部件和任何一个进程中产生，或者在它的配合关系之间产生，这就决定了胶印故障的综合性和复杂性。它的综合性和复杂性还表现在，同一故障可以由不同原因引起。例如，套印不准既可能是由定位机构调节不当引起，也可能由包衬不合理或润湿液使用控制不当引起。反之，同一种原因也可能引起不同的故障。例如，润湿液使用过量，可以导致套印不准、背面蹭脏、干燥不良等故障。由于印刷故障具有综合性和复杂性的特点，因此就决定了胶印操作者要由单向思维发展为多向思维。

3.胶印故障的实践性

胶印故障是在印刷生产的过程中表现出来的，对胶印故障的认识只凭理论上的认识不可能获得对胶印故障深层次的了解和直观判断，更无法获得排除故障的能力，必须在实践中熟悉各种故障的实际表现，再在此基础上分析原因，积累排除故障的能力，排除故障需要对胶印机或印刷材料做某种调整，这种调整依赖于理论指导和实践经验，但调整的过程是操作技能的表现，调整是否合理、是否到位，一定要具体故障具体分析。同一种承印物在不同的机型出现的故障是不一样的，因此，印刷故障的分析不仅仅是一种技术理论，更是一种实践技能。

4.胶印故障的规律性

胶印故障既有综合性和复杂性，也有其规律性，只要熟练掌握故障的规律，厘清思路，再复杂的故障也能及时排除。胶印故障所遵循的规律实质上就是胶印工艺原理和操作技术规律，凡是符合这种规律的，印刷就会正常进行；反之，则会出现各种各样的故障（图3-3），而这种故障的排除也是具有规律性的，一般来说发生了故障，首先进行分类，要判断是属于设备故障还是属于工艺类故障。如果是属于机械类故障就要遵循机械类故障的排除方法去分析排除，反之则按工艺类的故障去排除。

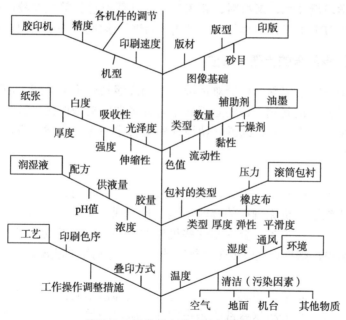

图3-3 引发胶印故障的主要因素

二、解决疑难故障的技术素质

1.具备印刷机械知识

高级技师必须具备印刷机械的基础知识，对各种型号胶印机结构要了如指掌，对重点部位的调节方法要相当熟练，对机械故障的判断要基本准确。无论是国产胶印机还是进口高档胶印机，其基本原理都是相同的，只是在具体操作方法上有些差异。一般来说国产胶印机出现机械故障的概率较大，但并非进口高档胶印机就不出机械故障。在胶印机的调节中，单张纸胶印机应当把重点放在滚筒叼牙、递纸叼牙、前规、侧规的交接关系以及这些部件本身的调节上，同时要特别注重三大压力（辊压、版压、印压）的调节；卷筒纸胶印机除对滚筒、墨辊压力、印刷压力进行调节外，重点要在张力控制、折页机构的调节上下功夫。

2. 了解印刷材料和印刷工艺

高级技师需要吃透印刷材料，精通印刷工艺。纸张、油墨、润湿液、印版、橡皮布和水、墨辊，这些印刷材料被称为胶印过程的原始材料，技师必须通晓这些印刷材料的基本构成、性能以及材料在印刷过程中的变化情况。在印刷工艺方面，技师要掌握胶印中的变量，即环境温湿度、油墨层厚度、润湿液量、纸毛与墨渣在橡皮布的堆积，等等。水墨平衡和合理包衬的理论始终贯串现代胶印的实践中，掌握好水墨平衡、合理包衬的理论并付诸实际操作，是技师水平的准则，是提高印品质量的关键要素。印刷工艺方面的故障大多反映在印刷材料的使用和工艺操作方法上。此外，安全、规范的操作方法也能体现出技师技术素质的高低，并对初来乍到，刚刚接触胶印机的新手具有示范作用。

3. 其他

此外，要学习新技术、新材料、新工艺，尤其要熟悉计算机在胶印机上的应用，CIP3/CIP4、PPF/JDF 的工作流程与作业格式，为进一步掌握印刷一体化奠定基础。

三、解决疑难故障的步骤与方法

胶印过程中有时会出现一些疑难故障，作为高级技师责无旁贷，应该积极面对，帮助机台人员尽快解决问题。在实际工作中有许多非常典型的疑难故障，看起来很简单，但处理起来却并不容易，通常解决胶印疑难技术问题的步骤与方法是：观察、质疑、判断、排除。

1. 观察

观察就是全面、准确、深入地认识疑难故障出现的时间、位置以及故障的表现形式。例如，单张纸胶印机无规律的套印不准一旦出现，就要观察输纸、侧规、前规、递纸叼牙的运动状况，另外还要观察这些机件的磨损状况，以及承印物优劣等。对于卷筒纸胶印机来说，则重点观察纸张运行时的张力及浮动辊的状况。

2. 质疑

质疑是一种极有价值的思维素质，它是分析故障的基础。当一些故障发生后，不要急于下结论，要认真分析这些故障是在印前制版出现的还是在印刷过程中出现的，是工艺故障还是机械故障，是常见故障还是疑难故障以及为什么会出现这种故障，这种质疑力是每一个操作者应该具备的。

3. 判断

观察能启发思维，而判断是对思维的断定。断定只有两种可能，不是肯定便是否定。在胶印过程中可能出现这样或那样的疑难故障，经观察、质疑后，判断就非常重要。首先，判断要真实，只有在真实的基础上，判断才有意义；其次，判断要及时准确，及时准确的判断能减少不必要的辅助时间，当然，这都建立在观察和相关知识以及操作经验的基础上。

4. 排除

排除故障是一个相当细致的工作，不仅要一丝不苟，而且需要有耐心。决不可马虎从事。排除故障要有相当强的基本功，如果是机械故障，一定要按照机器拆装的次序，采取摸、查的方法进行；如果是工艺故障，一定要按照筛选的方法做到手到病除；如果是由原材料引起的故障，则应该果断更换原材料。

四、疑难故障排除实例

在印刷过程中，疑难故障多种多样，下面通过"鬼影"来说明如何解决疑难故障。

1. 常见鬼影的类别

所谓"鬼影"，其实就是在连续印刷中隐隐约约出现的一种幻影。由于不太常见，所以这种故障一旦出现，操作者就把这种幻影称为"鬼影"。鬼影是垂直于滚筒轴线墨色深浅不同的直条纹或图文，大多发生在有实地的网目调印刷品上。通常按鬼影在印品图文上的表现来分类，有正像鬼影（图3-4）和负像鬼影（图3-5）；如果按照产生鬼影的原因来分类，有工艺造成的鬼影和机械引发的鬼影。由此看来，正像或负像鬼影是在印品上的表象，而造成这种表象的原因是工艺和机械，它符合胶印故障的一般规律。

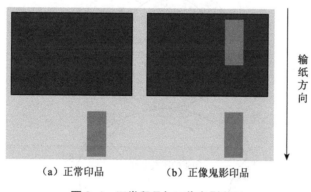

图3-4　正常印品与正像鬼影印品

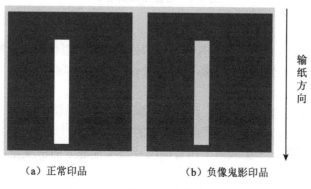

图3-5　正常印品与负像鬼影印品

2. 鉴定鬼影

对故障的鉴定包括观察、质疑、判断。当然，这就需要有相当的知识功底与操作技巧。例如，拿到一张印品观察发现印品本身的正像在其圆周方向的后方，形成相对于周边较浅的阴图影子，这就是正像鬼影。如果印品本身的负像图案在其圆周上，形成相对于周边较深的正像影子，则一定是负像鬼影。

造成鬼影的主要原因是由下串墨辊引起的。在胶印机上，下串墨辊主要起迅速拉匀和补充着墨辊表面残留的不均匀墨迹的作用（图 3-6），以使着墨辊下一圈转动还能输出均匀的墨层，但事实上这种拉匀和补充油墨的能力是有限的。通常，油墨微量的不匀人眼是无法识别的，但如果是版面设计原因或工艺调节不当，加之串墨辊无法补足着墨辊上的不均匀墨层，就可产生鬼影。例如，正像鬼影是由于着墨辊给条形方块上墨后，该区域偏少的墨层没有得到足够的补充和串匀，那么，在下面需要墨量较大的图文上就显现出来了。而负像鬼影是因为着墨辊对印版上墨时，空白部分未上足墨，使得着墨辊上相对应的部位墨量增大，而串墨辊又未能将这些墨量串平分配到其他区域。此时着墨辊上相对较多的墨层厚度在下一个着墨周期传给了印版，遂使印版的墨量过多。

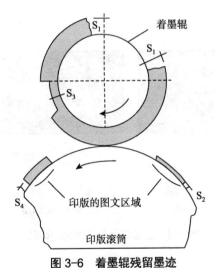

图 3-6　着墨辊残留墨迹

3. 排除鬼影

当对鬼影判断准确后，要制定有针对性的处理方案，以便消除鬼影。

（1）如果确认是正像或负像鬼影是由印前设计不当造成的

排除方法：

- 必须在印前合理设计版面，可保证墨辊有足够的上墨时间。
- 尽量多用图片，减少大边框或大实地的密度。
- 对于精细活件，平衡版面上网目调图片与实地部分的密度差，使整个版面墨量尽量均衡。

（2）对于质量要求很高的精美印刷品，若版面上网目调与实地的密度差较低，仍然出现鬼影

排除方法：

- 选用高端胶印机印刷。
- 调节串墨辊串动量，串动量的起始位置应确定在滚筒空挡处。
- 微调高端胶印机的着墨辊。

（3）在印刷版面不能改动的情况下，出现"缺墨鬼影"

排除方法：

- 更换着墨辊或对墨辊表面进行处理，并调节着墨辊压力。
- 调节放大缺墨部分的墨量。
- 更换失效的橡皮布。
- 避免使用透明油墨。

（4）时隐时现的鬼影

排除方法：

- 控制好"水墨平衡"严防"水大墨大"。
- 保证印刷时输纸正常，严防"打空"。
- 绷紧橡皮布。
- 如果印刷专色色块，应稍增大色浓度而减少墨层厚度。
- 调整墨路系统控制好积聚系数。

第五节　印刷品质量缺陷

一、外观缺陷

1. 脏污

表现：产品上油脏，脏痕明显、牢固并不易擦掉。

产生原因：

- 润版药水 pH 不当。
- 水辊压力过小。
- 印版砂目磨损、堵塞或过浅。
- 曝光或显影过度导致砂目损坏。
- 油墨过稀或油性过大。
- 印版上有水渍。

2. 纸张破损

表现：页面不完整，有破损。

产生原因：

- 印刷纸张叼口破损。
- 纸张在传送过程中破损。
- 传纸破损。
- 纸张本身有破损。

3. 页面折皱

表现：页面不平整。

产生原因：

- 在生产过程中整个纸卷宽度、缠绕硬度和纸张厚度不均匀。
- 印刷机中某一段纸带的张力过小。

4. 透印

表现：印在纸张背面的图文由正面可见。

产生原因：

- 纸张过于透明。
- 油墨过量。
- 印刷压力过大。
- 橡皮滚筒清洗不干净。

5. 书页褶皱

表现：书页、画面内或纸边处产生细褶。

产生原因：

- 纸张受潮后松紧不一或弓皱引起。
- 叼纸牙或毛刷轮等调节不当使纸张不平。
- 纸张过薄或顺丝易产生弓皱起褶。

6. 糊版

表现：字图空白处糊成一片，模糊不清。

产生原因：

- 油墨黏度过高，流动性差，印版存墨过多使得网点增大。
- 润版药水 pH 低，使得印版亲水层被破坏。
- 水辊压力轻，供水不良或停机后印版干固。
- 印版版面砂目磨损变浅。
- 水墨不平衡，墨量过大且稀，而水量过小。

7. 浮墨

表现：脏污面积较大、浮于纸面，可以擦掉。

产生原因：

- 油墨化水或乳化严重，使润版药水脏污。
- 水大，墨辊上堆墨过多造成油墨飞溅于印版。

8. 脏线、脏点

表现：存在于图版或实地中的环状白斑及小墨点。

产生原因：

- 印版挖改、整版及拼版时造成的脏线未除净。
- 水辊、墨辊内混入沙子等异物划伤印版。
- 纸张掉毛脱粉及墨皮等粘于印版。
- 空气中的灰尘粘于印版。
- 印版砂眼等未除净。

9. 背面粘脏

表现：存在于印品背面的墨迹污染。

产生原因：

- 墨层过厚，油墨太稀及温度低、燥油用量过少等造成油墨干燥过慢。
- 纸张吸收性差。
- 印品堆放过高或过早移动蹭脏。
- 喷粉过少或粉质太细。
- 色序不当，油墨浮于纸面。

10. 反印

表现：书页、彩页上反印上背面印版的印迹，导致字图模糊。

产生原因：

- 压印滚筒粘脏，产生于印刷机供纸间断时离压控制故障或大折角、坏纸等漏印。
- 油墨不干或墨层过厚，堆放时粘脏。
- 橡皮滚筒清洗不干净。

二、文字图形缺陷

1. 印迹不实

表现：网点不饱满或虚毛，色调暗淡或文字线条印迹发虚。

产生原因：

- 滚筒压力轻或橡皮布轧低。
- 刷墨辊压力过轻或供水过大。
- 印版密度过低或不匀。
- 制版曝光过量。
- 显影不当。
- 纸张掉粉严重。

2. 印迹丢失

表现：部分印迹（文字或图像）完全丢失（各种产品均有发生）。

产生原因：

- 纸屑附着在印版或橡皮布上。
- 印版严重磨损。

3. 花版（掉版）

表现：网点缩小或线条字迹变细、实地花白、图像不清。

产生原因：

- 常由印版磨损引起，如润版水的酸性强或水量过大，水滚压力过大，墨层过薄，滚筒压力过大，纸张脱粉掉毛，等等。
- 印版不平导致制版时网点丢失。
- 印版版材上的药膜涂布不匀。

4. 重影

表现：网点或线条留有侧影，画面失真或双影。

产生原因：

- 设备磨损精度不良。
- 橡皮布太松，受压后串动。
- 叼纸牙松动或调节不良。
- 印版上版时没有拉紧或松动、折裂。
- 纸张拱曲或荷叶边、紧边等。

5. 油墨不干

表现：长时间油墨不干燥或粘连掉色（主要存在于实地等产品）。

产生原因：

- 调墨油、撤黏剂等用量过多或燥油用量过少。
- 润版药水 pH 过低，油墨乳化严重。
- 纸张吸墨性差。

6. 油墨不匀

表现：单色或专色印刷产品正面、背面或全书墨色浓淡不一，多色印刷产品色相不一，跨页图像色相不一。

产生原因：

- 印刷过程中供墨量不稳定，水墨不平衡。
- 版面压力不一致。
- 纸张表面粗糙不平。
- 墨辊调节不良或老化。
- 供水量不稳定或油墨调配不匀。
- 印版字迹或网点密度不匀。
- 套色印刷时各色墨量不适或色序不当。

7. 毛刺（倒顺毛）

表现：图文边缘产生向前或向后的毛刺。

产生原因：

- 印版滚筒包衬与压印滚筒包衬不合适，线速不等产生滑动。
- 纸毛等杂物黏附于橡皮布，使压力及压印滚筒半径增大。
- 印版字图一侧的砂目磨损导致亲油。

三、图像缺陷

1. 龟纹

表现：画面上出现重复性的不应有的方纹或花纹（主要存在于网版印刷产品中）。

产生原因：

- 常由制版时调幅加网网线角度选择不当等引起。
- 由印刷稿原有网纹与印刷复制网纹相交产生的扰射反应引起。

2. 图像虚糙

表现：图像模糊，层次不清（存在于网版印刷图像中）。

产生原因：

- 常由制版工艺引起，如对光不实或印版放置不平。
- 图像放大倍数过高。
- 电子文件原稿精度不够。

3. 套印不正

表现：书刊彩页正、背面版面位置偏差；彩页图像各色位置偏差、图像双影等，常见于单色、双色机印刷的彩刊。

产生原因：

- 纸张定位不准。
- 拼版、装版位置不准。
- 叼纸牙磨损或调节不良、交接不准。
- 纸张含水量不一致或供水量不一致引起印品收缩不一。

4. 条痕（杠子）

表现：画面上产生轴向的深色条纹（俗称墨杠）或白色条纹（称为白杠）。

产生原因：

- 墨杠缘于版面一条条的网点增大或毛刺，常由滚筒传动齿轮或轴承等磨损、压力过大跳动引起的滚筒与印版及印刷墨辊之间的相对滑动或振动引起。
- 白杠缘于网点一条条地缩小，常由水辊压力过大或水辊传动齿轮磨损等原因造成水辊滑动引起。
- 印版滚筒、橡皮滚筒包衬过大或橡皮布松动。
- 版面水量过大。

5. 缺色

表现：书页或彩页缺少一个至数个颜色、图文不全或文字不全。

产生原因：

- 主要由于印刷时的双张故障。
- 压印时的合压故障。
- 印品检查时失检或漏检。
- 由纸架造成的皱纸。
- 印刷单元的橡皮滚筒压力调节不当。
- 压纸轮和拉纸辊的调节不正确（相互之间不水平或两边压力不均衡）。
- 导纸辊上堆积纸粉和油墨。
- 折页机三角板的角度调节不当。
- 印刷机的印刷单元、折页机上层结构、拉纸装置及折页机构等组件相互匹配不当。

第四章
印刷管理

第一节　印刷生产管理

生产管理是印刷企业管理的主要内容，其主要任务是制订生产计划、安排生产进度和控制生产过程。印刷企业生产管理的主要目标就是用最少的成本适时生产出符合数量及质量要求的产品，实现企业的整体目标。在买方市场条件下，印刷企业赢得竞争优势的主要手段是质量、价格和交货期，也就是利用高质量和低于竞争对手的价格进行印刷品的有效生产，及时完成顾客的订货任务，着力培养企业在质量方面的声誉和信任感。

一、印刷生产过程

印刷企业的生产过程，一方面是原材料、燃料、动力、劳动、技术的不断投入过程，另一方面是印刷品的不断输出过程。

根据印刷品输出所需劳动的性质及其对产品所起的作用的不同，一般可以将生产过程划分为四个部分。

1. 生产准备过程

生产准备过程是指产品正式投入生产之前所进行的各种生产技术准备工作的总和，如色彩设计、新产品试制及论证、工艺设计、工艺准备、纸张选择及劳动定额的制订、能源消耗定额的制订、劳动组织的协调和印刷设备布置等工作。

2. 基本生产过程

基本生产过程是指直接为完成印刷品所要进行的各种生产活动，如印刷企业的印刷，这一活动是印刷企业的主要生产活动。

3. 辅助生产过程

辅助生产过程是指为了保证基本生产过程的顺利进行而提供辅助劳动和辅助劳务的生产过程，如印刷企业的制版、打样等。

4. 生产服务过程

生产服务过程是指为基本生产过程和辅助生产过程服务的各种生产服务活动。生产服务过程往往并不是一种生产活动，如纸张及各种印刷材料供应、保管和运输等工作。

二、印刷生产计划与控制

1. 印刷生产计划

简单地说，计划就是"设定目标、指明路线的过程"。这个过程包括信息的收集、整理、分析、归纳，目标的思考与设定，执行方案的构想、比较与决策，组织内外的沟通协调，必要资源的分析、统计与组合，以及过程中所遇到问题的解决等。计划的过程本身充满挑战，对思维能力是极大的考验。

生产计划也称基本生产计划或年度生产大纲，是指企业为了生产出符合市场需要的产品所确定的在什么时候生产、在哪个车间生产以及如何生产的总体计划。生产计划面临的核心问题是"生产能力、生产任务、市场需求"三者之间的关系。因此，计划的编制过程是一个在一定条件下方案优化的过程。生产计划工作的主要内容包括：调查和预测社会对产品的需求，核定企业的生产能力，确定目标，制定策略，选择计划方法，准确制订生产计划、库存计划、生产进度计划和计划工作程序，以及计划的实施与控制工作。

生产计划的主要指标从不同的侧面反映了企业生产产品的要求。主要指标有产品品种、产品质量、产品产量、产品产值。

2. 生产作业控制

生产作业控制是市场控制的主要内容，是指在生产作业计划的执行过程中，对有关产品或零部件的数量和生产进度进行控制，是实现生产作业计划的保证，一般包括确立标准、衡量绩效和纠正偏差三个阶段。

三、印刷生产能力与效率

1. 印刷生产能力

生产能力是指企业生产系统在一定的生产组织和技术水平下，直接参与生产的固定资产在一定时期内所能生产的产品最大数量或所能加工的最大原材料总量，一般以生产系统的输出量描述其大小。

企业生产能力的大小受到多种因素的影响，如设备、工具、生产面积、工人人数、工人的技术水平、工艺方法、原材料质量和供应情况、生产组织、劳动组织等。主要包括以下 5 点。

（1）固定资产的数量，是指企业在计划期内用于生产的全部机器设备数量、厂房、生产面积和其他生产性建筑物的面积。

（2）固定资产在计划期的有效工作时间，是指企业按照现行工作制度计算的机器设备全部有效工作时间和生产面积的有效利用时间。

（3）固定资产的生产效率，是指单位机器设备或单位生产面积在单位时间内的产量定额或单位产品的台时占用定额，在固定资产数量和固定资产工作时间一定的情况下，固定资产的生产效率对企业的生产能力有决定性的作用。

（4）加工对象的技术工艺特征，对应于不同的产品、不同的加工方法，各个生产环节的能力是不同的。

（5）生产与劳动组织，包括劳动者的出勤、技术及熟练程度，表现为定额时间和生产组织方式的合理性等。

2. 印刷生产效率

企业管理者的主要职责之一是力争有效地利用该企业的资源，生产率通常是指商品或劳务的产出与生产过程投入（劳动、材料能源及其他资源）之间的关系，常表示为产出与投入之比。从本质上讲，生产率反映出资源的有效利用程度，它会直接影响到企业的竞争力。

一般来讲，印刷企业必须建立良好的效率分析机制，这种分析有助于发现薄弱环节，使其予以改善，提高生产效率和产品质量。尽管影响印刷企业生产效率的因素很多，但是最重要的还是人力资源的开发和利用、设备效率和协调组织能力。

提高生产率的方法有：

（1）测定所有生产环节的生产率，这是实现有效管理和控制的第一步。

（2）将系统视为一个整体，确定哪个生产环节的生产效率是最重要的，对"瓶颈"环节重点投入资源，提高这个环节的生产率，只有"瓶颈"环节生产率的提高才会引起整体生产率的提高。

（3）设计提高生产率的方法，也可学习其他企业的成功经验。

（4）确定合理目标，以实现生产率增长。

（5）管理者应支持并鼓励生产率的提高，对有贡献的人员采取激励措施。

（6）要以应用电脑为基础的信息系统来提高印刷品的生产率。

第二节　印刷物资与物流管理

一、印刷物资管理

1. 物资的分类

印刷企业生产过程中使用的物资，按其在生产中的作用可分为以下几类：

（1）主要原材料，是指构成产品实体的物资，如纸张或纸板、薄膜、油墨等。

（2）辅助材料，是指用于产品生产过程，有助于产品形成，但不构成产品实体的物资，如印刷制版用印版及药品、胶印工艺中的润版液、印后加工用的胶类等。

（3）能源，是指产生热能、光能、机械能的能源，如电、水、煤、气、油等。

（4）配件，是指准备更换设备中已磨损和老化的零件和部件的各种专用备件。

（5）包装物，是指成品的包装用品，如包装用纸、包装纸箱、包装绳、包装带等。

（6）低值易耗品，是指价值低于固定资产限额和使用年限在一年以下的物资。

2. 物资管理的意义

印刷物资管理是合理组织生产的前提条件。印刷企业的生产由印前处理、印刷和印后加工等一系列过程构成，这些过程的各阶段、各工序之间紧密衔接，环环相扣，均在不断地消耗着原材料、辅助材料、配件等各种物质资料。要使各阶段、各工序都获得正常生产产品的条件，达到生产能力的平衡，就必须按时、按量、按质地保证物资的正常供应。所以，成本管理的首要环节就是物资管理，就是要从物资上保证生产过程的连续性、比例性、节奏性和平行性，它是合理组织生产的保证。

印刷物资管理是降低成本提高企业经济效益的重要途径。企业为了得到最佳经济效益，必须尽可能地做到压缩物资的消耗和资金占用，加速物资的周转。做到对生产需要的物资事先有计划、消耗不浪费，降低企业产品成本，减少流动资金积压。提高企业经济效益的途径，一是靠技术进步，二是靠物资管理，即科学地供应物资，合理地利用物资，加速资金周转，降低物资消耗。

印刷物资管理是提高劳动生产率的物质基础。影响劳动生产率的因素很多，可以概括为两方面：一是人的因素，如人员的技术水平、文化素质、敬业精神等；二是物的因素，如设备的先进性、仪器仪表的精确性、原材料的适用性和优质性等。加强物资管理，就是为了保证设备先进、仪器设备精确和各种物资适用，生产出优质的产品。

3. 物资管理的任务

印刷企业物资管理的目的就是要保证印刷生产物资供应全、周转快、消耗低、费用省，从而提高经济效益。印刷企业物资管理的任务就是在国际、国家物资信息指导和市场信息的引导下，根据客观经济规律的要求，按质、按量、按品种、按时间、成套地供应企业生产经营活动所需的各种物资，并且通过有效的组织形式和科学管理的方法，监督和促进企业合理使用物资，降低物资消耗，提高经济效益。一般来说，印刷企业物资管理的具体任务有以下几个方面：

（1）及时准确地按质按量地将物资供应到现场，保证印刷生产经营活动的顺利进行。

（2）控制库存，减少积压，加速印刷物资和流动资金的周转，经常总结缩短物资储备时间的经验。

（3）监督和促进印刷生产过程中合理使用物资，不断采取各种措施降低印刷物资消耗，及时总结降低材料消耗的经验。

（4）科学管理物资的采购、运输、仓储、领发、利用等工作，节省物资管理活动的经营费用支出。

4. 物资定额消耗管理

印刷物资消耗管理的主要内容是制定印刷物资消耗的定额。物资消耗定额是指在一定的生产技术组织条件下，生产单位产品或完成单件生产任务所必须消耗的物资数量的标准。它是衡量印刷物资利用和是否降低了印刷消耗的一个标尺。

每单位印刷产品物资消耗的高低，是综合反映印刷企业生产技术和管理水平的重要标志。印刷企业为了促使自己不断地提高生产技术水平，努力降低单位产品的物资消耗，就必须制定先进合理的物资消耗定额，为印刷企业节能降耗建立稳固的基础。

印刷物资定额的先进合理，是指在一定的生产技术条件下，企业大多数职工经过努力可以达到的水平。这样科学的定额，可以实现准确地编制印刷物资供应计划，科学地组织印刷物资的发放，有效地使用和节约耗用物资，从而尽可能地减少印刷物资消耗，取得最大的经济效益。

（1）定额消耗物资的构成

① 单位印刷产品的物资纯消耗量，或称有效消耗量。如每本教科书根据开本、页码和选择的纸张确定必须使用的纸张。

② 印刷加工过程中合理的工艺消耗。这是加工过程中改变原材料的形状、尺寸等

发生的消耗，如书刊无线胶订时的铣槽、胶印中的润版液等。但并非所有工艺损耗都合理，应当计入定额的损耗只包括不可避免的、不可回收的、回收后本企业不能利用的损耗，否则就不应当计入定额，如图4-1所示（图中加框的应计入定额部分）。

③ 非加工过程不可避免的损耗。其是指生产中的废品、运输保管不善、供应条件不合要求，以及其他非工艺技术原因所产生的原材料消耗。

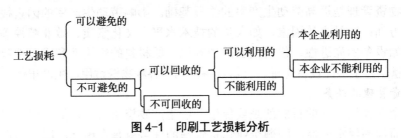

图4-1　印刷工艺损耗分析

（2）影响物资消耗定额制定的主要因素

① 印刷生产技术水平。随着生产技术水平的提高，在一定程度上可以降低印刷物资消耗的定额。如印刷设备自动化技术水平高，就可以降低纸张的加放数，有效降低纸张消耗，节约纸张。

② 印刷生产管理水平。随着生产管理水平的提高，在企业内部物资供应中可以避免大材小用、优材劣用，减少印刷材料消耗，从而降低消耗定额。

③ 印刷生产员工的技术熟练程度和生产积极性。使用物资的人当然直接影响物资的消耗。人员技术熟练、生产积极、敬业精神好，生产物资的消耗就少。

印刷物资消耗定额水平的高低，还受到其他许多因素的影响。但制定企业印刷物资消耗定额的工作，就是在贯彻节能降耗，就是在降低印刷成本。

（3）物资消耗定额的制定

印刷物资消耗定额的制定有"定质"和"定量"两个内容。"定质"是指合理选定所需印刷物资的品种、规格和质量；"定量"是指确定印刷物资消耗的数量标准。"定质"原则是：技术上可靠，经济上合理，供应上可能。一种印刷产品采用何种材料最为适宜，应列出多种方案，进行必要的试验和技术经济分析，才能从中选出最佳方案。"定量"的方法主要有经验统计法、技术计算法、实际查定法等。三种方法可以单独使用，也可以综合使用。有条件的企业最好采用技术计算法或以技术计算法为主。

5. 物资定额消耗与企业降低生产成本

印刷企业制定和执行合理的印刷物资消耗定额，对加强印刷物资管理，保证和加速印刷生产过程的进行，降低印刷生产消耗，降低印刷生产成本，提高印刷企业经济效益具有十分重要的作用。

（1）物资消耗定额是编制印刷物资供应的依据

只有制定了合理的印刷物资消耗定额，才能准确定印刷物资的需用量、库存量和采购量，编制出可行的印刷物资供应计划，并从生产部门领用耗材的情况，发现材料消耗的新变化。

（2）物资定额消耗是降低印刷生产成本、提高利润的重要手段

有了物资消耗定额，可以使印刷成本的计算有一定的依据，可以预计印刷产品的

成本。印刷物资定额消耗可以鼓励员工挖掘潜力，开展技术创新，降低物资消耗。

（3）物资定额消耗对促进印刷企业技术水平、经营管理水平和员工操作技术水平的提高有着重要作用

随着印刷企业生产技术和管理水平的不断提高，印刷物资消耗定额水平在实施中也会不断修订、提高，促使印刷企业不断改进产品设计、生产工艺设计和生产劳动组织。

二、印刷生产物流管理

1. 生产物流

生产物流是指印刷企业原材料、燃料、外购件投入生产之后，经过下料、发料，运送到各加工点和存储点，以在制印品的形态从一个生产环节流入另一个生产环节，按照规定的工艺过程进行印刷加工、储存，借助一定的运输装置，在各个生产环节间流转，始终体现着印刷物料实物形态的流转过程。

2. 生产物流计划

生产物流计划是印刷企业生产过程中物料流动的纲领性书面文件，指导生产物流开始、有序运行直至完成的全过程，它的核心是生产作业计划的编制工作，即根据计划期内规定的印刷产品的品种、数量、期限以及印刷生产的客观实际，具体安排印刷产品在各工艺阶段的生产进度，为各生产环节安排短期的生产任务，协调前后衔接关系。

3. 生产物流控制内容

（1）进度控制是物流控制的核心：印刷物料在生产过程中的流入、流出控制，以及物流量的控制，可以采用"每日物料消耗统计表"等进行物流量的统计与跟踪控制。

（2）在制印品管理：是指在生产过程中对在制印品进行静态、动态控制，有效地控制在制印品，对及时完成作业计划和减少在制印品积压均有重要意义。

（3）偏差的测定和处理：首先，要预测差距的发生，事先规划消除差距的措施，如动用库存、组织外协等。其次，为及时调整产生差距的生产计划，要及时将差距的信息向生产计划部门反馈。

三、印刷回收与废弃物流管理

1. 印刷企业排放物处理

印刷企业对排放物处理有两方面含义：一是将其中有再利用价值的部分加以分拣、加工、分解，使其成为有用的物资重新进入生产和消费领域，如废纸被加工为纸浆，又成为造纸的原材料，废金属分拣加工后又进入冶炼炉变成新的金属材料等，称之为回收；二是对已经丧失再利用价值的排放物，从环境保护的目的出发将其焚烧，或送到指定地点堆放、掩埋，对含有有毒物质的排放物，如使用后的各种化学试剂，还要采取特殊的处理方法，称之为废弃。

2. 回收物流与废弃物流管理

印刷企业的回收物流与废弃物流仍然是由运输、存储、装卸搬运、包装、流通加

工和物流信息等环节组成，其管理也是围绕这些环节。管理中应遵循的原则如下。

（1）小型化、专业化的装运设备：回收与废弃物流第一阶段任务是收集，由于废弃物来源于印刷企业的各个角落，所以多采取多阶段收集、逐步集中的方式。

（2）简易的储存、包装：在需要防止废弃物污染环境的特殊情况下，应进行有必要的包装，包装的目的不是保护被包装物，而是防止对环境造成危害。

（3）成本与效益相结合：由于印刷企业所处理的回收物或废弃物价值相对不高，物流费用必须保持在低水平，否则将会加大印刷企业的成本。要严格履行社会职责和遵守国家环保法规，绝对不能通过放弃对废弃物的环保处理来降低成本。

第三节　印刷技术管理

印刷企业技术管理就是印刷企业用于计划、开发和实现技术能力，从而影响和完成组织战略和运营目标的一系列与工程、科学、管理相关的活动，包括印刷企业的技术战略确定、技术选择、技术和设备引进活动、印刷企业技术能力开发、印刷企业工艺管理等一系列活动。技术管理强调以投资者创造价值为导向，根据企业的发展目标决定技术选择和技术战略，并采取相应的组织和管理措施来实现企业的目标。

一、印刷技术选择

技术选择就是企业为了提高企业的竞争优势，选择适用性的技术应用于企业的产品或企业的价值链。企业通过技术选择提高竞争优势，主要通过以下三个方面：

1. 创造全新的业务

如企业通过引进数字印刷技术，实现了为零散社会客户提供个性化、按需印刷业务，新的业务具有较高的盈利率，形成与竞争对手完全不同的竞争优势。

2. 改变现有竞争领域的竞争规则

通过引进计算机信息管理和客户服务系统，可以更好地进行生产管理、质量管理、周期控制等，更好、更快地了解客户需要，按照客户的需要实行灵活的生产和经营，为客户创造价值的同时，提升自己的市场地位和盈利水平。

3. 支持现有业务

通过产品创新和技术创新来实现现有业务的创新，如通过采用 CTP 制版技术，淘汰了落后的胶片晒版技术，实现了产品创新和工艺创新，使得企业的产品质量提高，交货期缩短，生产率提高，更好地满足客户需要和提高企业竞争优势。

二、印刷技术引进

印刷技术既包括先进的设备和材料，也包括相关的知识、经验和技能，是"软技术"和"硬技术"的综合。因此，印刷企业的技术引进既包括先进技术知识的引进，也包括先进设备、材料以及与此相关的操作方法和技能方面的引进，设备引进在印刷技术引进方面占有重要地位。

1.印刷技术引进的主要内容

（1）专有的技术知识及必要的生产手段：包括产品设计、工艺流程、材料配方、操作规程、技术情报等。

（2）先进的管理、经营技术：如计算机信息管理程序、文件处理系统、质量保证体系等行之有效的提高生产效率、改进产品质量、降低成本的管理和经营技术。

（3）技术服务：如为掌握引进技术而进行的人员培训、技术交流和专家指导等。

2.印刷技术引进的类型

（1）许可证贸易：供应技术方和技术接受方就某项技术转移问题达成协议，签订正式合同或许可证书，允许技术接受方使用技术供应方提供的技术，技术接受方为此支付一定的费用。常见的有专利使用权许可证贸易、专有技术许可证贸易、商标许可证贸易。

（2）合作生产、共同经营的技术引进方式：主要有对外加工装配、补偿贸易、合资经营、合作生产。基于印刷行业的特点，国内企业采用较多的还是合资经营的形式，也是技术引进的一种重要形式。

（3）进口设备：主要通过进口国外成套设备的方式获得先进的技术，即企业与国外设备供应商谈判并签订协议，由国外设备供应商提供设备和相应的技术资料，负责人员培训、设备安装和售后服务、维修等，帮助印刷企业掌握设备的使用。

（4）技术咨询与技术服务：通过聘请国外专家进行技术咨询和技术服务的形式引进技术，主要包括技术诊断、技术指导、人员培训等形式。

三、印刷技术改造

1.技术改造

技术改造就是在企业现有的基础上，用先进技术代替落后技术，用先进的工艺和装备代替落后的工艺和装备，以改变企业落后的技术面貌，实现以内涵为主的扩大再生产，达到提高产品质量、促进产品更新换代、节约能源、降低消耗、扩大生产规模、全面提高社会经济效益的目的。

2.印刷技术改造的类型

（1）机器设备和工具的更新与改造：设备更新就是用新的、技术性能更好的设备更换在技术上或经济上不宜继续使用的设备，设备改造就是利用先进的科学技术成果来提高原有设备的性能和效率。

（2）生产工艺改革：运用新的科学技术成果，对产品的材料、加工制造方法、技术和过程等进行改进和革新，既包括各种印前、印刷和装订设备的工艺装备硬件改革，也包括工艺方法、过程和劳动者的操作技能的软件改革。

（3）节约能源和原材料的改造：通过技术改造，降低能源和原材料的消耗，提高能源和原材料的综合利用率，提高企业的经济效益。

（4）厂房建筑和公用设施的改造：通过技术改造，为生产、经营提供更好的条件和环境，有利于企业经济效益的提高。

（5）劳动条件和市场环境的改造：企业技术水平的发挥是一个综合的系统，需要各方面的协调、配合，企业技术改造时，需要统筹考虑对劳动条件和市场环境的改造。

第四节　印刷成本管理

一、印刷成本基础知识

成本是产品价值一部分的货币表现。它包括生产过程中所消耗生产资料的价值和劳动者的劳动报酬。生产企业在计划和核算工作中所计算的成本，是指企业制造和销售产品所发生的费用。成本是衡量企业工作质量的一个重要标志。降低成本可以增加积累，促进生产的发展，其主要途径是提高劳动生产率，节约原材料和企业管理费用。

1. 印刷企业产品的生产成本

印刷企业产品的生产成本是指生产一定种类和数量的产品所直接支出的各种费用的总和。包括直接材料、直接工资，其他直接支出和制造费用。

（1）直接材料

直接材料包括印刷企业生产经营过程中实际消耗的原材料（纸张、油墨、印版等），辅助材料（机油、汽油、药品等），备品配件、外购半成品、燃料、动力、包装物（打包用纸、包装纸箱等）以及其他直接材料。

（2）直接工资

直接工资包括印刷企业从事产品生产的基本工人和辅助工人的工资、奖金、津贴和各种补贴。

（3）其他直接支出

其他直接支出包括从事产品生产人员的职工福利费等。

（4）制造费用

制造费用包括企业各生产单位（如车间）为组织和管理生产所发生的生产单位管理人员的工资、职工福利费、生产单位房屋建筑物、机器设备等的折旧费、修理费、机物料消耗、低值易耗品、取暖费、水电费、差旅费、运输费、保险费、试验检验费、劳动保护费和修理期间的停工损失以及其他制造费用。

2. 生产经营过程中发生的费用

企业生产经营过程中发生的管理费用、财务费用和销售费用，这些费用作为期间费用，不计入产品的生产成本，但直接体现为当期的损益。

（1）管理费用

管理费用是指企业行政管理部门为管理和组织经营活动的各项费用。管理费用包括公司经费、工会经费、职工教育经费、劳动保险等多项经费。

- 公司经费：指公司管理人员工资、职工福利费、差旅费、办公费、折旧费、修理费、物料消耗、低值易耗品摊销以及其他公司经费等。
- 工会经费：指按职工工资总额的 2% 拨付给工会使用的经费。
- 职工教育经费：指企业为职工学习先进技术和提高文化水平而支付的费用，按职工工资总额的 1.5% 提取。
- 劳动保险费：指企业支付离退休职工的退休金、价格补贴、医药费、职工退职金、职工死亡丧葬补助费、抚恤费、按照规定支付给离休干部的各项经费等。

- 待业保险费：指企业按照国家规定应缴纳的待业保险基金。
- 董事会费：指企业最高权力机构董事会及其成员为执行职能而发生的各项费用，如差旅费、会议费等。
- 咨询费：指企业向有关咨询机构进行科学技术经营管理咨询所支付的费用，如聘请经济技术顾问、法律顾问等支付的费用。
- 审计费：指企业聘请注册会计师进行查账验资，以及进行资产评估等发生的各项费用。
- 诉讼费：指企业因起诉或应诉而发生的各项费用。
- 排污费：指企业按规定应缴纳的排污费用。
- 绿化费：指企业对厂区进行绿化而发生的零星绿化费用。
- 税金：指企业按照规定支付的房产税、土地使用税、印花税等。
- 土地使用费：指企业使用土地而支付的费用。
- 技术转让费：指企业使用非专利技术而支付的费用。
- 技术开发费：指企业研究开发新产品、新技术、新工艺所发生的新产品设计费、工艺规程制定费、设备调试费、原材料和半成品的试验费、技术图书资料费、研究人员工资、研究设备的折旧、与新产品试制及技术研究有关的鉴定费等。
- 无形资产摊销费：指专利权、商标权、著作权、土地使用权、非专利技术等无形资产的摊销费用。
- 业务招待费：指企业为经营的合理需要而支付的费用。

（2）财务费用

财务费用是企业为筹集资金而发生的各项费用。它包括企业生产经营期间发生的利息净支出（或减利息收入）、汇兑净损失、调剂外汇手续费、金融机构手续费以及筹资发生的其他财务费用。

（3）销售费用

销售费用是指企业在销售产品或提供劳务过程中发生的应当由企业负担的运输费、装卸费、包装费、保险费、展览费、差旅费、广告费，以及专设销售机构的人员工资和其他经费等。

3. 产品生产成本

严格来说，印刷成本由产品的生产成本与企业经营费用共同构成，但按生产成本所包括的内容计算出来的产品成本，实际上只是到车间为止所发生的成本。如果将与企业的生产经营成本没有直接关系的管理费用另行计算，则计算出来的产品成本能够准确反映车间一级的成本水平，便于反映和考核企业生产车间的成本水平和管理责任，促使印刷生产车间节约原材料，降低各种消耗，加强各种计量、计价、结算、核算等一系列成本管理的基础工作。

由此可见，印刷成本以产品生产成本计算，有利于考核成本管理责任，管理费用不再需要按一定的标准在各种产品之间、各个成本计算之间分配，简化了产品成本的计算，有利于对印刷成本水平、经营成果进行及时、准确的预测和决策。

二、印刷企业生产成本控制

在市场经济的环境下，市场经济发展越成熟，出版、印刷市场价格的透明度就越高。而且，印刷企业基本上只能被动地接受市场的价格。所以，降低印刷成本，以扩大利润空间，就是任何一个处在市场经济环境中的企业永恒的课题之一，是提高企业竞争力的主要途径之一。

1. 通过节约控制成本

近年来，受供大于求的市场形势影响和企业技术能力的提高，以及全行业平均劳动生产率提高的影响，印刷工价一路走低。在价格战硝烟弥漫的形势下，一些印刷企业振作精神，加强经营管理，在控制成本、厉行节约上下功夫，主动适应市场变化。

一些印刷企业内部学习模拟市场经济成本核算的先进经验，在企业现有生产力水平的基础上制定出各个工序、机台切实可行的消耗定额，并严格加强管理，认真进行考核，奖罚兑现落实，把印刷工价降低造成的损失，通过厉行节约、控制成本的方式予以弥补。某印刷厂每年通过节约得到一二百万元的可观回报，而如果没有这笔回报，企业将出现经营亏损。对一些超大型企业来说，几百元的水费、几万元的电话费、几万元的电费、几十万元的纸钱，分散来看可能都算不了什么，不会引起重视。然而，日积月累就是一个让人吃惊的数目。在印刷微利时代，这个数目可能就有举足轻重的作用。

2. 合理设计降低印刷品成本

设计和生产的配合可分为三个高低不同的层次。基本层次的设计是产品可以在印刷企业顺利加工，中等层次的设计是能够在印刷企业较好实现，最高层次的设计是生产效果好又省钱。设计人员需踏踏实实地向其他优秀设计人员学习，深入印刷企业向有实践经验的员工学习。

从印刷设计开始的节约是最前端的、最佳的成本控制手段。印刷设计要有产品分档次的观念，不能把全部产品都设计制作成最高档次的。要按产品内容的需要，进行最适宜的总体设计，才能从根本上降低印刷加工和材料费用。

（1）开本尺寸的设计要合理

开本设计可以有四种方法供印刷设计人员参考。第一种方法是按常规装订工艺，尽量选用市场现有纸张尺寸进行设计。为提高纸张、材料的利用率，节约占成本最大的印刷材料费用，可以在不影响设计效果的前提下，对原设计尺寸进行负向微调。第二种方法是使用市场现有纸张进行微调不可能时，如果该产品印数不大，则可以仍选用市场现有的纸张，而按异型开本装订，以达到提高纸张、材料的利用率，降低生产费用的目的。第三种方法是对印数较大的产品，如果选用市场现有尺寸的纸张利用率较低，则可按设计尺寸和常规装订工艺，计算出所需纸张的尺寸，请造纸厂单独生产或与造纸企业协商进行负向微调。第四种方法是在批量小，纸厂不便单独生产时，可请纸张供应商预先裁下多余部分。

（2）纸张档次设计要遵循性价比最佳原则

使用尽可能便宜的纸张、材料，满足充分表现产品内容的需要。比如一般的报纸都是一种信息快餐，所使用的纸张不宜过厚，一般的新闻纸均在 $50g/m^2$ 以下。为节约纸张，可使用 $49g/m^2$、$48g/m^2$ 等较低克重的新闻纸，既不影响使用效果，又可降低成本。再如书芯较薄的或开本较小的精装产品，尽量不要使用较厚的纸板做封面材料。

（3）内页设计要遵循性价比最佳原则

使用价格尽可能低的排版方式，满足设计者充分表现产品内容的需要。以报纸为例，一般报纸使用小五号字，甚至六号字均可。这样可以加大信息量，节约成本，也不会影响一般读者的阅读。但是少年、老年观看的报纸，字号就要大一些。厚纸产品设计的折手折叠次数多，会造成页码的误差增大，皱折（八字皱折）增多，前口切光后凹凸不平；由于不了解装订工艺，胶订书未预留铣背余量；设计装订方式时，不分书籍厚薄和使用者的难处、保存价值，全都设计为无线胶订；不正确地过分要求厚胶层，企望用厚度代替强度，结果成书后翻阅不便；将特厚精装书设计为方脊，造成书籍的倒扒圆、前口外吐变形，严重影响到书籍平整和外观质量；对特厚精装圆背书不加筒子纸材料，造成书籍装订后的扭曲、松弛、变形。

（4）封面设计要遵循性价比最佳原则

由于前口设计加长，使折次增多；对特种纸的封面未覆膜，造成断裂处露出纸基；书脊、封面设计带框线，且边距偏小；在书背厚度 5mm 以下时，还设计有书背字；有时书背过窄，使设计的书背字、图案或图像出现超宽缺陷，无法包封面加工；封面（特别是 A5/32 开本）设计时不留出血，封面在高度的方向居然短于书芯，包封面时造成漏尾胶、脏书、脏带等，使成书的外面留有野胶。

3. 合理选择生产工艺和材料

制作烫金加工用的铜版，除非使用的特殊需要，一般可以选择较薄的版材。现代印刷工艺有丝网印刷、柔性版印刷、胶版印刷、凹版印刷和数字印刷等方式，各有其单件加工价格和适合使用的范围，在满足设计者需要的前提下，应尽量选择价格较低的印刷工艺方法。在书刊装订方式方面，精装的价格最高，要适宜地选用；铁丝平订的价格最低。在印刷使用纸张方面，也要巧妙设计、精打细算。如遇有某特种纸的价格较高时，可以考虑使用一般纸张完成印刷，然后再使用压印花纹的工艺和材料搭配方案，以达到节约的目的。

4. 设备成本管理控制

设备成本既包括一次性购置设备的付出，也包括后期使用中的设备保养、维护和维修等，设备成本管理就是控制印刷设备的购置、使用、维护、维修和能力的充分发挥，应在以下几个方面加以管理。

（1）设备引进的决策要正确

设备引进决策正确与否是印刷企业控制成本的第一关键条件和前提。企业在购进设备时，要综合分析拟购设备的性能、价位和配件、维修、服务成本等，设备要适应所在印刷市场的活源与供求关系，以提高设备的开工率，减少停机成本，还要了解该设备的寿命周期，在设备的优势年龄段购入。

（2）要做好设备的日常运行和维护

企业设备处或生产处要制定印刷设备的日常管理、维护制度，并对车间生产实施过程进行检查监督；日常的维护要有书面制度，如班前的定时定量加油、定时定位查看、清洁等；制定周、月、年保养的具体范围和内容；还要灵活掌握保养的时间，忙时可以适当延期，闲时就要仔细检修，一定要从设备方面做好充分准备，防止关键时刻出故障。

（3）易损件的购备要形成三级标准目录

配件、易损件应分别按不同时限提前购进，并按存货的最低数量随时补充，以保证生产的不间断进行；非易损件紧急损坏时的处置要有预案，要有最短的供货途径和时间；最好有不止一个以上的供货渠道，做到双保险。

（4）应把设备的设计能力发挥到极限

为适应市场激烈的竞争，印刷企业普遍缩短了印刷设备的折旧年限，因此，要求我们在有限的时间内，要充分发挥印刷设备的生产能力。要在设备调试、磨合好以后，依据产品情况，在许可的前提下，尽量加快生产速度、提高设备转数。

（5）要依据生产实际进行设备改造

设计得再好的设备也不可能适用于所有的产品加工，对原有印刷设备必须有大胆改造的意识，并根据需要和可能进行小试小改。对一些进口设备使用的原装耗材及零件，可在不影响产品性能的前提下，大胆试验用国产产品代替，这样可能大幅度降低印刷生产成本。对企业闲置、淘汰的设备应及时处理，以减少企业资金的占用成本。

第五章
印刷技术发展

随着科技的发展，高级技师必须站在新技术的前沿，了解印刷新技术、新设备、新工艺、新系统，不断接受新事物，不断学习，才能不断创新。

第一节　印刷新技术

一、无水胶印技术

无水胶印（waterless offset printing）是指在平版上用斥墨的硅橡胶层作为印版空白部分，不再需要使用润版液，用特制油墨印刷的一种平印方式。

无水胶印是在印刷版上涂上硅涂层为非印刷区，去除水墨平衡控制，亦免除了使用水作为媒介。从印刷质量上来看，不使用水来印刷使无水胶印的印刷网点更锐利和有更好的表现。无水胶印有能力达到更高线数和反差。

1. 无水平版

无水平版有阳图型和阴图型两种，目前使用较多的是阳图型无水平版。

使用阳图底片晒版的阳图型无水平版，版材结构如图 5-1（a）所示，由铝板基、底层（也叫黏合层）、感光树脂层、硅橡胶层、覆盖膜等组成。曝光时，见光的硅橡胶层发生架桥反应，进行交联，未见光的硅橡胶层被显影液除掉，形成如图 5-1（b）所示的印版。

阳图型无水平版的图文部分微微下凹，着墨后油墨不易扩散，空白部分的硅橡胶层对油墨有排斥作用，因此印刷时可以不用润湿液，从而避免了由润湿液所引起的许多印刷故障。

2. 无水胶印印刷工艺

无水胶印使用的油墨比有水胶印油墨的黏度高、黏着性低，主要成分是高黏度改性酚醛树脂及高沸点的非芳香族溶剂，遇热容易分解，所以在印刷时，环境温度要保持在 23 ～ 25℃。

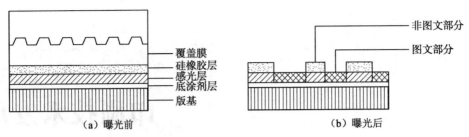

图 5-1　曝光前后的无水平版

无水胶印机输墨系统的胶辊使用低内耗的材料制成，墨辊运转时相互摩擦引起的热膨胀量很小。此外，为了解决胶辊因热膨胀造成的墨辊之间、着墨辊与印版之间接触宽度增大而带来的传墨不均匀问题，印刷机附设有自动调节着墨辊和印版接触宽度的装置，使整个印刷过程中，接触宽度始终保持在恒定的尺寸范围。为了清除印版上的纸粉、纸毛等脏物，印刷机上设置有硅酮橡胶制成的去污辊。

3. 无水胶印质量

无水胶印的网点增大值小，网点增大值能够控制在3%以内，可以采用200～500线/英寸的细网线印刷，可印刷高解像力的印刷品。若与调频加网技术结合，更可印刷出无可比拟的高档精美印品。

无水胶印去除了不易控制的水，没有油墨乳化现象，印品墨色更加均匀、饱和度高。用无水胶印印刷时，一般消耗5张纸即可正式印刷，耗纸率低，生产效率高。无水胶印作为一种先进的印刷技术，有可能替代传统的有水胶印。

4. 无水胶印的优势与应用

有水胶印是今天印刷工业中应用最普遍的印刷工艺。基本原理是利用在印版上的印刷区（印墨）和非印刷区（水）的水墨平衡。关键在于必须保持水墨平衡的稳定和控制。

无水胶印使用了在印刷版上涂上硅涂层为非印刷区，去除水墨平衡控制，亦免除了使用水作为媒介。

从印刷质量上来看，不使用水来印刷使无水胶印的印刷网点更锐利和有更好的表现。无水胶印有能力达到更高线数和反差。

从印刷工艺来看，有水胶印比无水胶印更兼容。水可被视作清洗印版、墨路的清洗剂，具有印刷时自我清洁的功能。

在无水印刷版中，尘土、纸屑会损坏无水胶印印刷的硅涂层，使得选择承印物和工作环境的清洁要求较为苛刻。

在商业、出版等印刷领域，降低印刷成本和追求产品的差异化是关系到企业生存和发展的重要课题。无水胶印技术因能灵活应对小批量的生产，提高印刷机的设备运转率和生产效率，为降低成本提供了保证。在差异化方面，无水胶印能适应苛刻的套印精准度要求，能适应大开张的薄纸、低克重纸张的印刷，并能满足细微的图文再现，实现高精细、高质量的印刷要求。

无水印刷方式除了可以从印刷角度避开水墨平衡问题之外，还因其制版工艺不产生强碱性的显影废液，印刷过程中不需要使用含各种有害物质的润版液等环保印刷方式逐渐被人们所认识，成为促进其发展的一个因素。日本大型印刷企业的环保报告反映其大都采用环保的无水胶印方式。

5. 无水胶印技术的不足

无水胶印技术要想得到快速推广，关键需要跨越三道技术门槛，即专用印版、专用油墨及印刷设备的温度精准控制装置。毕竟，无水胶印工艺对版材的要求近乎苛刻，硅橡胶层的涂布难度让国内的版材研究举步维艰，进口版材的高昂价格及特殊油墨的需求成本，使得国内印刷企业难以取舍，在"无水"与"有水"的胶印技术对抗中，印刷企业不敢轻易冒险。

二、高保真印刷技术

1. 高保真印刷的必要性

一般印刷色域范围主要由原色油墨和相应叠印色确定。四色印刷工艺使用的C、M、Y、K原色油墨存在着先天缺陷，其呈色光谱曲线与理想颜色光谱曲线有较大差距。同时，印刷色域较难有很大扩展。此外，由于印刷油墨的灰成分较高，在提高印刷密度以接近原稿密度时，四色印刷几乎是无法达到的。所以，许多鲜艳明亮的颜色都无法在印刷品中再现，这成为四色印刷的重要缺陷。

为了弥补这种缺陷，高保真印刷技术应运而生。高保真采用七色印刷，其色域范围比常规的四色印刷扩大30%以上，大大提高了印刷品表现鲜艳明亮颜色的能力，它使印刷颜色阶调更加准确，更多表现颜色深浅的变化，使印刷品的颜色更加丰富真实。它的亮度调整接近视觉明度，不但使印刷品暗调的色彩变化更加明显，而且印刷图像的立体感增强。

2. 高保真分色技术

高保真分色技术是高保真印刷的基础，是印刷质量的关键保证。由于高保真印刷采用多于四色的油墨来复制原稿，因此常规的分色方法已经不适合。采用高保真印刷工艺后，将对原稿进行多色分色。具体色数根据原稿的具体情况确定，不同油墨厂家的油墨产品特性值不同，由此建立的分色系统也有所差异。分色软件可以根据产品和印刷的需要建立不同的分色系统，已有六分色、七分色甚至更多的分色系统。

这种分色技术比四色分色技术更复杂，高保真分色技术是高保真印刷技术的核心，高保真分色在CIE RGB颜色空间中进行，输入的RGB颜色将获得更接近光谱色的亮度和色度特性，不同的基色油墨组合分别匹配不同色相区间的输入颜色色度参数。基色油墨分色通道的设置可以保证印刷颜色达到印刷色域和实现图像阶调线性。与四色印刷相比，高保真印刷颜色在一定程度上并不因为饱和度提高而亮度降低，这是常规四色印刷无法做到的。已知的高保真分色模式主要有两类：一类是以ICISS为代表的在交互式图形界面设置分色模型；另一类是以Pantone Hexarome为代表的高保真颜色查找表（CLUTs）固定分色模型。

3. 高保真加网技术

高保真印刷在制版过程大多采用混合加网技术，充分利用了调幅和调频加网技术的优点，避免了二者的不足。混合加网在高光区域和暗调区域与调频加网一样，通过大小相同细网点的疏密程度来表现画面中的层次变化，网点位置随机分布，并经过特别计算处理以使网点不相互重叠也不会间距过大。为了适应印刷工艺还加进了另外一种计算方法，即利用多个细小的点子组成一个较大的印刷网点。在中间调区域，既使网点的位置具有随机性，同时也对网点大小进行改变，使得中间调的网点既有调频网点的分布特性，也有调幅网点的阶调表现方法。混合加网技术是伴随 CTP 技术而诞生的，它可以将图像色彩表现得淋漓尽致，又可尽显 CTP 工艺的优越性。

4. 高保真印刷技术的优势与应用

高保真印刷技术可支持企业实现彩色图像个性化效果的复制，还可以支持设计师实现印刷品的色彩防伪功能，帮助出版物或包装品防止假冒。因此，高保真印刷不但可以实现优质优价，提高产品价值，还可以通过增加印刷品功能，进一步提高印刷品的附加值和利润率。

在国外，高保真印刷已在商业印刷中得到应用，并且作为单张纸胶印的一个发展方向，其市场前景看好。如 Hexchrome 高保真印刷是一种多色双面印刷工艺，具有单通道、多色印刷、高利润、高生产效率的优点。在国内，高保真印刷虽然取得了一定的阶段性成果，但是由于软件、设备、人员等限制，还处在研究和试验阶段，没有广泛应用于商业印刷。

5. 高保真印刷技术的不足

采用高保真印刷会使生产成本有所增加，对印刷生产工艺的技术要求也很高。例如，要使用更多的印版和油墨，比四色印刷的成本更高。另外，还有一些因素也限制了高保真印刷替代传统的四色印刷，如需要四色以上的多色印刷机，所需增加的版材、打样和油墨的成本问题等。除此之外，创建有效的超四色分色版和组合高保真页面问题，也是限制技术普及的重要因素。

同时，市场需求不足是高保真印刷无法普及和推广的最重要的原因之一。另外，高保真印刷本身所需要的配套设施价格居高不下，国内设备、原材料的技术研制工作没有跟上，进行高保真印刷所使用的高档版材和油墨等绝大部分仍然需要依靠进口，大大提高了成本，这些都制约了高保真印刷技术的大范围推广。

三、G7 印刷工艺

1. G7 印刷工艺基本原理

G7 中的 G 代表需校正的灰色值，7 代表在 ISO 12647—2 印刷标准中定义的 7 个基本色——Y、M、C、R、G、B 和 K。G7 印刷工艺是一种校正和控制 CMYK 图像处理的新方法，它取代了传统测量 CMYK 油墨梯尺的方法，只需测量两种灰度级，一个灰度级是仅用黑色油墨印刷得到的，另一个灰度级是预先确定好比例的 CMY 叠印色。灰度级被包含在标准校准样张中。G7 工艺不再测量网点面积率和网点增大曲线，而是测量中性灰平衡密度值，这些值是被手动绘制或者通过软件生成在中性灰印刷密度曲线（NPDC）上，同时需要在印刷机上校正灰平衡，或者使用不同 CMY RIP 曲线在软件中自动校正灰平衡。

2. G7 工艺的特色

其最大特色是对中间调灰度控制点（HR）的控制，HR 处的密度是中间灰色区域（C50%，M40%，Y40%）的密度减去纸张密度后所得到的相对密度。G7 工艺中，在中间调灰的相对密度是 0.54（常数）时，色度值为 a*=0.00（±0.5），b*=-2.0（±1.0）。HR 点代表了人眼视觉观察的一个转折点，根据灰密度大小与明度的曲线关系，O—HR 的密度范围是印刷时要重点保护的部分。

3. G7 工艺的核心

在商业印刷中，无论使用何种承印物，G7 的要求就是：中间调灰色处，即 C 50%、M 40%、Y40% 处，其相对密度值是 0.54，色度是 0～2。只要保证了中间调的密度和颜色，中亮调处的密度变化也就有了保证，牺牲的只是人眼反应迟钝的暗调，整个印刷品的阶调就能得到保证。

4. G7 工艺的功能与优势

应用 G7 工艺能实现以下功能：

- 按视觉感观校准打样系统的灰度级。
- 控制打样机在打样过程中保持相同的灰度级外观。
- 按视觉感观校准印刷机的灰度级。
- 控制印刷机在印刷过程中保持灰度级外观的稳定。

相比网点的传统校正方法，G7 工艺的主要功能是通过曲线校正来产生一个与视觉一致的印刷外观。传统的网点面积控制参数并不是一个视觉外观效果的指标，因为它忽略了油墨色相、墨膜厚度和叠印率等因素。

G7 工艺与所有新的印刷规范或者标准之间实现了印刷效果的"同貌"，任何基于 G7 的规范数据同其他基于 G7 工艺的数据都是共享的，从而达到了一个近似的灰度级视觉外观。这就意味着，虽然不可能让卷筒纸印刷机和单张纸印刷机印刷的产品效果一样，但是一个基于 G7 工艺的 CMYK 文件，可以在不同复制系统上的灰平衡和反差基本保持一致，所以通过 G7 工艺建立的 CMYK 文件可以应用于不同印刷系统，或者说基于 G7 工艺建立起来的系统间传递数据是不需要考虑原文件来源的。

5. G7 工艺的应用

G7 工艺应用到一个完整的印刷生产流程中，需要 4 个步骤：校准打样机、校准印刷机、应用基于 G7 工艺的 ICC profile 文件、进行 G7 过程控制，通过监控色块的灰平衡和中性灰密度值完成典型的 G7 工艺控制。

第二节　印刷新系统

一、数字化工作流程

目前，印刷一体化生产已成为不可避免的趋势。数字化工作流程已渗透到印刷生产过程中的方方面面，CIP3（印前、印刷及印后一体化）就是将印前、印刷、印后的各个设备连在一起，形成流水生产线，CIP4 是在 CIP3 的基础上整合了印刷生产工艺。分别由 CIP3/CIP4 推行的 PPF 和 JDF 就是两种与设备无关的标准格式，利用这种具有设备独立性及页面独立性的标准格式，能预先将各种控制信息或管理信息以数字数据形式保存在该格式文件中，然后传送到印前、印刷、印后各个设备并转换为相应指令，预调各设备到待作业状态。

1. CIP3/CIP4

（1）CIP3/CIP4 的基本概念

CIP3 全称为 "International Cooperation for Integration of Prepress，Press and Post-press"，即计算机集成印前、印刷、印后，可将印前设备（如电脑、扫描仪、数字相机、照排机、直接制版机、数字打样机等）与印刷机及切纸机和折页机，通过网络、软盘、S 卡或手工输入数据等方式连接起来，以数据代替原有的"经验"——目测色差，以数据管理印刷过程，使机器在正常的线性化标准下，实现数据化、规范化管理，达到高产、优质、低成本，向国际先进水平靠拢。

CIP4 全称为 "International Cooperation for Integration of Processes in Prepress，Press and Postpress"，是在原来的 3 个 P 之外又加了 1 个 P，即 "Processes"。其基本目的是在整个印刷品的加工过程中，从承接印刷任务和印前处理开始，采集并获取各种数字化的生产控制信息，并随着图文复制进程不断更新，且逐步传递到印刷、印后加工所涉及的设备上，使整个生产工艺连成一体，这就是"数字化工作流程"的基本宗旨。这也是 CIP3/CIP4 的最终目标。

（2）CIP3/CIP4 的实施

数字化工作流程包括图文信息流和控制信息流两大部分。图文信息流解决的是"做什么"的问题；而控制信息流则解决"如何做""做成什么样"的问题。这两类信息都是数字化的，可以由计算机进行存储记录、处理和传递。

下面我们先来说明非集成化的数字化工作过程，如图 5-2 所示。

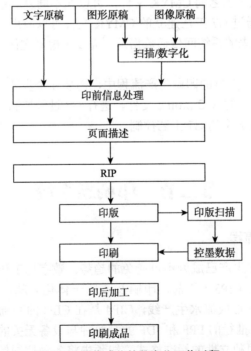

图 5-2　非集成化的数字化工作过程

客户提供图文原稿、版式和制作要求。印刷单位接收到这些非数字化的信息后，就进行文字输入／排版、图像扫描输入／处理和图形的印前处理和制作。按照客户的要求，形成多个页面的数字化信息以后，将多页面组成印刷整版，随后借助"打印"功能生成版面描述的 PostScript 或 PDF 信息，经过 RIP 处理，将整页分色图文记录输出到胶片或印版上。当客户同意正式付印以后，开始批量印刷。印刷时，操作人员依赖经验来调节印刷机各墨区的油墨量；如果希望在印刷之前得到印刷机墨区调节的基础数据，就必须在印刷前用专门的装置扫描印版，获得各个油墨控制区的墨量统计信息，以便在印刷机上获得正确的油墨量控制。

印刷完毕，经过折页、裁切、装订等步骤，获得印刷成品。

在这个非集成化的数字化印前流程中，虽然图文信息是数字化的，而且在印刷机上的油墨控制也可以是一定程度数字化的，但生产控制信息依然是零散的，非整体化的。印前、印刷和印后过程的联系不紧密。

同一印刷任务在集成化数字工作流程下的运行过程如图 5-3 所示。

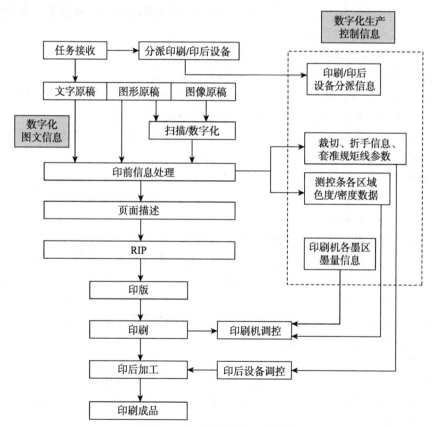

图 5-3　集成化的数字工作流程

客户提供图文原稿、版式、制作要求，印刷单位接收到此任务以后，根据印刷产品的基本特点和客户要求，确定适宜的复制工艺路线，分派到印刷和印后加工设备。

印前处理阶段与前面所述大致相同，对于书刊印刷整版拼大版后，有关印刷品折手、裁切、装订、套准规矩线等的信息已经确定下来了。RIP 处理以后，得到了每张印版的记录信息。此信息可有两个方面的用途：首先是用于胶片或印版的记录，其次就是可以用此数据统计印刷机各油墨区的控墨基础数据。由此获得墨量控制数据信息就省去了印版扫描的步骤。

印版制作完毕，在正式印刷之前，可以利用印前阶段已经产生的套准规矩线位置数据进行多色套印调节；同时可以利用已经获得的墨量数据，对印刷机各墨区墨量进行调节，而不必反复进行测试印刷，这样，既节约了材料又减少了辅助时间。

印刷完毕后，在进行裁切、折页、配帖等印后加工之前，可以调用印前已经产生的折手、裁切等信息，对折页机、裁切机等印后设备进行预调，使各种设备迅速进入工作状态，最终获得印刷成品。

通过上面的比较可以看出：在集成化数字工作流程中，印刷、印后所需要的多种设备控制、预测状态信息在印前已经获得了。只要这些信息准确无误，而且可以顺畅地传递到印刷、印后设备上，就能使这些设备迅速进入某一产品的正常工作状态，这在整体上节约了调节时间，减少和避免操作失误，有利于印刷产品质量的提高。正是这些数字化的控制信息，将印前、印刷和印后环节联系在一起，形成了一个完整的生产链。

（3）CIP3/CIP4 的优势

与传统印前、印刷、印后工艺相比，具有以下优势：

①印刷质量。由于引入数据工艺取代了人工校色环节，能保证原稿（样）与印品的一致，且能多次重复一致，适应客户对颜色的极高品质要求。

②加工周期。在极短时间内（高端四色印刷机需 15 秒）完成印版的单面四色套准及校色，缩短了上下版及校色时间，适应短版印刷。

③成本。减少工时、材料，降低了成本。

2. PPF

（1）PPF 的基本概念

印刷生产格式 PPF（Print Production Format）是 CIP3 在 1995 年发布的一种统一的、与设备无关的标准格式，其目的就是将计算机集成化生产系统（CIM）概念引入印刷工业，使印刷工艺流程的三大环节连成一个整体。即从承接印刷任务和印前处理开始，采集并获取各种数字化的生产控制信息，且逐步传递到印刷、印后加工过程所涉及的设备上，对印刷、印后进行控制，使整个生产设备状态都在生产控制信息流的掌管之下，达到合理、高效、优质生产的目标。

（2）PPF 的内容

①印前阶段：色彩管理描述信息、补漏白参数、文稿和图像的管理（记录相对路径图——基于 PPF 的数字工作流程及 PPF 接口支持图像置换）、版面描述、拼大版以及数字打样信息等。

②印刷阶段：印张构成（单面/双面）、油墨量的控制（油墨扩大和转换曲线、各墨区的墨量计算与调节）、颜色质量控制（颜色色彩和密度测量）、套准控制，以及允许的误差等。

③印后阶段：裁切、折叠参数和装订（配页、上胶、附页粘贴、自动爬移）信息。

（3）PPF 的不足

PPF 没有活件跟踪及反馈机制，还不能真正满足完全的数字化生产流程控制。例如，PPF 文件包含各加工过程的设备"应该如何去做"的数据信息，但设备究竟"做得如何"，"是否达到了要求"的信息则无法反馈。

PPF 不包括活件管理及流程安排信息，还不能代替管理信息系统（MIS）所应发挥的效能。为了知道某个活件是否准时完成或在哪个环节受阻，仍然需要跑遍整个流程或打电话到各个部门。PPF 还无法参与涉及客户的电子商务、电子数据交换等方面的信息交流。

3. JDF

（1）JDF 的基本概念

印活定义格式 JDF（Job Definition Format）是对 PPF 的继承，它融合了 PPF 和其他相关数据格式的优点，更广泛地适应印刷出版、电子商务、自动化和计算机集成制造等方面的需求，为数字化流程的发展奠定基础。

（2）JDF 的内容

①该文件所包含的信息：印前的色彩管理描述、补漏白、拼大版、数字打样信息；印刷中油墨量的控制、颜色质量控制、套准控制参数；以及印后的裁切、折叠和装订信息。

②非技术性管理信息：如活件管理及流程安排信息，活件跟踪及反馈信息，能保证准时、高效的组织生产。

③商务信息及客户意见：JDF 建立了与电子商务系统及客户的联系，能迅速将客户意见反映到生产中。同时也增加了生产的透明度，便于客户监督生产。

（3）JDF 的优势

提供一种"数字化的标准工作传票"（Job Ticket），从一个印刷任务诞生、执行直到终结的各个阶段，JDF 一直起着纽带和灵魂的作用，对各阶段的状况随时进行记录、跟踪，为系统、设备进行正确的控制提供信息并及时反馈。利用 JDF 和 JMF（Job Messaging Format，活件信息格式）可进行成本计算、流程安排、生产控制以及商务管理等。

为印刷商务机构、管理信息系统、印刷生产部门架起了一座交流的桥梁，将与印刷生产相关的所有要素，如作者、出版社/商、创意设计、美术设计中心、印前处理中心、印刷厂、销售网点、客户等连接成为一个完整的系统。

兼容 PPF 和 PJTF 格式，保证企业对这两种流程投资的安全性。

提供更为灵活的解决方案。它使用 XML 可拓展性语言，XML 是一种对很多行业均适用的可扩展标准格式，每一个具体系统都可根据自己的设备和体系结构进行拓展。

提供基于数据库的网络解决方案。通过 XML 开发应用程序接口，可访问中央数据库或全球网络系统中的分布式数据库，实现全球范围的数据交换。

为所有 CIP4 成员和其他企业所支持，在 CIP4 的努力下，其作为国际标准也必将得到更为广泛的推广。

可见，JDF 在更宽泛的领域内对印刷生产、商务、相关管理等进行更为畅通的信息交流和更为高效和细致的控制。同时，这也对相关单位、部门的设备、管理系统等都提出了更高的要求。

二、ERP 资源管理

1. ERP 的基本概念

企业资源计划 ERP（Enterprise Resource Planning）是一种面向加工制造行业以计划为纽带，将企业的物资资源、资金资源、时间资源和信息资源进行科学管理的企业管理系统。目前，许多印刷企业都在实施 ERP 管理。

ERP 促使企业通过管理创新和业务流程重组，在管理思想、管理模式、管理方法、管理机制、管理基础、组织结构、业务流程、规章制度和全员素质等方面实现全方位的改进和提高，从而提高企业的整体管理水平和竞争力，加快企业管理现代化进程。

ERP 核心思想是实现对整个供应链的有效管理。

2. ERP 在印刷企业的应用

（1）客户关系管理

对市场、线索、机会、报价、订单、合同等客户关系全过程管理。包括订单环节管理，即印前、印刷、印后、发货通知单的制作，以及准确、灵活地解决印刷报价及估价难题。

（2）供应商管理

对材料供应市场、供应商资质认证、询价、订单、合同、交付款的全过程管理，分析这些因素后，对供应商进行评价。

（3）人力资源管理

制定人力资源规划，设定计件工资计算公式，根据生产日报和定额数据，通过 ERP 完成工资计算。

（4）生产管理

主要包括生产计划管理，备料计划及反馈、订单跟踪、工作中心、监控质检计划等内容。

（5）质量管理

质量数据的采集、统计、分析，能解决印刷质量全程管理的难题。

（6）财务管理

主要涉及总账、预算、应收、应付管理，固定资产、财务分析与决策管理。

（7）设备管理

主要涉及设备的采购计划，设备保养、维修计划制订，根据设备维修、保养信息记录，做好备件管理。

3. ERP 解决方案的设计

（1）设计内容与目标

①建立一个覆盖全企业产、供、销、人、财、物各个生产经营环节的人、机相结合的闭环计算机辅助管理信息系统。

②建立一个有效的、灵活的生产经营计划体系，使生产计划与销售计划紧密衔

接，使采购计划与生产计划紧密衔接，使产品生产计划与半成品生产计划紧密衔接，形成有效的市场驱动机制，使企业的生产经营活动适应市场激烈的变化，提高企业的应变能力。

③加强市场销售管理和市场预测功能，建立有效的市场信息和客户信息收集网络，提高信息的处理能力，为销售预测和销售计划提供丰富的信息，使其成为指导生产经营活动的有力工具。

④在车间底层完成数据采集的基础上，建立企业管理信息网络，向各管理子系统提供准确、及时的动态数据，消除冗余数据，使数据得到统一维护，实现数据共享，建立通畅的信息通信网络，有力地支持管理和决策。

⑤加强物料的动态管理和物料的计划性，努力做到准时生产和准时供货，在保证生产正常进行的条件下，尽量减少库存积压，加速资金的周转。

⑥加强财务管理和建立完善的成本核算功能，使生产车间成本和辅助生产车间成本都能得到有效的控制，使企业不断地减低物耗和各种费用水平，提高企业的经济效益。

⑦加强设备管理，建立统一的设备维修力量和设备备品备件库存管理，加强设备生命周期内的各种信息和设备动态信息管理，做好设备预防性维修，提高设备完好率和利用率，保证均衡生产。

⑧通过底层质量数据检测和计算机联网，及时准确收集各环节质量检测数据，并通过计算机进行质量数据统计分析，有力地监督和提高质量水平。

⑨通过计算机管理和自动化办公系统的实施，将管理人员从繁重的手工劳动中解放出来，使他们从本质上提高企业管理水平。

⑩通过计算机管理系统的建立和实施，理顺企业管理程序，建立计算机化的管理规章制度，整顿和完善各项基础管理数据。

（2）设计特点

①完整的企业资源计划管理系统。在标准的 MRP Ⅱ 基础上，增加诸如设备管理、质量管理、人力资源管理以及决策支持电子商务和供应链等功能，成为一个完整的ERP 系统，为印刷生产企业提供一个全方位的解决方案。

②准确的印刷生产描述。印刷产品是由印前、印刷、印后加工完成的，而使用承印材料又是由各种印刷和包装方式决定的，产品结构还包括其他各种包装材料、辅料、油墨等，系统提供的产品结构描述功能，应该能准确地描述各种产品的印刷工艺流程，由系统根据产品工艺流程完成各种相关计算。

③确切的工艺流程描述。印刷生产大致可以分为印前、印刷和印后加工三个大的工艺阶段，系统将对印刷生产工艺流程进行详细的描述，监督控制生产过程。

④适用于印刷生产特点的计划管理体系。印刷生产以大量流水生产类型为基础，批量生产与准时生产相混合的生产模式，一般企业都已实现了自动化。市场需求驱动印后加工车间的每日作业计划，印后加工车间的作业计划又驱动印刷车间的生产作业计划，印刷车间的生产作业计划又驱动制版车间的生产作业计划，由此形成一条准时生产（JIT）的驱动链条。所以，印刷 ERP 将建立完整的生产计划管理体系，包括主生产计划、能力需求计划、物料需求计划、日生产计划、仓库备料计划等。

⑤配备印刷车间专用的管理子系统。在整个生产过程中，印刷车间与调度部门、制版车间、备料仓库、成品库等部门或单位有非常密切的数据联系，自身的生产任务管理与成品库存管理又极具特殊性，车间的生产计划管理与其他生产车间的管理也有很大区别，是最能体现印刷生产企业特点的生产部门，因此应设置专门的印刷车间管理子系统。

⑥严格的质量检测控制。实现对油墨、辅料（如胶黏剂）、承印材料（纸张、塑料等）到生产过程以及产品各环节的全面质量检测分析与质量控制，对已售出的印刷品质量进行跟踪，对质量反馈信息进行分析与处理。

⑦保障正常生产的设备管理。对印刷生产过程中的各种设备，如印前设备、印刷设备、印后加工设备等建立全企业统一的设备台账，建立设备的备品备件库，制定设备采购计划，可根据实际情况，由系统自动制定设备的大修、中修维修计划，实现设备事先维修。

（3）解决方案

①总体框架模型：设计了企业前端管理模块和企业后端管理模块，把业务管理和采购管理模块中的客户和供应商的相关功能作相应延伸形成基于 B/S 结构的前端管理模块，企业后端管理模块覆盖印刷企业内部各管理模块。

②业务流程：该流程对印刷企业内部的物流、信息流、资金流实行统一管理，覆盖了印刷企业业务、生产、库存、采购、成本、财务、人事等各项管理。

③数据流图：根据业务流程图，建立起概念性的数据模型图。

④软件设计：根据国内印刷企业的业务流程和 ERP 系统的供应链原理以及根据软件工程中的高内聚低耦合、高扇入低扇出的模块化设计思想，将系统总体上划分为企业的前端管理模块和后端管理模块。

4. 实施 ERP 解决方案的优势

（1）业务流程合理化。

（2）绩效监控动态化。

（3）企业管理工作系统化。

（4）管理水平可持续改善。

第三节　印刷环保新技术

印刷生产过程中的环保问题主要是印刷材料中有机溶剂挥发造成的环境污染，也是除印刷危废之外的最主要污染物。近年来，尽管在印刷材料的源头治理方面开展了大量工作，逐步采用低排放、少溶剂的绿色印刷材料替代物，但是生产加工过程中的排放仍然是不可避免的。为此，印刷业联合各类科技企业和研发公司，开展了印刷环保治理技术的多方面尝试，取得了许多宝贵的经验。

VOCs 治理过程中有机废气的处理方法种类繁多，特点各异，须针对有机废气的种类、可去除效率等情况进行综合考虑，常用的有吸附法、光氧催化法、催化燃烧法等。

一、吸附法

吸附法利用吸附剂与污染物（VOCs）进行物理结合或化学反应将污染物去除，适用于中、低浓度 VOCs 净化。优点是普适性高、易操作；缺点是不适用于高浓度、高温、高湿有机气体，吸附材料需要定期更换。VOCs 去除率随吸附剂使用时间而变化，一般在 30% ～ 90%。

常用吸附剂有活性炭和分子筛，活性炭对水吸附性很强，如果湿度大于 60% 则不适合使用，沸点高于 120℃ 的废气也不适用，易发生燃烧或爆炸危险。分子筛经过人工改性可以提高疏水性，并增强对指定 VOCs 的去除效果，耐高温性比活性炭好。

二、光催化氧化法

光催化氧化技术工作原理就是利用特制的高能高臭氧 UV 紫外线光束照射废气，裂解工业废气，使有机或无机高分子恶臭化合物分子链，在高能紫外线光束照射下，降解转变成低分子化合物，如 CO_2、H_2O 等。紫外线光束分解空气中的氧分子产生游离氧，即活性氧，因游离氧所携正负电子不平衡所以需与氧分子结合，进而产生臭氧。臭氧对有机物具有极强的氧化作用，工业废气利用排风设备输入净化设备后，净化设备运用高能 UV 紫外线光束及臭氧对工业废气进行协同分解氧化反应，使工业废气物质降解转化成低分子化合物、水和二氧化碳，再通过排风管道排出室外。光催化反应主要在催化剂表面进行，借助半导体光催化剂对一定波长内的光响应性能进行反应，利用光子的作用，改变还原反应和氧化反应。常用的光催化氧化催化剂一般为二氧化钛，利用二氧化钛进行光催化时，二氧化钛接受特定波长的光子后，对其全部吸收，产生带有负电的光生电子，与吸附在表面的物质发生化学反应。

三、等离子体法

等离子体技术是在强电场下，气体放电形成高能电子、离子、激发态原子及自由基，最终形成各级激发态氧等离子体和臭氧，作用于 VOCs，将其氧化、离解成 CO_2、CO、H_2O 等小分子物质。该方法适用于低浓度（通常 <500mg/m³）、大风量有机物净化，也可净化室内空气。优点是可低温去除 VOCs、运维容易、装置简单、开启方便；缺点是电源决定电子能量和最终处理效果，废气要预处理，并注意放电安全。VOCs 去除率一般为 50% 左右。一般情况下应根据废气浓度、流量、特征污染物种类、去除率要求选取合适的处理技术或技术组合。同时还应综合考虑设备成本、运行成本和维护成本等因素。

四、臭氧催化氧化法

臭氧催化氧化技术在水处理领域有着广泛的应用，臭氧是一种具有强氧化性的气体，臭氧单独降解 VOCs 反应速率较慢，并且具有选择性。与单独臭氧氧化相比，结合催化剂使用的臭氧催化氧化技术是一种高级氧化技术，能够降解废水中难降解的 VOCs。

近几年该技术在气体污染物治理方面开始引起学者们的关注，成为废气处理领域的研究热点，深受研究者们的追捧。科研人员研究制备了 $NiO/Y-Al_2O_3$ 催化剂对芳烃进行臭氧催化氧化处理，结果表明当 NiO 的负载量为 15%、煅烧温度为 550℃时，催化剂对芳烃的去除效率可以达到 84%。制备的纳米铁氧化物催化剂，当温度在 120 ～ 180℃ 时，臭氧催化氧化处理甲苯的降解效率可以高达 90% 以上。

原位红外光谱技术可以通过对催化剂现场反应吸附态的跟踪表征，也可以通过对产物进行测定分析，从而推测出整个反应过程的机理和催化剂的作用。在催化氧化的反应过程中，臭氧和 VOCs 被吸附在催化剂表面，臭氧分解产生活性氧，活性氧与 VOCs 发生反应，最终生成二氧化碳和水。

五、准分子光解技术

1.技术内容

准分子光源技术采用对人体无毒害的准分子气体来产生高强度的单色或准单色紫外光，从而从根本上杜绝了传统上使用水银（汞）来获得紫外光而造成的对环境的二次污染和废旧回收处理问题，是一种绿色无汞紫外光发生技术。

不同于传统汞紫外灯，准分子紫外灯产生的紫外光为单色或准单色光，因而能量非常集中，能引发传统汞灯很难或根本不能实现的光化学反应。采用不同准分子气体能获得不同单色波长（126nm、172nm、222nm 或 308nm 等 22 种波长）的准分子紫外灯。基于准分子光源技术的准分子光处理器克服现有技术瓶颈，以其高能量密度，低反应温度，大反应面积以及反应时间短的卓越特性，在微电子、医学、材料科学和环境保护等领域获得广泛和独特的应用。

当用于处理工业有机废气时，通过分析研究工业废气中常见有机污染物的键能相对光子能量的分布，可得出常见有机污染物的组成相对应的能量和波长分配。

如图 5-4 所示，要打开某特定有机物的化学键，最好应具备光子能量大于等于该化学键键能的特定波长紫外光源，同时该有机物在此紫外波长有很好的吸收截面。满足上述条件有机物才可能发生光解反应。因此针对特定的有机废气成分，可以选择波长相匹配的准分子紫外光源用于光解作用。对于不同的有机废气成分，有 22 种不同单色或准单色波长的准分子光源可供选择应用，克服了现有汞灯紫外有效波长可选择性小的局限，从而能实现现有光源技术难以或根本不能实现的光化学过程，极大拓展了光解处理的应用领域，同时可利用单色或准单色准分子光源选择性处理特性好的优势，避免了传统宽谱光源辐射作用带来的有害副产物。

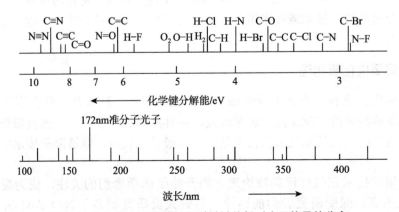

图 5-4　常见有机污染物的化学键键能相对光子能量的分布

准分子紫外光用于处理有机废气时，其反应过程如图 5-5 所示。

（1）准分子紫外光源辐射的高能光子，足以打开自然界中大多数气相污染物的分子键；光强是传统紫外光源的上千倍，能实现传统紫外光源很难或根本不能实现的光化学反应，高效光解恶臭气体、苯系物、VOCs 等，形成活性分子碎片。

（2）废气中含有的氧气和水分子吸收准分子真空紫外线的能量，生成的 $\cdot O$ 活性氧原子和 $\cdot OH$ 氢氧自由基等活性基团，其浓度可达传统紫外灯生成的 10 倍，强烈氧化气相污染物，活性基团自身则在反应中不断消耗，最终有机污染物被矿化成 CO_2、H_2O 等无害或低害的小分子化合物，从而达到净化、除臭的效果，实现达标排放。无须改变现有工艺流程，无须添加化学药品，无二次污染。

该技术处理效率高，能处理含苯环大 π 键（-7eV）、苯和二甲苯大于 99%，甲苯大于 90%。

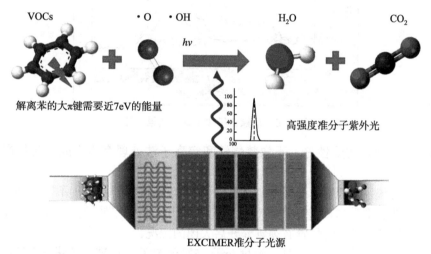

解离苯的大π键需要近7eV的能量

高强度准分子紫外光

EXCIMER准分子光源

图 5-5　准分子紫外光光解难降解芳香族苯系物

2. 技术创新点及特点

准分子光处理器克服现有技术瓶颈，衍生出传统光源难以或根本不能实现的许多应用领域，既是应用创新，又是技术创新。

（1）准分子光源辐射的高能光子足以打开自然界绝大多数分子键，光强可达传统紫外灯的上千倍，彻底克服现有光解 / 光催化技术瓶颈。传统 185/254nm 低压汞紫外灯的固有缺陷为 185nm VUV 成分很少，光强很弱，最高仅几十 W/cm^2，处理效率低。而 172nm 准分子紫外灯光子能量高达 7.2eV，光强高达 $50mW/cm^2$，故能实现现有紫外光源难以或完全没法实现的光化学过程。

（2）废气中氧和水分子在真空紫外作用下，产生的原子氧 O、臭氧 O_3 以及氢氧自由基 $\cdot OH$，引发高级氧化反应（AOP），将废臭气污染物最终矿化成 CO_2 和 H_2O 等无害产物，从而达到除废除臭目的，实现达标排放。高级氧化过程中，起决定作用的是原子氧 O 和 $\cdot OH$，这两者的反应速率常数比 O_3 和 O_2 的高 100～10000 倍。传统 185nm/254nm 紫外灯中 185nm 光强很弱产生的 O_3 很少，主要通过 O_3 吸收 254nm 分解生成的原子氧 O 产率因此很低；而 172nm 准分子紫外光在灯管周围更薄（几个

mm）的 O_2 层内即被吸收，因而薄层内产生的原子氧 O 和 O_3 浓度较高。另外 O_2 和 O_3 对 172nm 的吸收截面相近，这样 O_3 分解成原子氧 O 被重新利用的效率更高，与传统 185/254nm 有根本区别。图 5-6 为清除有机物中碳的效果比较，显示准分子灯清除碳的效率明显高于低压汞灯。

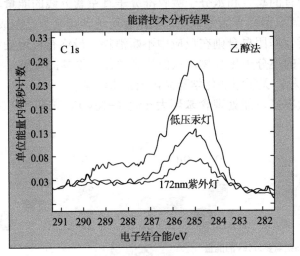

图 5-6　清除有机物中碳的效果比较

（3）光照处理防爆性好，不像焚烧法和等离子法处理有明火或火花易产生燃爆危险。

（4）与传统汞灯需要预热不同，准分子紫外灯能够瞬间启动，不需要预热就能发出紫外光，在 5 毫秒内即能达到额定紫外光强输出，使操作使用大为简便，尤其适合于需要间歇性换气排风时灯管必须频繁开启关闭的工况。

（5）传统汞灯的运行要求环境温度介于 -5℃ 至 50℃，而准分子紫外灯运行则不受周围环境温度影响，可方便地用于汞灯不能使用的恶劣环境场合，如不能冷却，冷却会产生黏稠废物的高温废气处理。

（6）无须改变现有工艺流程，无须添加化学药品，无二次污染，准分子灯制造无须用汞，无废旧回收处理问题，绿色环保。

（7）设备体积小，风阻小，准分子灯无传统光源固有的电极腐蚀现象，灯使用寿命长，运行成本低。

（8）属于冷光源，不产生红外输出，适于热敏材料处理。

（9）准分子灯无传统光源固有的电极腐蚀现象，灯使用寿命长，运行成本低。

3. 实施效果

（1）环境效益

该技术是针对 VOCs 和恶臭气体进行治理的新型准分子光处理设备及其解决方案，应用范围广。主要的目标客户包括：包装印刷厂、表面涂装厂、垃圾中转站、涂料/油墨及胶黏剂制造企业、石油化工、橡胶、塑胶厂等产生异味、臭味、有毒有害气体的行业。

准分子光解法具有的优势十分明显，主要表现为以下几个方面：

- 反应器阻力低，装置简单，宜于操作，占地面积小，使用方便。
- 能处理各种废气，紫外辐射主波长可调制，具备可选择性。
- 准单色光，具有高能量密度、低反应温度、大反应面积、反应时间短的卓越特征。
- 中浓度低风量，高浓度低风量的工况经气体稀释后仍可用准分子光解技术去除VOCs。
- 冷光源，防爆性能安全，适合石油石化行业。
- 投资少，运行费用低，适合中小企业的需求。
- 准分子废气处理设备去除VOCs效率高，且不产生固废及水废等二次污染物质。

（2）经济效益

投资少，运行费用低，适合中小企业的需求。

4. 行业推广

该技术是针对VOCs和恶臭气体进行治理的新型准分子光处理设备及其解决方案，应用范围广。主要的目标客户为低浓度大风量，行业包括：包装印刷厂、表面涂装厂、垃圾中转站、涂料/油墨及胶黏剂制造企业、石油化工、橡胶、塑胶厂等产生异味、臭味、有毒有害气体的行业。适用的主要废气范围为包含治理难度大的苯、甲苯、二甲苯在内的绝大多数VOCs，去除效率可达到90%。无二次污染物产生。

据测算，每万方废气治理运行电费为54/4.2=12.9元。

运行物耗（以准分子高强紫外灯管寿命为12000h，单台风量为42000Nm^3/h，准分子光解废气处理设备的灯管数为130，单个灯管价格为1500元计算）：每万方废气治理运行物耗费用=（130×1500）/（12000×4.2）=3.9元。

总计每万方废气治理运行费用为12.9元+3.9元=16.8元。

六、转轮浓缩蓄热氧化技术

1. 技术内容

转轮浓缩＋RTO＋热能利用等多种先进技术的综合利用有效实现环保达标，转轮浓缩技术全称为沸石转轮吸附浓缩技术，它的主要作用是针对低浓度大风量有机废气进行高效浓缩至10～15倍后再进行解吸，有效地降低"低浓度大风量有机废气吸附装备"的投资，适合连续作业的大中型企业。RTO技术是通过对转轮浓缩后的废气进行直接燃烧并利用其燃烧热能和节能再利用系统降低整个治理设备的运行成本，并把有效热能回用于印刷机使其达到充分节能作用。实现资源和热能的再利用，降低设备运行成本，增加企业收益，可谓一举多得。

转轮浓缩蓄热氧化技术工艺流程如图5-7所示。经转轮浓缩脱附产生的废气进入蓄热式热氧化装置，热氧化装置工作时废气先经阻火器后进蓄热室预热到780℃左右，然后进入热氧化室充分氧化分解，烟气温度达到850℃左右，废气中的有机成分完全氧化分解，产生的一部分烟气再进入另一组蓄热室，与蓄热陶瓷填料进行换热。本热氧化装置共设三个蓄热室，三个蓄热室呈一字形布置，自动定期轮流切换三个蓄热室的工作状态，该系统使废气能够安全、稳定地得到氧化处理，达标排放。转轮浓缩蓄热氧化废气治理设备如图5-8所示，其优点在于：废气净化效率高、热能利用效率高、运行费用及能耗低、安全可靠，并随着国家排放指标的提高，可以继续实现技术升级，达到"零"排放。

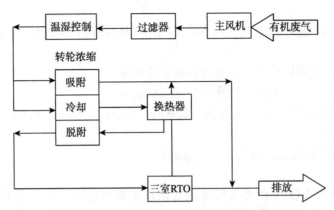

图 5-7　转轮浓缩蓄热氧化技术工艺流程

图 5-8　转轮浓缩蓄热氧化废气治理设备

2. 技术创新点及特点

根据废气的化学成分和数量，采用沸石转轮浓缩＋蓄热式热氧化器处理，有利于最大限度地降低能耗同时最大限度地回收热量。转轮浓缩对于低浓度大风量处理效果极佳，系统能够稳定运行，因材料本身不支持燃烧，安全性极高。同时能够解决活性炭对于乙醇吸附效果不理想问题。蓄热式热氧化系统应满足所要求运行工况下能完全处理生产过程中产生的废气，并将废气中的碳、氢、氧化物完全地转变为 CO_2、H_2O 等无害物质，最终达标排放。

蓄热氧化装置设三个蓄热室，呈一字形布置，确保三个蓄热室运行均匀稳定。

3. 行业推广

适用于喷涂、包装印刷、石油化工、医药、电子、塑料等会产生挥发性有机物（VOCs）的行业，适用于大风量低浓度的有机废气治理。

采用转轮＋RTO系统能够回收热量，同时满足低运行成本的要求，主体设备使用寿命 10 年以上，是印刷机末端治理技术的优选。排放的废气主要成分为醇类、醇醚类、酯类等。无二次污染物产生，污染物去除效率大于等于 90%。

七、生物法

挥发性有机物（VOCs）等有毒有臭味废物，经专管集中导入生物过滤器（生物过滤器内的填料在预处理时，与菌种混合，经培养使得填料上附生着大量的微生物，并形成生物膜）进行净化和降解废气中的污染物质。生物膜中的微生物以废气中的污染物为养料得以生长繁殖，同时又对挥发性有机物（VOCs）进行生物分解及脱臭处理，将其降解成为 CO_2 和 H_2O 后再排出，从而达到净化废气的目的。高效生物过滤器是废气生物净化的关键，高效生物过滤器的关键是净化器内的生物菌种的选择、生物填料的选择以及高效生物膜形成：高效菌种需要能够含硫化物、挥发性有机物等废气的生物菌种，并使培养出的生物膜可以自身繁殖代谢、自我更新，无须添加菌种；高效生物填料需要表面积大、耐用、亲水性好，可使用 5 ～ 10 年以上；生物膜技术需要将微生物菌种固定在高效生物载体上，由多种菌种形成一种复合体系。

第四节　印刷智能化发展

一、全球智能化发展

1. 智能化的兴起

（1）德国的工业 4.0

2013 年 4 月，德国提出工业 4.0 概念，利用信息化技术促进产业变革的时代，即智能化时代，核心目的是提高德国工业的竞争力。

（2）美国的工业互联网

2013 年 6 月，美国提出工业互联网，核心是一个开放、全球化的网络，将人、数据和机器连接起来，目标是重构全球工业、激发生产力。

2. 智能化的特点

智能化是在人工智能、物联网、大数据、网络技术支持下能够满足人们需求的能动属性。智能化能够利用设备代替人类做大量不想做、不能做的工作，能够节约成本、提升效率，使人们生活得更加美好。但智能化也会存在信息安全及低技能人员失业等问题。

3. 智能化技术

智能技术是现代社会的代表性技术，属于科技发展、创新中的高新产物，是计算机技术的重要分支。智能技术融合了多种现代技术，包括 GPS 定位技术、经济传感技术、计算机技术等，在融合以上技术后，智能技术有了无法估量的使用价值。智能技术体现在通过智能系统完成信息搜集、整理与分析，最后在人工智能的判断与反映下，针对问题提出最高效、直接的解决思路，解决人们生活与工作中的难题。在智能技术得到广泛发展后，很多行业的发展都能看到智能技术的影子。

二、印刷智能化

1. 智能化

智能化是指由现代通信与信息技术、计算机网络技术、行业技术、智能控制技术汇集而成的针对某一方面的应用。智能化系统一般具有感知能力、记忆和思维能力、自学习和自适应能力以及行为决策能力等特点。

2. 印刷智能化

所谓印刷智能化是指将印刷数字化技术与物联网、云计算、移动互联网新一代信息化技术和先进的生产自动化技术深度融合，运用到印刷的业务管理、生产管理、印刷过程控制等整个经营活动中，以大幅提高生产服务效率、降低经营成本。

三、印刷智能化的方向

1. 消灭印刷工厂内部的信息孤岛

印刷企业设备与设备之间、设备与软件系统之间的孤立存在，是实现智能化的首要障碍。只有将印刷装备和软件系统应用统一格式文件进行信息交互，才能够实现高效的生产协同。

2. 整合业务管理信息流和生产技术信息流

工厂中的业务管理信息涉及客户订单的各种信息，这些信息孤立地存在于企业的ERP系统中，而生产技术信息则存在于PPF文件中。两大信息流的跨平台整合是实现印刷智能化的重要技术支撑。

3. 生产过程的信息智能处理和自动化控制

印刷智能化要求能够将各种管理系统产生海量的数据进行分析利用，这便涉及海量数据的实时反馈收集、数据的人工智能分析和自动形成精准的任务指令，以及指令发布和自动控制生产三个部分。

第六章
印刷产品设计与创新

第一节　印刷品设计

一、印刷产品设计

印刷产品设计包括书籍装帧设计和商品包装设计。

1. 书籍装帧设计

书籍装帧就是指图书的封面、插图等美术设计和开本、版式、字体、装订等技术设计以及材质的选择，构成书籍的必要物质材料及全部工艺活动的总和。书籍装帧代表了一个国家、一个民族的文化水平，在某种程度上也反映社会的进步轨迹和印刷业的发展。

（1）装帧色彩

色彩是人类心智对各种光波反映的结果。色感多来源于直觉，书籍封面的色彩能给人留下第一印象，它具有暗示、联想的表意功能，现代书籍装帧大多运用颜料特性表现色彩，根据心理反应塑造情景。心理是指视觉对色彩的反应，随外在环境而改变，视觉受色彩的明度及饱和度的影响，产生冷暖、轻重、远近、胀缩、动静等不同的感受与联想，另外，色彩本无感情内容，而人们的联想、习惯、审美观念等，却给色彩披上感情的轻纱，从而使色彩具有了明显的象征性。

封面色彩属展示性用色，鲜明色系的对比搭配具有展示效果，它能敏锐反映流行思潮，给读者留下深刻印象，内页一般采用淡黄、淡红色等浅色系，是适于阅读的配色，色彩在书籍中能起到文字所起不到的作用，如色彩的变换，能强调书中重点，并增强版面魅力，这不仅关系到读者情绪及书籍外观的改变，也在无形中展现书籍的风格特性。

装帧用色属于装饰色彩的范畴，装饰色彩要把色彩的象征意义与作品的实用意义紧密结合起来，如果抛弃了装饰色彩的实用性质，把理论学术读物设计成五光十色，把医药图书设计得强烈刺激，就会使读者产生反感；反之将儿童读物设计得黯淡无光，就提不起小读者的阅读兴趣，达不到应有的实用效果。

（2）封面的构成

封面的构成和布局一般都要反映书中的内容。常见的封面构成主要有以下几种：

①文字型封面

文字型封面的特点是：突出书名，强调以字体的造型、排列所构成的情趣，以此影响读者。

②图像型封面（图画及图片）

封面除了书名外，图像在设计中占有重要地位与作用。图像比起文字更具有竞争性。以图像为主的封面设计更能吸引读者的目光与兴趣，通过图像大致可以了解到书的风格及含义。

③装饰型封面

装饰型封面是以象征性的点缀，一般用单纯的颜色花纹铺底色，用花线边框进行装饰，或选用现成的色纹纸、织物做面料，并点缀文字，给人以美感。

（3）书刊内文设计

内文版面布局是由文、图和天头、地脚、内外边口的空白部位有机组合而成。随着近代艺术、科技、印刷工艺的发展，人们从传统版面布局框框中跳出来，开始重视版面的"易读性"，内容的"可读性"和插图的"可视性"。所以内文版式设计应是感性的，版面是"视觉美感享受的创作"。其功能是为了减轻阅读压力，给读者以可读性和趣味性。

版面率指印刷面积与余白之比。其比例具有秩序和谐美，是构成书刊风格的基本要素。例如，小说、诗歌、随笔、经典等书籍，余白多，具有明快感，高档次，版面率为33%～66%，营造清爽境界，有助于咀嚼品味；而年鉴、辞典等版面率为75%左右，以利于容纳较多的文字，供读者查阅摘读。

字体是一种艺术语言，无论是书法体或印刷体，它们都有自己的艺术特征。字体的形态、风格随着阅读时间的延长，目光不停地在字里行间移动，常会使读者产生视觉疲劳。所以，同一版面不同的字体往往能起到调节作用。

书刊内文有时采用左图右文，或右图左文，"索像于图，索理于书"图文事见，相得益彰，文不足以图补之，图不足以言叙之。这种类型的书多见于青少年读物。

书眉、页码已不像过去那样呆板，而是变化多样，并略带装饰，从而使得版面更加活泼。

（4）书籍形态塑造

书籍形态塑造是个性化设计的一种体现。它令书籍更富有表现力，传递出书籍蕴含的无穷韵味，吸引读者，激发阅读欲望，使读者有兴趣去接触书籍，体会书籍内涵。例如，局部线装、裸露锁线折装订、异型开本、毛边书等。

2. 商品包装设计

商品的包装设计是把艺术和科学、物质和精神、理想和现实的有关因素相互结合、相互渗透、相互融会贯通、相互错落而成的，一种具有高度综合性的创造性活动。

包装的艺术性主要体现在两个方面：包装的造型和包装的平面设计。这两方面是相辅相成、相得益彰的。

（1）包装的造型

①对称与平衡：一般用的纸盒都是对称的，长、宽、高的适当比例关系组成了一

个平衡体。

②多样与统一：盒结构一般采用几何线成型，由直线、曲线、弧线、双曲线、抛物线和其他曲线组成。

③重心与稳定：稳定的结构对视觉影响很大，若物体不稳就会给人心理上造成负担。

④节奏感与韵律感：纸盒包装及系列包装，造型应有条理，可以采取有组织地重复同一因素的方法，如相似形重复、大小形重复等，使设计具有节奏感与韵律感。

⑤比例与尺寸：黄金比例在造型设计时可以参照，同时要尽量考虑比例尺寸与纸张开料和上机印刷的关系。

⑥模拟造型：设计时可以利用纸塑模拟物象，对物象进行概括写实。

（2）包装平面设计

对于包装设计来说，平面设计的表现技巧是一个非常重要的方面，除了简洁、新奇、实用的基本原则外同时要注意三个主要特征：信息性、促销性、工艺性。

① 文字说明设计

包装中的文字是向消费者传达商品信息的重要途径和手段。包装中的文字主要有品牌形象文字、广告宣传文字、功能性说明文字。品牌形象文字一般安排在纸盒的主展示面。资料文字（包括产品成分、容量、型号、规格等）的编制多排在纸盒的侧面和背面，也可以安排在正面。设计时要采用印刷体，用于包装出口商品或者内外销商品的包装纸盒应该以外文为主，少用或不用中文，并充分发挥文字含义的促销作用。

广告宣传文字，内容应做到诚实、简洁、生动，其编排部位多变。

功能性文字，如产品用途、用法、保养、注意事项等，要简明扼要，字体应采用印刷体，一般不编排在正面。

② 图形、图案设计

包装设计中的图形大多用摄影、绘画、抽象和装饰等形式。

图形、图案往往会吸引人们的视线，成为传达商品信息、刺激消费的重要媒介。因此，图形、图案设计以艺术的形式将包装的主题形象化。人们单凭视觉可直观地从图形、图案中直接或间接地感受到商品内容及其带来的需求欲望。

③ 色彩设计

色彩设计是印制企业最为关注的，直接影响到印刷质量。

色彩具有先声夺人的作用，如果包装不用色彩，一切商品都将成为枯燥无味的东西。没有色彩，商品包装就失去了艺术性。色彩对于加强商品对市场的冲击力有举足轻重的作用。消费行为和色彩学有一定的关系：人的视觉器官在观察物体时，在最初的 20 秒内，色彩感觉占 80%、造型占 20%；而 2 分钟后，色彩占 60%、造型占 40%；5 分钟后，色彩和造型各占 50%，随后，色彩的印象在人的视觉记忆中会继续保持。

一件好的包装必须具备良好的视觉性，能捕捉消费者的注意力，无论在超市、广告或印刷品上，它都将是一位出色的推销员。所以对包装设计者来说，如何应用色彩的特殊性来塑造商品包装的视觉传达力并影响人们的情绪，就成为解决色彩问题的重点所在。

设计者要具备丰富的色彩学知识，了解色彩的基本要素，包括色彩的象征性、易读性、暗示性、识别性，各种色彩给人的感受，色彩本身具备的功能以及各种色彩具备的视觉刺激效果，等等。包装设计者只有将色彩的基本知识融会贯通，才能为商品设计出一个具有良好视觉效果的包装。

- 色调和格调：色彩的配置能产生各种不同的格调情趣，反映出商品的各种风味特色。多种色彩组合成色调，色调的整体感觉形成格调。色调是画面上一组色彩所具有的总的倾向和总的情调，犹如音乐中的主旋律。

- 对比色的配置：色彩对比的大小，强弱恰到好处，可创造出鲜明夺目、充满激情的视觉效果。对比过分则不当，显得俗气。色彩对比要艳而不俗，华而不浮。从色彩三要素区分：加强丰富感的色相对比，加强明快感的明度对比，加强浓郁饱和度的纯度对比，加强多样变化的综合对比。从强弱程度来区分：刺激性强的色相强对比，刺激性弱的色相弱对比；视觉效果清晰的明度强对比，视觉效果模糊的明度弱对比；色感加强的纯度强对比，色感减弱的纯度弱对比。从色彩感情作用区分：冷暖加剧的冷暖对比，轻重分明的轻重对比，烘托主题的繁简对比，突出华丽的华素对比，加宽空间的远近对比，丰富内涵的综合对比。

- 调和色的配置：调和色的配置主要指同类色不同明度的调和、对比色的调和。

用色在巧不在多，一般平版印刷的包装不主张多用色彩。另外，在现今商品日趋多样、市场竞争日趋激烈的情况下，要注重习惯色和创新色的结合。

（3）版式组合设计

只有把文字、图形、色彩等各种视觉因素有机而巧妙地组合起来，纳入整体之中，形成一种统一的秩序感和表现力，才能有效地表现包装的整体效果。反之，则只会使设计混乱不清。在版式组合设计时要注意形式表现的统一性、结合商品创造个性，体现时代感。

二、印刷产品的材质

图书整体形态塑造，使书籍有动感的视觉旋律，有传达内涵的色彩配置，这与所选用的材质是分不开的。

1. 书籍产品材质

书籍封面、护封、函套多使用特种纸、木料、皮草等。

对于书芯用纸来说，纸张规格一方面趋向于国际标准化，另一方面图书的小型开本增多，出现小规格纸张；还有纸张的可定制生产，使图书开本种类更加多样化。

书芯纸张定量普遍增大，质量也跟着提高。如目前采用质量较好的轻涂纸、蒙肯纸、雅光纸等，蒙肯纸的纸质飘柔、纸色温和，给人儒雅含蓄的感觉，富有书卷气；雅光纸可以使印刷色彩饱满、生动艳丽、文字清晰。

2. 包装产品材质

纸质包装所用的材料多种多样，主要有纸板和特种纸。在特种纸中压纹纸目前比较流行，它是在纸张或纸板等表面压制不同纹理的纹路，可改变普通铜板纸或纸板表面的纹理，使其像皮草、布质品、麻质品、树皮、木纹，既可以使其具有云彩、树叶的飘逸，也可具有甲骨文土陶般的凝重。

三、印前设计与印后加工

任何一件印刷品在印前设计时都要考虑到印后加工的难易程度，以及最后的成品效果。所以，设计人员必须了解印后加工的工艺及所用的材料性能，这样，才不会出现质量事故。

1. 书刊印前设计与印后加工

书刊印前设计首先考虑的是印后装订的方式。不同的装订方式，不仅组版方法是不同的，而且配页方法也不同。例如，骑马订采用的是书帖套配，而胶订则采用的是书帖叠配。对于套配要控制好"折手"，以防书帖"爬移"现象出现。另外，若纸张克重不同，折页方式也有区别。还有，同样是精装，但方背精装与圆背精装、硬皮精装与软精装的工艺各异，书壳面料尺寸的差距较大。所以，有些高档书刊印前一定要做样书，获得客户的认可后方可进行加工。

2. 纸质包装与印后加工

在印前设计时，根据以下几点考虑印后加工的效果。

（1）待糊制纸质包装的特性识别

①用纸厚度，目测识别或测量判定待加工的纸张或纸板厚度。

②表面整饰特性，必须清楚该纸包装印品整饰工艺的类别，如普通上光、UV上光、覆膜等，还有客户需要的是何种烫印凹凸方式。

③成型结构特性，主要是识别待糊制折叠纸盒的结构类型，如是直线型左侧黏合还是右侧黏合，是否需要钩底等。

（2）胶黏剂选用

要根据折叠纸盒选用适宜的胶黏剂，如UV上光的折叠纸盒要使用UV胶黏剂，覆膜折叠纸盒要使用覆膜类的胶黏剂。另外，要根据当地气候条件，慎重选择。

（3）选用设备

根据客户的要求及活件档次的不同，选用不同的印后加工设备。

（4）控制好环境温湿度

第二节　印刷工艺设计

印刷工艺设计包括印前、印刷、印后的工艺设计。

印前设计及制版是印刷质量控制的重要环节，设计制作是一件成品的开始阶段。而印刷则是半成品完成及大量复制的一种手段，如果设计者懂得印刷的特性及要求，将更有效地传达设计制作理念，得到最佳印刷效果。

一、印刷工艺设计的原则与内容

1. 工艺设计的原则

彩色复制是以获得品质优良的图像复制品为目的，其复制过程主要是由原稿、制版、印刷设备、原材料和操作者的技术素质决定的，因此图像复制的质量优劣取决于它们之间的合理匹配，工艺设计必须以此为基础并满足下列原则。

（1）立足于本企业实际进行工艺设计

工艺设计应根据本企业的设备状况、技术力量、原材料管理水平，制定合理的工艺，以满足客户要求。

（2）根据社会需求进行工艺设计

工艺设计应围绕市场经济，掌握市场动态，根据原稿种类以及用户对产品质量、成本和生产周期的要求，制定合理的印刷工艺。

（3）采用新材料和新技术

这是指在工艺设计中要有目的地吸收或采用新的材料、技术，以降低成本。

2. 工艺设计的要求

彩色图像复制中既有客观的数据质量标准，又有主观心理的艺术期望，而且不同的复制对象采用的材料和工艺参数也不一样。因而工艺设计只有将彩色图像复制有关理论和复制对象、生产技术条件和工序参数相融洽，才能获取可指导实际生产的工艺。具体要求如下：

（1）工艺设计者要掌握色彩理论、彩色复制理论、图像传输理论及印刷适性。

（2）工艺设计者应全面掌握彩色制版所有工艺的技术要点，能准确解析每个工序中对生产质量、作业速度、生产成本控制的影响因素及其变化规律。

（3）工艺设计的操作执行数据既要保证产品优质低耗，又能最大限度发挥操作人员的主观能动性。

（4）工艺设计要求找出各生产工序有可变因素及相互间的关系及变化规律，使整个复制过程中各工序材料、设备和人员之间得到最合理匹配，使工艺设计与作业相一致。

3. 工艺设计的工作内容

工艺设计的内容涉及复制过程的每一技术环节，可变因素极多，因此，工艺设计时一定要全面、周密、稳定地制定各参数，使每个作业人员都能正确执行工艺中工序的技术指令和产品的质量、周期。工艺设计的主要内容有：

（1）编制工艺规程与工艺文件

- 建立各生产工序技术规范和控制参数。
- 建立各种数据的记录与分析的方法。
- 建立生产工艺数据化、规范化、标准化的指令系统。

（2）工艺准备

- 对主要设备技术性能进行测试，使设备处于稳定状态。
- 确定测试仪器和标准的测试方法。
- 掌握各种印刷材料适性。

（3）制定工艺及操作规范

- 制定各工序质量技术标准和生产控制参数。
- 对各工序最优数据的协调、选配和调整，规范数据的编制。

（4）工艺方案的确定

- 根据原稿特点及用户要求，选择合理、简便、低耗的工艺流程及作业方案，确定原材料和设备类型。
- 根据成品要求确定产品规格、版面构成等常规参数。
- 按照工艺流程将作业方案分解至每个工序。

二、印前设计需要注意的方面

1. 图形与图像

印前设计制作中很讲究图形与图像，在大量使用图形与图像文件中，图形文件要求在矢量软件中制作，不能在类似 Photoshop 的图像软件中制作；而图像文件应该避免 CMYK 模式。很多印前设计人员错误地认为，图像文件分辨率越高越好，实际上庞大的图像文件，无论是扫描、处理、保存、置入都极其缓慢，最佳图像分辨率可按下式计算：

$$图像分辨率（ppi）= 网线数（lpi）\times 质量系数（OF）\times 放大率（RF）$$

为了达到最佳效果，质量系数设置为 2 比较合理。

放大率是图像置入排版软件中的放大倍率，一般都是等大置入，即 RF=1。如果置入后又放大，则必须乘放大系数。例如，一个图像在 Pagemaker 中放大 2 倍输出 200lpi，则图像分辨率应为 800 ppi。

2. 字体与线条

使用字体与线条时，应注意以下几点。

（1）易读性与易辨认

易读性与易辨认是影响阅读速度及准确性的主要因素。例如，字体的形态（有字边线与无字边线）、字体大小（大部分在 4p 以上）、字距、纸张颜色深浅等。

（2）可印性

良好的设计有助于提高印刷生产效率，不适合印刷的设计会造成时间的损失及物料的浪费。例如，底色设计不当、极细线反白，都会造成印刷套准困难或极细线因印刷压力而被填满。

（3）浅色字体

如果一定要使用浅色字体，字体不应太细小，否则会使文字的线条出现锯齿或不美观。

（4）套色字体与线条

为保证可读性，当文字印刷在平网上时应注意两者的反差，如反白字不应使用于浅底色上。线条的设定有很多要求，首先是线条的宽度，常规制版的线条宽度不能小于 0.1mm。当然，如果照排机的精度够高，能够以 3380 dpi、5080 dpi 甚至 10000 dpi 输出，线宽可以小于 0.1mm，但是这种情况一般只能用实地线，多用于防伪印刷。另外，对于线条的颜色，过细的线条最好用一种颜色，不得多于两色，否则难以套印。如果采用压印处理，线条又会变色，失去设计效果。粗糙的纸张不宜用太细的线条，一般根据经验测试不同纸张可印刷的最小反白字及最细线条。

（5）镂空字

四色印刷的黑实地一般使用 100K+40C 组合会有更黑的感觉。在此黑实地上如有镂空字或线条需做补漏白处理，否则有反白露色的可能。

3. 颜色设置

颜色的要求很多，大体上可归纳为以下几点。

（1）如果是 CMYK 四色叠印，颜色设置要用 CMYK 四色及专用油墨。

（2）避免采用太浅颜色和平网组合，如 5% 或以下的平网。因胶片上 5% 以下的网点很多时候晒版会变成 2% 甚至更小，对 CTP 制版工艺而言也不要小于 2%。

（3）灰色最好设置成带网的黑版。如果一定要用三色设置灰色，要注意因印刷油墨本身不纯正而带来的误差，等量的 CMY 组合不等于灰色。一般青版略高，才能达到视觉上的灰色。灰平衡的参考值见印刷标准。

（4）渐变色的利用一定要小心，常见问题出现在红色→黑色的渐变中。错误设置是 100 M → 100 K，这样中间过渡色会很难看。正确的设置是 100 M → 100 M + 100 K。其他情况以此类推，特别要注意字体与线条的渐变最容易丢失，这是因为很多 RIP 会解释成平网组合。

（5）如果在一个图形中，字体或线条后面有底色应注意它们之间的反差，同色序的两种颜色色值不得小于 10%。

三、印后加工对工艺设计要求

印前工艺设计制作时要清楚印后加工的需求与效果，只有这样才能设计出符合工艺及成本要求的印刷品。工艺设计应注意以下几点：

（1）设计画册一般要求页面数为 4 的整数倍，否则，会增加成本。如果封面与内芯用纸一样可综合考虑。

（2）当页面内容到达裁切边时，不论是图像或图形都要做出血处理，即将页面内容加大到裁切边以外，以防止裁切后留有白边，而内容部分是文字，需移动到较为安全的位置。

（3）精、平装书籍封皮的尺寸既要根据相关公式计算，又要结合实际确定。尤其是对软、硬精装中的圆背书籍尺寸要特别谨慎。

（4）书背的颜色设置尽量与封面封底一致，如果书背是单独一种色，装订对位难度大，生产效率会降低。对于这种情况，往往根据封皮用纸不同要做脊线压痕处理。

（5）封二与书芯首页，封三与最后页有跨页图案，要注意拉开位置，一般重叠位可做 6 ～ 8mm。

（6）无线胶装书封皮上下尺寸应略大于书芯，以防止出现野胶。

（7）印前设计人员要清楚胶印机的叼口尺寸，设计时要考虑有效印刷尺寸，即必须包含出血线、版签、控制条等出版信息，否则会给后工序或质量控制带来不便。

（8）包装产品一定要注意模切压痕尺寸，对于各类不同的模具要清楚。例如，点痕与线痕绝不能混淆，以免出现爆线。

第三节　印刷图像设计要求

一、印前图像处理质量的基本要求

对图像进行印前处理，需要满足以下质量要求，方能适应印刷复制的要求。

1. 分辨率要求

用于印刷复制的图像应具备适当的分辨率，分辨率过低会导致复制图像的细节丢失，而过高则会引起图像数据量过大而影响生产效率。

2. 无损伤要求

要求用于复制的图像内不能带有任何脏污、划伤、灰尘、斑点、颗粒等。

3. 阶调层次的协调性要求

要求图像中的各种明暗变化之间的相互关系合理，避免出现重要层次差异过大或并级（特殊效果除外）。

4. 色彩还原或创意要求

尽可能准确地还原原稿的色彩，或者达到客户特殊要求的色彩。对超出印刷色域的颜色，也应尽可能处理成最接近的同色相颜色。

5. 细节清晰度要求

使图像中的细节达到合理的较高清晰度，用以补偿图像传递过程带来的损失。对客户要求模糊处理的图像，也要达到客户认可的低清晰度状态。

6. 分色要求

根据图像所属印刷产品的类型、所用印刷材料、设备条件，进行恰当的分色设置，使分色图像适宜于后续印刷过程的加工。

二、印刷复制对图像输入分辨率的要求

1. 扫描分辨率

对图像原稿进行印刷复制，所要求的加网线数和放大倍率越高，则要求的图像扫描分辨率越大。扫描连续调图片时，简化算法可以将 300dpi 作为原大复制的基数，再以缩放倍率相乘，得到扫描分辨率的数值。扫描线条和文字等图片时，除非特殊要求，其扫描分辨率一般不超过 1200dpi。

2. 数字摄影像素数

数字照相机的分辨率是以其最高像素数或横/纵像素行数标定的。按照不同质量因数和不同印刷复制加网线数，不同像素数的数字照相机能够印刷复制出不同的图像尺寸。如 1000 万像素数的数字相机，要求加网线数 129lpi，能够复制的最大图像尺寸约为 51.48cm×38.61cm。

三、图像的无损伤要求

1. 图像损伤

图像损伤主要包括图像内的脏污斑点、划伤、条纹等，损伤主要来自图像原稿（照片/反转片/印刷品等）和输入过程和设备（扫描/拍摄等）。

2. 图像损伤的修补

主要通过软件实现，也有一些扫描设备具有检测原稿污点并自动去除的功能。软件修补功能主要有"克隆图章"工具、"修复刷"工具、"模糊化"工具、"去斑点"工具、"除尘/去划伤"滤镜等。去除划伤时应注意避免影响图像细节的清晰度。

四、图像的阶调层次协调性要求

1. 图像阶调层次要求

图像阶调层次状况直接影响图像复制品的质量。在对图像的阶调层次进行处理

时，应尽量多地保留层次变化，特别是图像主体上的层次。如果图像的阶调分布有侧重（如高调图像的亮调为主），则应对其主要阶调层次予以照顾。在层次变化之间，应把握其协调性，即不要过度强调一些层次的反差而造成其他层次的并级。

2. 图像的阶调层次处理

图像的阶调层次处理主要用"曲线""色阶""亮度／反差""直方图均衡"等软件功能进行处理。

五、图像的色彩还原及创意要求

1. 图像色彩还原要求

原稿图像的色彩正常又无特殊创意处理时，色彩复制的要求是尽可能还原原稿颜色。对超色域的色彩，应尽可能维持其色相，而在饱和度和亮度上进行调整，使其达到近似的还原。

如果图像存在颜色偏差，则可以通过分通道"曲线"调节、"白场／黑场"定标等将其整体色偏校正；对残留的一些色偏，则可以利用"选择校色""色相／饱和度"功能进行有针对性的处理。

2. 图像创意要求

如果客户提出改变某些原稿颜色的创意要求，则可以利用"选择校色""色相／饱和度"功能进行色相变化，以满足客户特殊需要。

六、图像的清晰度要求

1. 清晰度增强要求

除要求朦胧效果的图像外，增强图像的清晰度通常有利于图像复制质量的提高。在增强清晰度的设置上，应根据图像的不同类型，进行恰当的调整。例如，对风景、静物等图片可以较多地增强其清晰度，但对具有大面积皮肤的人像，则应把握皮肤一般不宜粗糙的原则。

2. 清晰度增强方法

图像清晰度增强可以利用"虚光蒙版""锐化"等软件功能实现，图像柔和化可以采用"模糊""去斑点""除尘／去划伤""中值滤波"等滤镜功能实现。在使用"虚光蒙版"时，"强度／数量"设置用于控制清晰度强调的程度高低，"半径"用于控制图像细节边缘强调的作用宽度，增大"阈值"则可以抑制对一些低反差细节的强调，防止粗糙效果出现。

七、图像的分色要求

分色对印刷图像复制是必不可少的。分色设置不仅在于将原图像的颜色模式转换到印刷油墨相关的模式，而且还应依据印刷品的类别进行合理的分色设置。

针对新闻纸印刷的报纸等产品，其分色应采用较多的 GCR（灰色成分替代）或 UCR（底色去除）量，黑版量较高且阶调范围宽；对铜版纸印刷的高档印刷品，则可以相应地采用短阶调黑版，GCR/UCR 的量也较低。

第七章
印刷理论培训

第一节　作业指导书的编写规则

作业指导书是企业的技术文件，它不但是操作者作业时参照的标准，而且能够改变操作者不良的作业习惯，所以，它的准确性尤为重要。

作业指导书的编写包括：印刷前的准备、实施印刷、印刷结束后的整理、质量标准等。

高级技师在编写作业指导书时，要熟悉各种型号的胶印机，以及相关技术参数，不可臆造。例如，计算机直接制版和常规 PS 版的印版不同，上机版的质量标准就会有所不同。同理，单色单张纸胶印机和多色单张纸胶印机、印报机与商轮机的操作方法也有所不同，在印刷质量方面要求也不一样。一般来说，印刷质量标准方面的要求以国家标准和行业标准为基础。

一、印刷前的准备

1. 检查

编写每日上岗前应进行的各项准备工作，如着装检查、设备检查、材料检查、接班检查等。

2. 准备

编写每日正式开机前应进行的各项准备工作，如印版准备、设备准备、正式印刷前准备等。

二、实施印刷

1. 确定印刷方案

编写每日正式印刷时对印刷产品特点及印后加工需求分析，确定材料和工艺，如印后工序需快速覆膜、上光产品，严格控制喷粉量，印刷时选用快干亮光油墨等。

2. 抽样检查与调节

编写每日正式印刷时的抽样规则、检查内容，如正常情况下，印量在一万张以上每隔 200～500 张抽检一次，一万张以内产品随时抽检等。

3. 印刷产品的处理

编写每日正式印刷时对各类印刷产品的标识和处理方案，如对不合格品、合格品、易粘黏、蹭脏产品及特殊产品的标识方法和放置方法等。

三、印刷后的整理

1. 印版处理

编写每日完成印刷后印版的处理方法，如印版涂保护胶、妥善安置等。

2. 清洁工作

编写每日完成印刷后需进行的清洁工作，如墨辊清洗、机器清洁、打扫环境卫生等。

3. 安全检查

编写每日完成印刷后需进行的安全检查工作，如切断电源、水源、关闭门窗等。

4. 填写机台日报表

编写每日完成印刷后需进行的文件整理，如实填写"胶印机台日报表"等。

四、质量标准

1. 上机印版质量

编写上机印版质量要求，如印版产品名称与付印样、施工要求；叼口尺寸、标识要求；印版质量要求等。

2. 润湿液标准

编写润湿液使用标准，如润版液的 pH、电导率、温度等。

3. 印刷质量标准

编写印刷质量标准，如印刷外观、墨色、图文、套印等质量要求。

4. 符合印后加工需要

根据产品需要编写印后加工需求，如覆膜、上光、模切、装订等。

第二节　培训教材的编写

一、教材编写依据

1. 培训目的

印刷企业员工技术培训的目的在于使得员工的知识、技能、工作方法、工作态度以及工作的价值观得到改善和提高，从而发挥出最大的潜力，提高个人和企业的业绩，推动企业和个人的不断进步，实现企业和个人的双重发展。

2. 培训大纲

培训大纲是根据培训目标编制的文本，它以纲要的形式规定了培训的目的和任务；知识和技能的范围、深度与体系结构以及培训的进度和培训方法等基本要求。培训大纲是编写培训教材和进行培训工作的主要依据，也是检查培训学员学业成绩和评估培训教师教学质量的重要准则。

3. 培训教材目录

培训教材应依据培训大纲进行编写。在正式编写前应按照培训大纲要求编写培训教材的三级目录，并明确教材编写的体例、每章节编写的重点内容及编写字数。

二、培训教材编写

1. 教材总体结构

（1）书名。

（2）顺序：包括前言、目录、正文、附录及后记。

（3）编写说明：培训的指导思想、目标、知识体系、方法体系和训练体系的特点，编写人员的情况介绍等。

（4）正文部分：包括知识体系、方法体系和训练体系三部分。应突出培训重点、难点的讲述，还可以在章节后提供小结、复习题、思考题等帮助学员学懂、学会。

（5）附录：参考文献、参考书。

2. 编写体例

（1）一般式：分章、节、目三级，与正文中完全一致。

（2）任务式：经常在实训课程采用，按照学习内容序列安排，如任务1、任务2、任务3……

（3）项目式：适合综合的技能组合，在项目下分解任务，如项目一：任务1、任务2……

（4）模块式：适合理论和技能相融合的课程，如模块一：课题一、课题二……

3. 文字规范

（1）中文：文字全部使用中文简体字。大标题（3号宋体加粗）；副标题（4号宋体加粗）；正文（5号宋体）；版式为A4纸张，行距20磅；页边距上下2.0cm，左右2.0cm。案例解析与知识提示8磅，图注6磅。外文字母、名词术语、人名、地名、地图、中外机构名称、插图等均应做到规范化、标准化。

（2）外文：文稿中外国人名的译名要准确，文中首次出现的外国人名要写出完整的译名、原文和生卒年。专业名词标注英文名称时，首字字母一律大写。专业名词术语、国际组织名称有缩写时，先按全称后缩写，中间用逗号或分号隔开。

（3）时间：时间应写明具体年月日，不要用"今年""明年""最近""两年前后"等的时间表达方法。年份一律用全称，不得省略，如"1995年"。

4. 图片规范

教材插图、图表应与文字内容紧密联系，要有统一的编号。

（1）图片：图片精度在300dpi以上TIF格式。

（2）编排：插图、表格一律用阿拉伯数字分章编排，图序、表序的写法统一为章序数和图、表的序数中间用圆点或"-"隔开，如图1.1、图1-2；表1.1、表1-2。

（3）图注：插图、表格一律编写图题、表题；图序、图题写在图的下方；表序写在表格的左上方，表题居中写在表格的上方；图注写在图题下方，表注紧列表下。图表与上下文一律空半格。

第三节　教学 PPT 的制作理论

一、PPT 制作原则

1. 字体和颜色

（1）字体原则上应该大于 18 磅，最小在 14 磅，否则后排学生无法看清。

（2）避免使用过多的字体，减少下划线、斜体和粗体的使用。

（3）幻灯片中尽量使用笔画粗细一致的字体，如黑体、Arial、Tahoma。

（4）如果采用英文，不要全部采用大写字母。

（5）正文字体应该比标题小，字体文本框间注意对齐。

（6）注意字体色和背景色搭配。

（7）深蓝色和灰色给人以力量和稳定的感觉；红色一般意味着警告或者紧急；绿色代表生命和活力。

（8）蓝色、紫色和绿色适合做背景色，而白色、黄色和红色适合做前景色。

2. 标题和模板

（1）幻灯片的所有标题应当采用相同的字型、大小、格式、位置和颜色。

（2）标题字体的大小在该幻灯片中最大。

（3）副标题的字体比正标题小一些，放置的位置也应每张都一致。

（4）幻灯片页面和文字的配色要考虑和模板色系一致。

（5）根据演讲的对象和环境选择适宜的模板。

（6）页面尽量设置为 35mm 幻灯片，四周保持 0.5 英寸的空白边缘，以防内容被幻灯片框所覆盖。

3. 整体和局部布局

（1）应有一张标题幻灯片，展示要谈的内容。

（2）文字应较大，容易辨认，每张幻灯片最多 5～6 个项目符号，每段句子要短。

（3）应有结论幻灯片，在结束前可再次强调所述内容。

（4）整套幻灯片的格式应保持一致，包括颜色、字体、背景等。

（5）同一套幻灯片使用统一的横向或者竖向，不应混杂使用。

（6）每页幻灯片应注意尽量采用文字、图表和图形混合使用，以吸引听众。

（7）每张幻灯片不应塞满信息，不应把整段文字搬上幻灯片。

（8）幻灯片上只出现关键性的词语或短句，而不是要说的每句话。

二、PPT 制作内容

PPT 是演讲展示的辅助题材，是为了更好地展现演讲、会议等的工具，做什么内容取决于需要演讲什么，主题是核心。

1. 内容清晰易读

PPT 是在电脑、投影屏幕上播放的电子资料。观众在观看电子显示屏幕时，视觉容易疲劳，也容易受环境光线的影响。在制作 PPT 时，一定要从观众的角度出发，尽量使用易读易懂的文字字体、字体颜色，设置合适的大小。

2. 内容有主线

内容设置上，最好遵从一定的主线法则，无论是时间主线、功能主线，还是空间主线、逻辑主线，让读者能顺着 PPT 主线，在翻页的时候更有带入感。

3. 内容形式多样

除了文字和图片的运用，还可以适当地配以背景音乐、链接视频、翻页动画，让内容丰富多样，博人眼球。

4. 确定一个风格

在 PPT 的整体风格上，可以根据想要展现的内容，确定具体风格，比如现代科技风格、清馨温暖风格、环保自然风格，等等。

三、PPT 制作禁忌

1. 避免文字与数字的堆砌

幻灯最好采用标题式，讲解时按照标题发挥。表格尽可能转换为统计图。每页文字不宜多于 10 行，正文字号不宜小于 5 号。

2. 避免铺天盖地不留余地

幻灯片应适当留出边缘，避免每页幻灯片内容塞满。

3. 避免过于单调与过分花哨

幻灯的生动体现在背景与文字的颜色搭配、图片与动画的适当应用等诸多方面，和谐是关键。

4. 避免制作的内容漫无边际

制作的内容必须切合主题，应避免毫无收敛和漫无边际，这样往往使内容复杂化，讲述时也缺乏吸引力。

第八章
印刷企业清洁生产

第一节　清洁生产理念与意义

工业是环境污染的主要来源。目前世界上许多国家正处于工业化的过程中，由于工业企业数量的增加，能源消耗高、资源浪费严重、污染严重的传统工业生产方式居于主导地位，导致可利用资源逐渐枯竭，工业污染防治的形势十分严峻。在此情况下，如果仍然采用"末端治理"的被动管理模式，存在着投入高、费时费力，企业普遍没有治理污染的积极性，人类将会付出极为惨重的代价。为了使企业生产与环境保护协调发展，清洁生产应运而生。

清洁生产是实现可持续发展的必由之路，它不仅能为企业带来巨大的经济和社会效益，而且是企业管理思想的新发展。

一、清洁生产的概念与内容

1. 清洁生产概念

清洁生产自诞生以来，便迅速发展成为国际环保的主流思想，有力推动了世界各国的环境保护。联合国环境署对清洁生产的定义是：清洁生产是一种新的创造性思想，该思想将整体预防的环境战略持续应用于生产过程、产品和服务中，以增加生态效率和减少人类及环境的风险。

2. 清洁生产内容

（1）对企业生产过程来讲，要求节约原材料和能源，淘汰有毒原材料，并在全部排放物和废物离开生产过程以前削减所有废物的数量和毒性。

（2）对产品来讲，要求减少从原材料提炼到产品最终处置全生命周期的不利影响。

（3）对服务来讲，要求将环境因素纳入设计和所提供的服务中。

清洁生产是一种新的环境战略，也是一种新的思维方式，它包括清洁的生产过程和清洁的产品以及清洁的服务三方面的内容。清洁生产不仅要实现生产过程无污染或少污染，而且生产出来的产品和服务在使用和最终报废处理过程中也不对环境造成危害。清洁生产的内容及途径不仅包括技术上的可行性，而且包括经济上的可营利性，体现了经济效益、环境效益和社会效益的统一。

二、清洁生产的意义

1. 清洁生产是工业化推进的必然产物

随着经济的高速增长，城市化进程的加快，各种资源的开发和消耗不断增加，给环境带来很大影响，资源供给和社会需求的矛盾进一步加剧。所以，转变传统的发展模式，实现经济与环境的协调发展的历史任务已经摆在我们面前。实践证明，清洁生产就是适应这种转变的很好方式。

清洁生产是一种兼顾经济效益和环境效益的最优生产方式，可以最大限度地减少原材料和能源的消耗，对环境和人类的危害最小。对生产全过程进行科学的改革和严格的管理，使市场过程中排放的污染物达到最小化，从根本上解决污染与生态破坏，带来很高的环境效益。

2. 清洁生产是可持续发展的具体体现

可持续发展就是要使经济、社会的发展与环境保护协调一致，其实质要求不仅要注重经济发展的数量和速度，而且要重视发展的质量和可持久性。如此必然要求调整消费结构，广泛推行清洁生产方式，提高效益，节约资源与能量，减少废物排放。通过实施清洁生产，不仅可以减少甚至消除污染物的排放，而且能够节约大量能源和原材料，降低废物处理和处置费用，从而在经济上有助于提高生产效率和产品质量，降低生产成本，使得产品在市场上更加具有竞争力。

3. 清洁生产丰富和完善了企业的管理思想

清洁生产通过对企业管理人员及操作工人的培训，提高了他们的管理意识和环境保护意识，调动其积极性。清洁生产还通过一套严格的审计程序核对有关单元操作、原材料、水、能源、产品和废弃物的来源、数量及类型，判定物料流失的关键所在，判定企业效率低的原因和管理不善之处，从而提出一套节约能源、减少污染、提高企业效率和产品质量的行之有效的方法。清洁生产之所以能够推广开来，究其原因主要是它能与企业的管理结合起来，能与企业的本身利益紧密地结合起来，它通过一套系统而完整的思路来促进企业节约能源，减少废弃物的排放量，提高企业的投入产出比，从而丰富了企业管理的思想。

三、印刷企业清洁生产审核

1. 清洁生产审核

根据 2016 年 5 月 16 日发布的《清洁生产审核办法》，清洁生产审核是指按照一定程序，对生产和服务过程进行调查和诊断，找出能耗高、物耗高、污染重的原因，提出减少有毒有害物料的使用、产生，降低能耗、物耗以及废物产生的方案，进而选定技术可行、经济合算及符合环境保护的清洁生产方案的过程。生产全过程要求采用无毒、低毒的原材料和无污染、少污染的工艺和设备进行工业生产；对产品的整个生命周期过程则要求从产品的原材料选用到使用后的处理和处置不构成或减少对人类健康和环境危害。

2. 清洁生产审核程序

清洁生产审核流程主要包括 7 个阶段、35 个步骤。

（1）筹划和组织

通过宣传教育使企业领导和员工对清洁生产有一个初步的、正确的认识，消除思想上和观念上的障碍；了解企业清洁生产审核的工作内容、要求及其工作程序。

（2）预评估

通过对企业全貌进行调查分析，发现清洁生产的潜力和机会，从而确定审核的重点。

（3）评估

通过审核重点的物料平衡，发现物料流失的环节，找出废弃物产生的原因，查找物料储运、生产运行、管理以及废弃物排放等方面存在的问题，寻找与国内外先进水平的差距，为清洁生产提供依据。

（4）方案的产生和筛选

通过方案的产生、筛选、研制，为下一阶段的可行性分析提供足够的中／高费清洁生产方案。

（5）可行性分析

对筛选出来的中／高费清洁方案进行分析和评估，以选择最佳的、可实施的清洁方案。

（6）方案的实施

通过推荐方案（经分析的中／高费用最佳可行方案）实施，使企业实现技术进步，获得显著的经济和环境效益；通过评估已实施的清洁生产方案成果，激励企业推行清洁生产。

（7）持续清洁生产

使清洁生产在企业中长期、持续地推行下去。

第二节　印刷节能降耗

一、印刷节能降耗

1. 基本概念

所谓节能降耗是节约能量使用、降低生产消耗的简称。

能量是物质运动的度量，由于物质存在各种不同的运动形式，能量也就具有不同形式。目前为止，人类认识的能量有以下六种形式：机械能、热能、电能、辐射能、化学能和核能。自然界里一些自然资源本身就拥有某种形式的能量，它们显然就是能源，如煤、石油、天然气、阳光、风、水、地热和核燃料等。

节能的概念从能源的角度是指节约能源消费，即从能源生产开始，一直到最终消费为止，在开采、运输、加工、转换和使用等各个环节上都要减少损失和浪费，提高其有效利用程度。从经济的角度是指通过合理利用、科学管理、技术进步和经济结构合理化等途径，以最少的能耗取得最大的经济效益。

我国在 1997 年制定、1998 年正式施行的《中华人民共和国节约能源法》，首次将节能赋予法律地位。内容涉及节能管理、能源的合理利用、促进节能技术进步、法律责任等。该法明确了我国发展节能事业的方针和重要原则，确立了合理用能评价、节能产品标志、节能标准与能耗限额、淘汰落后高能产品、节能监督和检查等一系列法律制度。

2. 节能方法

广义上，节能就是要降低能源消费系数，目的是实现同样国民经济产值消耗最少的能源量，节能方法主要包括以下几种方法。

（1）技术节能：提高用能设备的能源利用效率，直接减少能耗。

（2）工艺节能：采用新工艺降低产品的有效能耗。

（3）间接节能：加强组织管理，通过各种途径减少原材料消耗，提高产品质量，减少间接能耗。

（4）结构节能：调整工业结构或产品结构，发展耗能少的产品。

3. 节能类型

如果运用价值工程的观点，将用能效益相对于价值，能源消耗相对于成本，就能算出用能效益，即用能效益＝产品功能／能源消耗。因此，根据产品功能和能耗的改变情况，可以有以下几种节能类型。

（1）纯节能型：功能不变，能耗降低，是目前普遍采用的节能形式。

（2）增值节能：功能增强，能耗不变，是值得提倡的节能形式。

（3）理想节能：功能增强，能耗降低，只有在改革工艺方法后才可能达到。

（4）相对节能：功能大幅度增强，能耗略有提高。

（5）简单节能：功能略有减弱，能耗大量降低，是在能源短缺时不得已才允许采取的方式。

（6）零点节能：也称超理想节能，功能或增强或不变或减弱，但能耗为零，如工艺中省去一道工序。

印刷企业作为服务加工型企业，以上几种节能类型都存在，如无轴驱动的商业轮转印刷机、上墨装置的遥控调墨、计算机直接制版 CTP、联机印后加工、在机印刷质量检测装置等，可使印刷各个工序的生产用能效率提高，能耗降低，就实现了有效的节能。

4. 节能途径

印刷企业并非工业企业中的耗能大户，因此印刷企业的节能关键是在生产的各个能源使用环节上要减少损失和浪费，提高其有效利用程度。

技术节能和工艺节能是一种直接节能方法，从技术和工艺途径节能可以采用以下方法。

（1）提高能量传递和转换设备的效率，减少转换的次数和传递的距离。

（2）按能量的品质合理使用能源，尽可能防止高品质能量降级使用。

（3）按照系统工程原理，使整个企业或地区用能系统的电能、水能、热能和余热、余压全面综合利用，使能源利用达到最大化。

（4）大力开发节能新技术、新产品。

（5）采用太阳能、地热能、风能、海洋能等低品质、低密度替代能源，因地制宜地加以开发和利用。

值得指出的是，节能还是减少环境污染的一个重要方面。大多数节能措施都会有效减少污染，因此，一定要将节能技术和环境保护结合起来。

5. 节能经济

节能与其他工程项目一样，都需要从技术和经济两方面来进行分析和评价，其目的是要求在技术可行的前提下，获得经济上的合理性。技术经济分析就是以技术方案为对象，比较和分析对项目有影响的、经济上可用数量表示的各种因素，并结合政治、社会、环境、资源等多方面进行综合分析、平衡，最终获得对该方案的客观评价。

节能经济评价的目标主要为两类，一类是对某一节能技术改造项目进行评价，即计算其经济上是否合理，或者是几个技术方案中选择一较优方案。另一类是对关键的能源设备的更新项目进行技术经济评价，从而为设备更新提供决策依据。节能经济评价的常用方法有以下四种。

（1）投资回收年限法：以每年节能回收的金额偿还一次性投资的年限作为评价指标。具有概念清晰、计算简单特点，是比较常用的一种经济评价方法。

（2）投资回收率法：用一项投资不受损失而获得的最高利率来表征节能措施经济性的优劣。对某一项节能方案，当计算出的投资回收率大于投资利率时，该方案在经济上是可行的。

（3）等效年成本法：当一项节能措施的投资在使用期满后，可以计算出其等效年成本。在多方案节能措施的比较中，等效年成本最低者即为优选方案。

（4）纯收入法：用每个方案的年收入减去年支出就可得到年纯收入。年收入最高的方案为最优节能方案。

6. 通用节能技术

（1）高效低污染燃烧技术：根据气体、油、煤等不同燃料燃烧的特点，采用各种措施提高燃料的燃烧效率的节能技术。

（2）强化传热技术：热传递过程分为导热、对流换热和辐射换热三种基本方式，降低热传递过程消耗功率和增强导热性是有效的节能技术。

（3）余热回收技术：将高温烟气余热，可燃废气、废液、废料的余热，高温产品的余热，化学反应余热，冷却介质的余热，废气、废水的余热六类余热通过直接利用、发电和综合利用，达到节能的先进技术。

（4）隔热保温技术：对热能转换、输送和使用过程中的设备、管网进行隔热保温，达到减少热损失、节约燃料和满足用户要求的技术。

（5）热泵技术：热泵是一种热量由低温物体转移到高温物体的能量利用装置，可以从环境中提取热量用于供热。这种消耗少量机械能却提供较大供热量的技术即热泵技术。

（6）热管技术：指利用新型传热元件达到强化传热和节能的技术方法。

（7）空气冷却技术：针对水冷使能量消耗增加、宝贵淡水的消耗量增加、水冷造成的环境污染和运行费用剧增等传统冷却技术，而采用直接、间接空气冷却技术。

二、印刷企业主要节能措施

1. 热能节约

热能主要使用形式是为印刷工艺过程某环节加热、对原料和产品的热处理、企业建筑冬季采暖等，节能途径的关键是提高热交换过程的效率、尽可能使用低品位的热能，特别是余热。如印刷企业的印前制版显影、胶印油墨干燥、无线胶订上胶等环节，都是可以节约热能、利用余热的环节。

2. 电能节约

电能作为全球应用最广的二次能源，已得到普遍应用。但在传输和使用中不可避免地会有损耗。提高输电效率、提高用电设备的利用率，将对节约能源起到重要作用。印刷企业作为终端用电户，节电措施应为淘汰低效电机或高耗电设备，改造原有电机系统调节方式，推广变频调速、独立驱动等先进用电技术，正确选择电加热方式，降低电热损失。

3. 水能节约

水资源短缺是我国尤其是北方地区经济社会发展的严重制约因素，中国已开始进入用水紧张时期。印刷企业在生产中的印版显影、印刷机循环冷却、印刷车间冷却等都较大量用水，提高用水设备的能源利用效率，采用新工艺降低产品生产的有效用水，从而能够节约水能。

4. 降低能耗

加强企业科学的组织管理，通过各种途径减少原材料消耗，如纸张、油墨、润版液、印版、胶辊、橡皮布、洗车水、黏合用胶、薄膜等，在保证印刷品质量的前提下，既要减少印刷的直接能耗，也要减少印刷的间接能耗。

5. 提高设备利用率

先进印刷设备的投资巨大，每年的设备维护、维修费用也不小，如何充分利用好印刷设备，发挥好印刷设备的全部功能，使其达到最大限度的使用，减少印刷设备的非工作时间，特别是需要付出成本的维修，就是充分利用了印刷设备。

第三节　印刷减排增效

一、印刷减排减污

1. VOCs 减排

挥发性有机物（VOCs）是指参与大气光化学反应的有机化合物，包括非甲烷烃类（烷烃、烯烃、炔烃、芳香烃等）、含氧有机物（醛、酮、醇、醚等）、含氯有机物、含氮有机物和含硫有机物等，是形成臭氧（O_3）和细颗粒物（PM2.5）污染的重要前体物，VOCs 排放还会导致大气氧化性增强，且部分 VOCs 会产生恶臭。

VOCs 排放源一般分为自然源和人为源两大类，人为源主要有工业源、交通源以及生活源，其中工业产生源是人为源 VOCs 最主要的排放源头，以建筑、石油、化工及溶剂使用等所占比例最大。2013 年国家环保部组织的调查结果显示，印刷行业使用溶剂产生的 VOCs 排放量占总排放量的 6%。

《"十三五"挥发性有机物污染防治工作方案》将印刷行业列入 VOCs 污染防治重点行业，明确提出要深入推进印刷行业 VOCs 综合治理。

因此，控制印刷行业 VOCs 达标排放至关重要，而选择合适的 VOCs 控制与治理方法也成为 VOCs 达标排放的关键。以下对印刷行业 VOCs 排放源进行分析，分别从源头控制、过程管理和末端治理等方面提出对应的防治措施，以期促进印刷行业 VOCs 废气规范治理。

2. 印刷行业 VOCs 排放源分析

平版印刷工艺流程一般包括制版、调墨、印刷、烘干、复合等。制版、印刷、烘干以及印后加工工序是产生 VOCs 的重要环节，制版工艺中的显影液、印刷过程中使用的油墨、润版液、洗车水都含有有机溶剂，印后加工工艺使用的黏合剂、印后覆膜和上光等工序也会造成大量的 VOCs 排放。

虽然印刷工艺各不相同，但是 VOCs 来源和排放方式基本一样，一般来源于所使用的大量的原辅材料，如显影液、油墨、清洗剂、稀释剂、润版液和黏合剂等。排放途径一般包括印版显影工艺、油墨调配过程的溶剂挥发，印刷过程油墨、润版液中的溶剂挥发、印刷机印版、橡皮布、胶辊的清洗过程，印张干燥烘干阶段、印后加工工艺过程等，图 8-1 为印刷生产工艺流程中 VOCs 的产生环节。

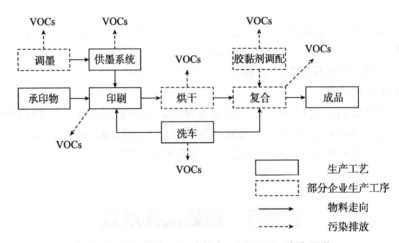

图 8-1 印刷生产工艺流程中主要 VOCs 产生环节

3. 印刷行业 VOCs 源头控制

印刷行业 VOCs 源头控制，是指通过采用无 VOCs 或低 VOCs 的原辅材料来减少 VOCs 的输入量，从而实现整个生产过程中 VOCs 废气的减排。对于印刷行业，提高清洁生产水平，从源头上减少 VOCs 的产生量，可以从根本上降低 VOCs 的排放量。

控制原辅材料 VOCs 含量，包括推广使用通过中国环境标志产品认证的油墨、黏合剂、清洗剂等环境友好型原辅材料，如在胶印工艺中推广使用免冲洗印版、低溶剂油墨、水性光油、植物基油墨和辐射固化油墨（如 UV 固化油墨和 EB 油墨）；采用适用于高速轮转平版印刷机的无醇或低醇润版液（醇含量不多于 5%）；印版、橡皮布、胶辊清洗时采用低挥发性的清洁剂（环保洗车水或 W/O 清洗乳液等），印后加工采用水性胶、热熔胶等环保材料。

4. 印刷行业 VOCs 过程管理

过程管理是指企业在生产过程中通过有效措施来减少 VOCs 废气逸散的管控。对于印刷行业，过程管理可以从三方面着手：

（1）改进生产工艺和管理措施

使用先进设备和技术，如采用无溶剂复合工艺替代干式复合工艺，建立并实施印刷油墨控制程序，实现集中配墨，定量发放，采用中央供墨系统；推广使用自动清洗装置；覆膜工艺推广无溶剂的预涂膜覆膜技术。

对油墨干燥烘干过程，要采取循环风烘干技术，同时鼓励企业采用密闭型生产成套装置。要规范生产管理措施，在印刷、覆膜和上光作业结束后，应将剩余的所有油墨（光油或胶水）及含 VOCs 的辅料及时送回调配间或储存间等。

（2）建立 VOCs 废气收集系统

所有产生 VOCs 污染物的印刷生产工艺装置或区域，应配备有效的废气收集系统，一般包括显影排放、调墨排放、印刷排放、上光排放、涂胶排放和烘干排放。对产生废气的生产空间要采取环境负压改造，安装高效集气装置等措施。

（3）科学应用 VOCs 废气的处理技术与方法

印刷行业 VOCs 末端治理技术一般分为两大类，即回收技术和销毁技术。回收技术一般包括吸附、吸收、冷凝及膜分离法等；销毁技术主要有直接焚烧、催化燃烧、低温等离子体破坏、光催化氧化和生物法等，常见 VOCs 末端治理技术如表 8-1 所示。

表 8-1　常见 VOCs 末端治理技术

技术方法		原理	适用场合	优点	缺点
吸附法		利用吸附剂对废气中所含的 VOCs 进行吸附，使其积聚或凝聚在吸附剂表面，达到分离目的	低浓度、中浓度	适用范围广、工艺简单、去除率高，无二次污染	吸附剂用量大、再生困难、占地面积大
冷凝法		利用气体组分的冷凝温度不同，将冷凝温度设置在 VOCs 的沸点以下，利用低温将 VOCs 冷凝下来而得到分离的方法	高浓度	利于强化传热，净化效率高	能耗较大、运行费用较高，对高挥发性的有机废气回收效果不好
燃烧法	直接燃烧	在高温下同时供给足够的氧气，用燃油或燃气作为辅助燃料，将 VOCs 气体完全分解成二氧化碳和水等无机物	高浓度	工艺较简单，其运行成本较低	能耗大、产生其他污染物，如 SO_2 和 NO_x 等
	催化燃烧	利用催化剂的深度催化氧化活性将有机组分在燃点以下的温度（200～400℃）与氧化合生成无毒的 CO_2 和 H_2O	中浓度	安全性好，没有二次污染	操作条件严格、维护费用高
吸收法		利用 VOCs 各组分在选定的吸收剂中溶解度不同，或者其中某一种或多种组合与吸收剂中的活性组分发生化学反应，达到分离和净化的目的	低浓度、中浓度	工艺流程简单、可以回收有用成分	吸收剂很难选取，吸收范围有限，费用高

续表

技术方法	原理	适用场合	优点	缺点
膜分离法	利用固体膜体作为一种渗透介质，废气中各组分由于分子量大小不同或核电、化学性质不同，通过膜的能力不同，从而达到分离或回收溶剂蒸汽的目的	高浓度	回收利用资源效果较好，回收率高	投资费用较高，对于过滤膜清洗难度大，使用寿命短
等离子法	利用外加电压产生高能等离子体去激活、电离、裂解 VOCs 组分，使之发生分解、氧化等一系列复杂的化学反应	低浓度	分辨率高、节能、常温处理	副产物难以控制，可能造成二次污染
生物法	微生物以 VOCs 作为代谢底物，将大分子的含碳有害组分降解为 CO_2 和 H_2O 等小分子	低浓度	投资较小、设备简单、无二次污染	设备体积大，微生物受温度、湿度影响较大
光催化氧化	利用光催化剂（如 TiO_2）在紫外光的辐射下，产生具有较强氧化能力的空穴，把 VOCs 气体氧化分解为二氧化碳和水	低浓度	净化彻底，对绝大部分 VOC 都能起到作用，不存在饱和问题	反应速率慢，光子效率低，可能产生二次污染物等

总体而言，在印刷行业应用较为广泛的有吸附回收技术、吸附浓缩技术、催化燃烧技术等。

由于印刷行业含 VOCs 废气的排放情况非常复杂，利用生物法处理印刷行业有机废气还处于实验室研究阶段；膜分离法由于处理速度较慢，维护也很困难，目前在处理有机废气中处于实验阶段；吸收法采用的吸收剂技术含量高，吸收剂需要再生、循环使用，要配套吸收剂的热脱附及吸附气体的低温冷凝设施，能耗较高，经济适用性较差，在印刷行业中已有应用案例；光催化氧化因存在反应速率慢，光子效率低、催化剂失活和难以固定等缺点，要投入实际应用还有待继续研究；低温等离子技术在国际上属于高端技术与工程的项目，目前大多还是采取实验的方式，需要技术的进一步改进，没有完全实现废气处理工业化。

由于 VOCs 废气成分和性质的复杂性，使用单一的控制技术难以达到治理要求，因而常常将治理技术配合使用，不仅可以满足排放要求，同时可以降低处理设施的运行费用。根据印刷废气中含有的 VOCs 种类和实际情况，一般采用吸附浓缩＋催化燃烧法，即先采用吸附手段将有机废气吸附于吸附剂上进行浓缩，然后再经热空气吹扫，使有机废气脱附出来，变成浓缩的高浓度有机废气，再进行催化燃烧。

图 8-2 为某印刷厂的吸附浓缩—催化燃烧法处理 VOCs 废气工艺流程图，吸附浓缩＋催化燃烧法，总净化率可达 95%，投资及运行费用低，具有良好的经济环境效益。

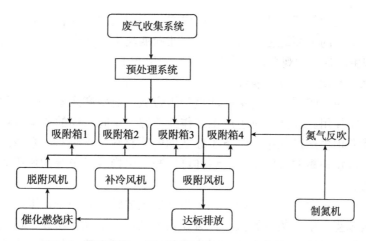

图 8-2　吸附浓缩—催化燃烧法处理 VOCs 废气工艺流程

5. 印刷行业 VOCs 末端治理

对印刷行业 VOCs 废气的治理已经达成共识，从近年来政府相继出台的一些政策法规能明显看出，国家和地方相关部门治理 VOCs 的决心在增强、力度在加大。

近年来，国家、北京市出台了 VOCs 治理的相关法律法规，如 2018 年修订的《中华人民共和国大气污染防治法》《北京市大气污染防治条例》，以及《印刷业清洁生产评价指标体系》《印刷业挥发性有机物排放标准》等涉及 VOCs 治理的相关标准。

印刷行业 VOCs 废气的控制应从源头控制、过程管理和末端治理三个方面入手，应鼓励印刷企业使用低（无）VOCs 含量的绿色原辅材料和先进生产工艺、设备，加强无组织废气收集，优化烘干技术，配套建设末端治理措施，实现印刷行业 VOCs 全过程控制，才能确保 VOCs 废气的达标排放，为我们共同的蓝天白云梦贡献一份力量。

二、印刷增效增益

印刷业只有实施清洁生产工艺，企业才能实现经济效益和社会效益的双丰收，只有发展清洁生产模式，企业才能不断提高市场的竞争力，进而更好地生存和发展。所以，企业应该从战略的高度正确认识发展清洁生产的重要性和必要性，正确处理好企业眼前利益与长远利益的关系，制定出符合绿色、环保发展方向的企业经营战略和目标，使企业的核心竞争力得以提高，力争成为名副其实的环境友好型企业，为中国社会的可持续发展做出实实在在的贡献。

1. 清洁生产的认识和理解

清洁生产就是环保、健康、无公害、节能的代名词。所谓的清洁生产就是指利用新技术、新设备、新材料、新工艺、新方法，达到既能较好地利用和节约原材料，降低印刷生产消耗，促进生产效率和产品质量的同步提高，又能利于保护生态环境和减少环境污染，并较好地保障人体的健康。从这个意义上说，清洁生产是一个系统工程，其涉及面相当广，不仅包含设备、厂房及相关的配套设施的技术创新、改造和合理设计，而且也包括纸张、油墨、上光油、橡皮布、胶辊、润版液、助剂等印刷耗材性能及适应性的提高和拓展。此外，应用科学的方法和手段，对传统的操作方法和生产工艺方式进行技术创新，达到降低生产成本，提高生产效益和产品质量的目的，这也是实现清洁生产的重要途径。所以，印刷业向清洁生产转变，最重要的还是先要转变生产经营和生产管理的观念，改变传统落后的生产工艺。

2．要对生产环境科学规划和设计

实践情况表明，印刷工厂的生产环境是否合适，对生产成本、生产效率和产品质量有较大的影响作用。因此，对生产工艺作业流程、车间布局的科学合理设计是十分重要的，这就要求生产过程中的上下工序之间的原材料、下脚料、半成品和成品，应保持最方便、最短距离的流转状态，这样可以减少电梯或叉车等的使用频率，较好地节约宝贵的能源。

考虑到纸箱、彩盒产品的印刷、加工生产的主要特点是原纸、半成品、成品占用面积大，材料笨重、生产数量又大，并且还需要切纸、上光、覆膜、烫金、模切等配套生产工艺，因此，厂房布局设计应考虑将印刷与原纸仓库、切纸、上光、压光、覆膜、烫金、模切等后道加工设备，以流水线的作业形式进行合理的排列，以减少生产过程物料流转所需的劳力和运输工具投入的成本。对印刷精细、高档的彩色印刷品的机器，最好将印刷机用玻璃墙隔起来，并单独安装空调设备，这样可提供恒温恒湿的印刷效果，较好地防止原纸的变形，提高产品的套印精度，降低不合格品率。此外，对使用喷粉防粘和酒精润版的胶印机，应安装排气和抽吸粉尘装置，以减少生产环境的污染，也利于保障生产操作人员的身体健康，并确保产品的印刷质量。所以，通过对印刷生产环境的优化设计，使生产工艺朝着清洁生产的方向发展是印刷企业组织生产时应该考虑的问题。

3．要注重新兴的制版工艺

传统的胶印制版工艺从胶片的输出、显影、定影环节，到晒版生产的曝光、显影和修版等作业工序，要耗费不少的人力与物力，并且印刷过程中因为版材特性不适问题，造成纸张消耗增加的情况不乏其例。

新型的 CTP 制版工艺，不仅减少了对人体和环境危害较大的废液排放，而且也消除了紫外光对人体的伤害和对空气的污染，给环境保护带来了福音。采用热敏或紫激光制版的 CTP 版，可以免去制作胶片工序，减少生产过程的中间层次，有利于提高制版生产效率和产品的复制质量。所以，企业应考虑发展免处理版材的环保型 CTP 制版工艺，该工艺只有版材烧蚀废屑的清除和涂布保护胶等简单而快捷的操作过程。

由此看来，免处理的 CTP 版材相比热敏或紫激光的 CTP 版材，其环保优势更加突出。从总体情况来说，不论是采用哪种 CTP 制版工艺，与传统的制版工艺相比，它们都具有明显的技术优势和市场应用潜力，特别是可以缩短制版生产周期，提高制版生产效率，降低制版生产环节的总体成本。所以，CTP 是当前和今后印刷行业实现清洁生产制版的必由之路。

4．要注意生产工艺的把关和控制

对于印刷生产工艺来说，技术把关和控制是否到位，不仅关系到生产效率和产品的印刷质量，而且也直接影响到原材料的消耗和生产的成本。因此，在组织生产的过程中，应注意对产品的结构和生产工艺的特点进行分析，然后根据产品结构、承印物特性和机器的性能，科学合理地制定印刷生产工艺。

如印刷版面含有四色版叠印的平网色块，则容易出现印刷花斑、色差或墨杠质量缺陷，容易导致产品不合格而报废。通过对比分析以后，将原来版面中的四色平网色块改为印刷专色的色块，印刷墨杠、花斑和色差现象就会得到较好的抑制，产品质量得到客户的认可。所以，承接订单和安排生产工艺时，必须周密考虑产品的特点，确定科学合理的工艺技术方案，才能避免生产工艺盲目性造成的原材料损失。

5. 要注重根据产品特性选择合适的印刷工艺

对于不同特性的印刷产品要采用与之相适应的印刷工艺，可以较好地降低生产消耗，达到节约原材料和能源的目的。

（1）要根据产品版面的印刷面积选择印刷工艺。有些产品印刷数量少，并且只印刷小小几平方厘米的印刷面积，对此，若印刷工厂具备轻型的柔印设备，可以考虑制作树脂版进行印刷，不仅制版成本低，而且印刷能源消耗也少，可较好地兼顾生产效益和产品的印刷质量，仍然选用胶印工艺不一定合适。

（2）要根据产品数量的多少选择合适的印刷工艺。对于那些印刷数量特别大，并且是常年性生产的订单，最好考虑采用卷筒纸的胶印机进行印刷，这样印刷就可以省去叼口的纸边，从而大大提高原纸的利用率。若有后道裱贴的产品，还可以节省黏合剂材料。所以，合理选择印刷生产工艺，节省了原材料，既符合低碳印刷生产的发展方向，也可提高印刷生产的利润。

（3）要根据印刷材质的性能选择合适的印刷工艺。一些吸墨性不好的特种纸印刷产品，其表面有实地印刷版面，如果采用胶印工艺，由于受油水相斥、水墨平衡原理的局限，油墨涂布量难以使纸面的实地版达到完全饱和的状态，而只有采用激光打印工艺、凸印工艺或丝印工艺，才能使特种纸的实地版印刷达到饱和的质量效果。因此，对于吸墨性不好的特种纸上印刷实地版或包含文字的产品，要最大限度地满足印刷质量效果，最好不要采用胶印工艺，而酌情采用凸印工艺或丝印工艺进行印刷。但是，若实地版中含有细小的文字，最好将文字与实地版拆分成两块版分别进行印刷，才能较好地防止印刷糊版弊病的产生。

（4）要根据产品结构和数量合理采用大幅面印刷工艺。根据产品的结构和数量，合理应用大幅面的印刷机，也是实现印刷清洁生产的选择。大幅面的印刷机最适合印刷纸盒产品和其他大规格的印刷产品。如果没有考虑产品的特性和结构，只单方面考虑印刷数量大，就将需要模切的小规格纸盒、纸袋或其他需要裁切和冲切的小规格商标等产品，以及版面套印精度比较高、材质又比较薄的产品，也统统拼成大幅面进行印刷。那么，盲目的印刷工艺方法不仅容易影响后道的模切、裁切的生产效率和质量，同时会造成原纸消耗的增加，甚至有可能造成部分版面的产品因为质量达不到标准要求而报废。因此，大幅面印刷机适用于印刷生产批量多，还应具备成品规格大的特点，以及厚纸型的产品，才能最大限度地发挥设备的效能和生产效益。

6. 要注重选择合适的原材料

原材料是印刷生产的主体，是印刷生产成本的主要构成，也是印刷质量的源头环节，因此，从清洁生产工艺出发，必须注重控制好原材料，同时注重考虑原材料特性与印刷工艺适性的匹配问题，才能实现生产的最大化。

（1）选择合适的纸张和合适的印刷工艺。纸张是印刷生产成本的主要组成部分，纸张的种类不同、质量等级的差异是影响生产消耗和左右产品质量的主要因素。而根据产品的用途合理选择相应的纸张种类和质量状况，是实现合理利用宝贵自然资源的重要措施。所以，按照商品的档次与重要性，以及商品的特性和包装保护的基本要求，选择合适的纸张品种和质量等级进行印刷生产，是至关紧要的控制环节。

要通过工艺技术的合理调整和控制，提高原纸的包装质量效果，以避免过度包装、豪华包装造成的资源浪费。此外，要根据原纸的特性选择相应的工艺，才能较好地提高产品的印刷质量。比如说，表面光泽性能不好的纸张或纸板，要是印刷吸墨量比较大的版面，若采用胶印工艺进行印刷，质量效果势必不尽如人意，而根据印刷数量和版面的结构特性，酌情选用柔印、凹印或丝印工艺进行印刷，质量效果就会得到较好的兼顾，并且不合格品也会大大降低。

（2）选择环保型的油墨进行印刷。油墨是影响产品印刷质量和生产消耗的主要材料之一，从绿色环保和可持续发展的生产工艺出发，油墨应具有无毒、无味，不含铅、铬、镉、汞、砷、钡、荧光等有害物质，以及其他有害溶剂等。因此，选用无有害物质或有害物质含量低于相关标准的油墨进行印刷，是印刷企业应有的社会责任。

由于水性油墨的稀释剂是水和乙醇，属于无毒性溶剂，安全相对系数较高，可较好地避免包装物上的油墨通过迁移等方式污染食品。所以，凹印或柔印工艺应选择环保的水性油墨进行印刷。凸印、胶印还可用 UV 油墨进行印刷，其干燥速度快，可避免因为使用喷粉防粘而产生的污染问题。另外，胶印工艺还可以用大豆环保油墨印刷，因为它是采用大豆油来替代油墨中的矿物油，制成的豆油基油墨取代普通石油基油墨，可较好地避免对产品的污染。

（3）选择合适的印版进行印刷。相对而言，胶印工艺的 PS 版是最经济型的版材，特别是 CTP 制版工艺的应用，使 PS 版更趋于绿色环保的方向发展。但是，不同品牌的 PS 版，价格和印刷质量效果也存在一定的差异。要充分兼顾好版材采购成本和印刷质量，很重要的一点就是要根据印刷版面的特点，合理选用版材，才能使印刷生产效率、质量和生产成本控制实现最大化。

综上所述，清洁生产不是简单的设备更新换代，而是根据工厂的实际情况因厂制宜，将生产的科学设计与生产过程的合理控制相结合，以促进企业的生产结构调整与工艺的转型升级，这样，才能走出一条以生产低能耗、低排放、低污染为基础的清洁生产发展模式，真正实现清洁生产的印刷增效增益。

第四节　印刷环保认证

一、环保体系标准（ISO14000）

ISO14000 系列环境管理标准是 ISO 国际标准组织在成功制定 ISO9000 族标准的基础上设立的管理系列国际标准。目前 ISO14000 标准的最新标准是 2004 版，我国等同采用该标准并颁布了 GB/T 24001—2016《环境管理体系 要求及使用指南》。

1. 标准的组成

ISO14000 系列标准是国际标准化组织 ISO/TC 207 负责起草的一份国际标准。ISO 14000 是一个系列的环境管理标准，它包括了环境管理体系、环境审核、环境标志、生命周期分析等国际环境管理领域内的许多焦点问题，旨在指导各类组织（企业、公司）取得和表现正确的环境行为。

2. 标准的作用与意义

（1）有助于提高组织的环境意识和管理水平

ISO14000 系列标准是关于环境管理方面的一个体系标准，它融合世界许多发达国家在环境管理方面的经验于一身，而形成的一套完整的、操作性强的体系标准。企业在环境管理体系实施中，首先对自己的环境现状进行评价，确定重大的环境因素，对企业的产品、活动、服务等各方面、各层次的问题进行策划，并且通过文件化的体系进行培训、运行控制、监控和改进，实行全过程控制和有效的管理。同时，通过建立环境管理体系，使企业对环境保护和环境的内在价值有进一步的了解，增强企业在生产活动和服务中对环境保护的责任感，对企业本身和与相关方的各项活动中所存在的和潜在的环境因素有充分的认识。该标准作为一个有效的手段和方法，在企业原有管理机制的基础上建立起一个系统的管理机制，新的管理机制不但能提高环境管理水平，而且还会促进企业整体管理水平的提升。

（2）有助于推行清洁生产，实现污染预防

ISO14000 环境管理体系高度强调污染预防，明确规定企业的环境方针中必须对污染预防做出承诺，推动了清洁生产技术的应用，在环境因素的识别与评价中全面地识别企业的活动、产品和服务中的环境因素。对环境的不同状态、时态可能产生的环境影响，以及对向大气、水体排放的污染物、噪声的影响以及固体废物的处理等逐项进行调查和分析，针对现存的问题从管理上或技术上加以解决，使之纳入体系的管理，通过控制程序或作业指导书对这些污染源进行管理，从而体现了从源头治理污染，实现污染预防的原则。

（3）有助于企业节能降耗，降低成本

ISO14001 标准要求对企业生产全过程进行有效控制，体现清洁生产的思想，从最初的设计到最终的产品及服务都考虑了减少污染物的产生、排放和对环境的影响，能源、资源和原材料的节约，废物的回收利用等环境因素，并通过设定目标、指标、管理方案以及运行控制对重要的环境因素进行控制，达到有效地减少污染、节约资源和能源，有效地利用原材料和回收利用废旧物资，减少各项环境费用（投资、运行费、赔罚款、排污费），从而明显地降低成本，这样不但可以获得环境效益，而且可以获得显著的经济效益。

（4）减少污染物排放，降低环境事故风险

由于 ISO14001 标准强调污染预防和全过程控制。因此，通过体系的实施可以从各个环节减少污染物的排放。许多企业通过体系的运行，有的通过替代避免了污染物的排放，有的通过改进产品设计、工艺流程以及加强管理减少了污染物的排放，有的通过治理使得污染物达标排放。实际上 ISO14001 标准的作用不仅是减少污染物的排放，从某种意义上来说，更重要的是减少了责任事故的发生。因此，通过体系的建立和实施，各个组织针对自身的潜在事故和紧急情况进行了充分的准备和妥善的管理，可以大大减少责任事故的发生。

（5）保证符合法律、法规要求，避免环境刑事责任

现在，世界各地各种新的法律、法规不断出台，而且日趋严格。一个组织只有及时地获得这些要求，并通过体系的运行来保证符合其要求。同时由于进行了妥善有效的控制和管理，可以避免较大的事故发生，从而免于承担环境刑事责任。

（6）满足顾客要求，提高市场份额

虽然目前 ISO14001 标准认证尚未成为市场准入条件之一，但许多企业和组织已经对供货商或合作伙伴提出此种要求，一些国际知名公司鼓励合作公司按照 ISO14001 的要求，比照自己的环境管理体系，力争取得对这一国际标准的注册，暗示将给予正式实施 ISO14001 的供应商以优先权。

（7）取得绿色通行证，走向国际贸易市场

从长远来看，ISO14000 系列标准对国际贸易的影响是不可低估的。目前，国际市场上兑现的"绿色壁垒"多数是由企业向供货商提出的对产品或是生产过程的环境保护要求，ISO14000 系列标准将会成为国际贸易中的基本条件之一。

（8）实施 ISO14000 系列标准将是发展中国家打破贸易壁垒，增强竞争力的一个契机

ISO14000 系列标准为组织，特别是生产型企业提供了一个有效的环境管理工具，实施标准的企业普遍反映在提高管理水平，节能降耗，降低成本方面取得不小的成绩，提高了企业产品在国际市场上的竞争力。

3. 环境管理体系

环境管理体系是一个组织内全面管理体系的组成部分，它包括为制定、实施、实现、评审和保持环境方针所需的组织机构、规划活动、机构职责、惯例、程序、过程和资源，还包括组织的环境方针、目标和指标等管理方面的内容。环境管理体系是一个组织有计划，而且协调动作的管理活动，其中有规范的动作程序、文件化的控制机制。通过有明确职责、义务的组织结构来贯彻落实，目的在于防止对环境的不利影响。

4. 环境管理体系认证

环境管理体系认证是指由第三方公证机构依据公开发布的环境管理体系标准（ISO14000 环境管理系列标准），对供方（生产方）的环境管理体系实施评定，评定合格的由第三方机构颁发环境管理体系认证证书，并给予注册公布，证明供方具有按既定环境保护标准和法规要求提供产品或服务的环境保证能力。通过环境管理体系认证，可以证实生产厂使用的原材料、生产工艺、加工方法以及产品的使用和用后处置是否符合环境保护标准和法规的要求。

二、印刷企业环保认证

由于人类在自我生存的过程中对自然的破坏，自然环境已对人类生活和生存造成越来越不利的影响，人类社会开始不得不审视自身的行为与环境的关系。因此，各种组织越来越重视自己的环境表现，通过环境方针、建立和达到环境目标的方式来体现环保意识。

印刷企业作为服务加工型企业，其可能产生的环境污染随着科学技术的发展正在迅速减少，但仍不可避免存在对大气、水体、土壤的污染物或废物的产生、排放或废弃；消耗的能源与原材料也是大量的，如何才能节约资源与能源，有效利用原材料和回收利用废旧物资，减少各种环境费用；特别是要避免发生重大环境事故的风险，如火灾、水灾、泄漏等，避免承担环境刑事责任；同时，还要满足客户的要求，成为对环境负责任的合作伙伴；通过取得绿色通行证，提高企业的市场准入条件等。从某种意义上讲，印刷企业的企业形态非常类似化工企业，属于企业环境污染风险较大的行业范畴。

因此，印刷企业推行 ISO14000 环境管理体系意义重大，将有助于有效缓解地区环境压力，减少为环境污染所付出的代价，节能降耗、降低成本，为企业的可持续发展提供有力保障。印刷企业推行 ISO14000 环境管理体系就是通过建立结构化的管理体系，确保企业的产品、活动和服务满足法规和方针的要求，进而达到环境目标的要求，并使印刷企业环境评审和审核有明确的衡量标准和系统化，以持续满足法律和方针的要求。环境管理体系标准只是推荐给企业使用的一个环境管理的框架和模式，可以指导企业建立有效的、可执行的、完整的环境管理体系，从而使企业能将环境管理贯彻到日常的作业活动中。

1. 印刷企业建立环境管理体系的意义

印刷企业建立环境管理体系的意义在于进行污染防控，可分为以下三个层次。

（1）源头控制：从产品的设计、工艺的设计、原材料的选择开始，充分考虑避免环境影响的产生。

（2）过程控制：通过改进工艺过程，改进设备和操作，加强管理，减少或控制环境影响。

（3）末端治理：对于最终产生的污染物，应采取有效的治理手段加以处理，从而减少其对环境造成的负面影响。

2. 印刷企业环境管理体系的建立

各类印刷企业无论是何种文化背景和所有制性质，无论它们处于何种环境表现水平和环境管理水平，都可按 ISO14001 标准的规范要求实施适用于企业自身的环境管理体系（EMS）。EMS 是个动态的、需不断发展和完善的体系，建立程序与其运作模式没有本质的区别，都遵循著名的"策划—实施—检查—改进"管理循环理论（PDCA 循环），如图 8-3 所示。

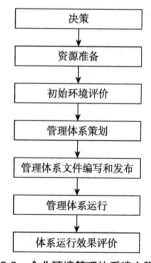

图 8-3 企业环境管理体系建立程序

3. 印企环境管理体系文件的编制

企业环境管理体系是否完善的体现首先就是体系文件，是体系运行的准则与基础，指导体系的运行。所以，科学合理地分类和建立文件管理流程十分重要。

（1）环境管理体系文件的分类

● 环境方针。

● 环境管理手册。

- 环境目标和指标。
- 环境管理方案。
- 法律法规和其他要求。
- 程序文件。
- 各类控制清单。
- 作业指导文件。
- 表格。
- 记录。
- 其他。

（2）环境管理体系文件编制的原则

- 系统性：全面反映相关方、管理层、标准对管理的要求；各层次文件相互支持；同一层次相互引用。
- 逻辑性：各文件规定之间无矛盾；按工作次序及流程编号。
- 适用性：结合企业实际编制文件；文件简明、清晰；确保实际可操作性，对不适用部分及时修改。

（3）环境管理体系文件一览表（表8-2）。

表8-2 环境管理体系文件一览表

文件编号	文件名称	ISO14001 对应条款
EM/2003	环境管理手册	
PD/4301	环境因素识别和评价程序	4.3.1
PD/4302	环境法律法规和其他要求管理程序	4.3.2
PD/4303	环境目标、指标和方案管理程序	4.3.3
PD/4402	员工培训程序	4.4.2
PD/4403	信息沟通程序	4.4.3
PD/4405	文件控制程序	4.4.5
PD/4406	环境管理运行控制程序	4.4.6
PD/4407	应急准备和响应程序	4.4.7
PD/4501	环境行为监控程序	4.5.1
PD/4502	合规性评价程序	4.5.2
PD/4503	不符合纠正和预防措施控制程序	4.5.3
PD/4504	记录控制程序	4.5.4
PD/4505	内部审核程序	4.5.5
PD/4601	管理评审程序	4.6
WI/SC01	环境管理体系文件编制规定	4.4.5

文件编号	文件名称	ISO14001 对应条款
WI/SC02	新、改建项目环境影响管理程序	4.3.1
WI/SC03	固体废弃物分类处理规定	4.4.6
WI/SC04	焚烧炉岗位安全操作规程	4.4.6
WI/SC05	锅炉安全操作规程	4.4.6
WI/SC06	各部门岗位责任制	4.4.1
WI/SC07	消防器材管理使用规定	4.4.6
WI/SC08	压力容器安全操作规程	4.4.6
WI/SC09	防止中毒窒息 10 条规定	4.4.6
WI/SC10	防止静电危害 10 条规定	4.4.6
WI/SC11	冷冻安全规程	4.4.6
WI/SC12	防火防爆制度	4.4.6
WI/SC13	各部门管理制度	4.4.6
WI/YX01	化学品管理程序	4.4.6
WI/GS01	相关方管理作业程序	4.4.6
WI/JS01	实验室安全规章制度	4.4.6

主要参考文献

[1] 陈虹，李永强 . 平版印刷工（下册）（技师、高级技师）[M]. 北京：印刷工业出版社，2010.

[2] 赵志强，陈虹 . 出版物印刷概论 [M]. 北京：文化发展出版社，2018.

[3] 赵志强，陈虹 . 印刷装备技术与清洁生产 [M]. 北京：文化发展出版社，2016.

[4] 陈虹，赵志强 . 图解单张纸胶印设备 [M]. 北京：文化发展出版社，2019.

[5] 陈虹等 . 现代印刷机械原理与设计 [M]. 北京：中国轻工业出版社，2007.

[6] 陈虹等 . 印刷设备概论 [M]. 北京：中国轻工业出版社，2010.

[7] 陈虹，荣华阳，赵志强 . 平版印刷工 [M]. 北京：印刷工业出版社，2007.

[8] 赵志强，陈虹 . 国际印刷技术演变与新发展 [M]. 北京：印刷工业出版社，2014.

[9] 陈虹，赵志强 . 防伪印刷 [M]. 北京：印刷工业出版社，2010.

[10] 陆长安等 . 中国印刷产业技术发展路线图（2016—2025）[M]. 北京：科学出版社，2016.

[11] 中华人民共和国人力资源和社会保障部制定 . 国家职业技能标准 印刷操作员（2019 年版）[M].
北京：中国劳动社会保障出版社，2020.

[12] 何晓辉等 . 印刷科技实用手册（第一分册）[M]. 北京：印刷工业出版社，2008.

[13] 谢普南 . 印刷科技实用手册（第二分册）[M]. 北京：印刷工业出版社，2008.

[14] 王关义等 . 现代印刷企业管理 [M]. 北京：经济管理出版社，2011.

[15] 许文才 . 现代防伪技术与应用 [M]. 北京：中国质检出版社，中国标准出版社，2014.

[16] 赵艳萍等 . 设备管理与维修 [M]. 北京：化学工业出版社，2008.

[17] 刘筱霞等 . 数字印刷技术 [M]. 北京：化学工业出版社，2016.

[18] 任立娟 . 基于二值化技术的数字印刷图像质量检测 [J]. 中国印刷与包装研究，2014.12：55-59.

[19] 江飞 . 胶印润版液使用酒精与无酒精印刷分析 [J]. 上海包装，2016.02：46-48.

[20] 孙邦勇，李延雷 . 印品质量控制中的密度和色度测量技术 [J]. 包装工程，2008.04：48-50.

[21] 李果 . 自动印刷质量检测技术及系统综述 [J]. 广东印刷，2011.3：22-24.

[22] 孔玲君等 . 基于 CCD 的数字印刷质量检测与分析技术 [J]. 包装工程，2010.02：92-95.

[23] 王琳 . 色度测量法在印品质量控制中的应用分析 [J]. 印刷质量与标准化，2011.1：20-23.

[24] 必胜印刷网

[25] 科印网

第一部分彩图

图 4-6　3M 测控条

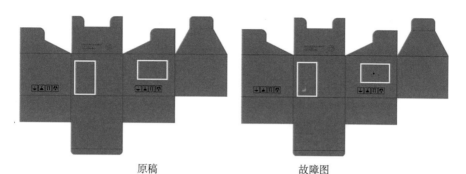

原稿　　　　　　　　　　　　故障图

图 4-10　局部放大后显示出来的散斑故障

原稿　　　　　　　　故障图

图 4-11　印张与标准样张的颜色差异

原稿　　　　　　　　故障图

图 4-14　字符区域漏印缺陷

原稿　　　　　　　　故障图

图 4-15　字符上针孔缺陷

原稿　　　　　　　　故障图

图 4-16　字符区域墨点缺陷

第二部分彩图

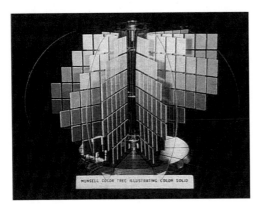

图 1-7　孟塞尔颜色立体彩图

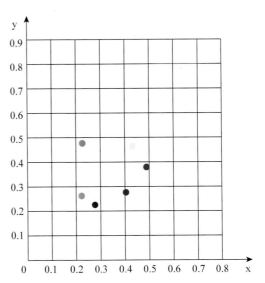

图 1-13　色彩在 CIE XYZ 空间的表色方法

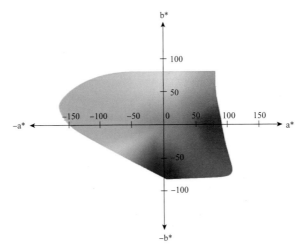

图 1-14　CIE Lab 颜色空间

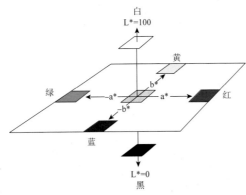

图 1-15　CIE Lab 颜色立体空间

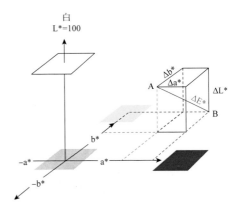

图 1-16　色差